国家科学技术学术著作出版基金资助出版

近岸风暴潮和台风浪集合化预报技术及应用

陈永平 等 著

科学出版社

北京

内 容 简 介

本书系统介绍了河海大学风暴潮团队近年来所取得的主要研究成果，阐述了国内外在风暴潮预报领域的最新进展，研发了集天文潮、风暴潮和台风浪为一体的预报模型，提出了研究方案，分析了超标准条件下风暴潮和台风浪对海堤的作用机理，创建了台风期间海堤安全风险的动态评估方法，在此基础上建立了近岸风暴潮和台风浪集合预报及海堤风险评估系统。

本书可供水利、海洋部门的科研人员及高等院校相关专业的师生参考。

图书在版编目(CIP)数据

近岸风暴潮和台风浪集合化预报技术及应用/陈永平等著. —北京：科学出版社，2020.11
ISBN 978-7-03-066901-8

Ⅰ.①近… Ⅱ.①陈… Ⅲ.①近海-风暴潮-数值天气预报-研究 ②近海-台风预报-研究 Ⅳ.①P731.23 ②P457.8

中国版本图书馆CIP数据核字(2020)第223752号

责任编辑：周 炜 纪四稳／责任校对：郭瑞芝
责任印制：师艳茹／封面设计：陈 敬

科学出版社 出版
北京东黄城根北街16号
邮政编码：100717
http://www.sciencep.com

北京通州皇家印刷厂印刷
科学出版社发行 各地新华书店经销

*

2020年11月第 一 版 开本：720×1000 1/16
2020年11月第一次印刷 印张：12 1/2
字数：251 000

定价：118.00元
(如有印装质量问题，我社负责调换)

序

我国的海岸线漫长，东部和南部沿海频受台风侵扰，台风增水和台风浪是海岸洪水灾害的重要致灾因素。长期以来，沿岸民众为抵抗台风灾害进行了艰苦的斗争。

20世纪80年代末，河海大学针对水利部门沿海台站潮位的预报问题，研发了"306分潮自动优化潮汐调和分析及预报"软件，显著提高了潮位分析和预报的精度，至今一直用于沿岸水情部门编印每年的防汛潮汐表。90年代初，由水利部水利信息中心组织和协调实施的"水利系统风暴潮数值预报研究"中，河海大学开发了中国南部沿海台风增水数值预报模型和中国东部沿海台风增水数值预报模型，随后在两个模型的交接部分新增了福建海域台风增水数值预报模型。三个模型都采用二级网格嵌套，一级网格分辨率由初期的0.2°精细到现在的0.1°。二级网格分辨率为一级网格的1/3，网格尺寸由7.386km细化为3.693km。其中模型的设计理念，还用于开发了渤海台风和寒潮风暴潮增水数值模型。因为模型简单、易于操作、占用机时少，现在仍是风暴潮作业预报的重要软件。

在河海大学长期研究风暴潮预报技术的基础上，该书作者获得了水利部公益性行业科研专项经费项目"近岸风暴潮和台风浪集合化预报及灾害评估"的资助，全面开展了风暴潮和台风浪一体化预报、近岸风暴潮集合化预报技术研究，分析了超标准条件下风暴潮和台风浪对海堤的作用机理，建立了近岸风暴潮和台风浪集合预报及海堤风险评估系统。以上四个方面的研究均取得了可喜成果。

该书全面介绍了以上四个方面所取得的主要成果，该书的出版对于我国海岸减灾防灾有着积极的意义。

张君伦
2020年1月

前 言

我国沿海频受台风侵扰,其中以东部和南部沿海最为显著。在强风和低压共同作用下,沿海地区将出现大范围的台风增水,若正好遇上天文大潮,则容易发生海水倒灌现象,形成风暴潮灾害。此外,在台风行进过程中,海面将出现狂涛巨浪,受岸线和地形影响,台风浪在近岸地区出现能量集聚,并在海堤前部发生破碎,给海堤安全带来巨大的威胁,一旦海堤损毁,沿海地区的受灾程度将显著升级。事实上,风暴潮和台风浪是台风成灾的两个主要因素,它们共生并存,且相互影响,在沿海抗台防汛预报中需要同时加以考虑。

本书主要内容包括:提出"双线程运作"的耦合模式,解决风暴潮和台风浪一体化过程中的模式匹配难题,实现天文潮、风暴潮和台风浪在同一预报平台上的一体化预报;创建动态训练方法,解决集合化过程中多台站权重因子确定的问题,实现近岸风暴潮和台风浪预报,提高预报精度,丰富预报产品;揭示超标准风暴潮和台风浪联合作用下海堤的水动力特性和破坏机理,指出波浪溢流的水动力特征和斜坡式海堤破坏的主要原因,建立一套海堤安全风险的动态评估方法;构建集天文潮预报、风暴潮集合化预报、潮浪一体化预报、海堤安全风险评估于一体的近岸风暴潮和台风浪集合预报及海堤风险评估系统,实现风暴潮和台风浪在统一软件平台上的实时预报。

台风期间,作者研究团队为国家防汛抗旱总指挥部和水利部信息中心提供了风暴潮实时预报数据,为东南沿海水利和海洋相关部门开展防灾减灾工作提供了决策支持,取得了很好的社会效益和经济效益。

本书共7章,主要分工如下:第1章由陈永平和张长宽撰写;第2章由潘毅和谭亚撰写;第3章由陈永平和潘毅撰写;第4章由邰佳爱、谭亚和丁雪霖撰写;第5章由蒋勤、潘毅和安蒙华撰写;第6章由龚政和谢婕撰写;第7章由夏达忠撰写。全书由陈永平统稿。潘毅负责全书的校对。本书在撰写过程中得到了张君伦教授、张东生教授的悉心指导,顾茜、李江夏、甘敏、丁宏伟、徐怡、刘莹等研究生参与了书稿的整理工作,在此一并表示感谢。

本书的出版得到国家科学技术学术著作出版基金和水利部公益性行业科研专项经费项目(201201045)的资助,在此表示衷心的感谢。

限于作者水平,书中难免存在疏漏和不足之处,敬请读者批评指正。

作 者
2020年1月

目 录

序
前言
第1章 绪论 ·· 1
  1.1 研究现状 ·· 2
    1.1.1 风暴潮数值预报研究 ·· 2
    1.1.2 台风集合化预报研究 ·· 3
  1.2 河海大学风暴潮预报研究发展历程 ··· 5
第2章 近岸风暴潮和台风浪一体化预报技术 ·· 7
  2.1 一体化预报模式的构建 ·· 7
    2.1.1 研究思路和技术路线 ·· 7
    2.1.2 台风模型的构建 ·· 7
    2.1.3 风暴潮模型的构建 ··· 11
    2.1.4 台风浪模型的构建 ··· 13
  2.2 一体化预报模式的检验 ·· 17
    2.2.1 中国南部沿海模型 ··· 17
    2.2.2 中国东部沿海模型 ··· 19
  2.3 小结 ·· 23
第3章 近岸风暴潮和台风浪集合化预报技术 ·· 24
  3.1 集合化预报模式的构建 ·· 24
    3.1.1 研究思路和技术路线 ·· 24
    3.1.2 集合化台风风场的构建 ··· 24
  3.2 集合化预报模式的检验 ·· 26
    3.2.1 台风路径预报的检验 ·· 26
    3.2.2 风暴增水预报的检验 ·· 30
    3.2.3 台风浪预报的检验 ··· 36
  3.3 小结 ·· 40
第4章 风暴潮业务化和集合化预报成果分析 ·· 42
  4.1 2013~2014年台风过程 ·· 42
    4.1.1 2013年影响中国的典型台风过程 ·· 42

####### 4.1.2 2014年影响中国的典型台风过程 … 44
4.2 2013~2014年风暴潮业务化预报成果分析 … 45
####### 4.2.1 现有风暴潮业务化预报系统介绍 … 45
####### 4.2.2 风暴潮业务化预报 … 46
####### 4.2.3 预报成果分析与讨论 … 62
4.3 2013~2014年风暴潮集合化预报成果分析 … 63
####### 4.3.1 风暴潮集合化预报成果 … 63
####### 4.3.2 误差统计分析 … 63
4.4 小结 … 79

第5章 风暴潮和台风浪共同作用下海堤破坏机制 … 80
5.1 海堤破坏现场调研 … 80
####### 5.1.1 "天兔"过境时饶平县海堤破坏过程 … 80
####### 5.1.2 "天兔"过境时陆丰市碣石镇海堤破坏过程 … 83
####### 5.1.3 超标准风暴潮和台风浪作用下海堤现场破坏特征 … 84
5.2 海堤破坏机制的水槽试验研究 … 85
####### 5.2.1 超标准风暴潮和台风浪作用下海堤的水动力特性 … 85
####### 5.2.2 超标准风暴潮和台风浪作用下海堤的破坏特性 … 108
5.3 海堤破坏机制的数值模拟研究 … 118
####### 5.3.1 数值计算模型 … 119
####### 5.3.2 海堤越浪流形态的数值模拟 … 127
5.4 小结 … 131

第6章 海堤安全风险动态评估 … 132
6.1 常见的海堤安全风险评估方法介绍 … 132
6.2 海堤安全风险动态评估方法的构建 … 133
####### 6.2.1 研究思路和技术路线 … 133
####### 6.2.2 海堤破坏形式及其影响因素分析 … 134
####### 6.2.3 海堤安全风险评估指标体系的建立 … 136
####### 6.2.4 海堤安全风险评估指标的度量 … 137
####### 6.2.5 海堤安全风险评估赋权方法 … 141
6.3 浙江台州十一塘海堤安全风险评估实例 … 144
####### 6.3.1 海堤概况 … 144
####### 6.3.2 海堤地质条件 … 147
####### 6.3.3 海堤漫堤风险评估 … 148
####### 6.3.4 海堤溃堤风险评估 … 151

	6.3.5 海堤安全风险的动态评估示例 ……………………………	153
6.4	小结 …………………………………………………………………	155
第7章	近岸风暴潮和台风浪集合预报及海堤风险评估系统	156
7.1	系统总体架构 ………………………………………………………	156
	7.1.1 系统结构 …………………………………………………	156
	7.1.2 功能描述 …………………………………………………	157
7.2	系统数据库 …………………………………………………………	159
	7.2.1 逻辑结构设计 ……………………………………………	159
	7.2.2 物理结构设计 ……………………………………………	160
	7.2.3 数据字典设计 ……………………………………………	160
	7.2.4 库表结构设计 ……………………………………………	161
7.3	系统开发运行环境 …………………………………………………	165
	7.3.1 开发工具 …………………………………………………	165
	7.3.2 运行环境 …………………………………………………	167
7.4	系统主要功能 ………………………………………………………	168
	7.4.1 系统登录 …………………………………………………	168
	7.4.2 实时水情 …………………………………………………	168
	7.4.3 天文潮预报 ………………………………………………	171
	7.4.4 集合化台风风场 …………………………………………	173
	7.4.5 风暴潮预报 ………………………………………………	174
	7.4.6 潮浪一体化预报 …………………………………………	176
	7.4.7 预报精度评定 ……………………………………………	179
	7.4.8 台风路径录入 ……………………………………………	180
	7.4.9 海堤风险评估 ……………………………………………	180
	7.4.10 数据库设置 ………………………………………………	181
	7.4.11 服务器端组件 ……………………………………………	181
7.5	小结 …………………………………………………………………	184
参考文献	…………………………………………………………………………	185

第 1 章 绪 论

我国沿海频受台风侵扰,其中以东部和南部沿海最为显著。在强风和低压的作用下,台风将带来狂风巨浪和风暴增水,给沿海地区人民的人身和财产安全造成巨大威胁。据不完全统计,1990～2009 年,我国大陆沿海台风造成的经济损失平均每年超过 314 亿元,因灾死亡总人数高达 443 人。近年来,虽然加强了防台风预警措施,但台风所造成的破坏仍触目惊心。2013 年,相继登陆广东的 1311"尤特"和 1319"天兔"台风给广东、福建沿海带来了灾难性的影响,特别是 1319"天兔"台风登陆时恰逢农历八月十八,遭遇天文大潮,风暴潮与天文潮叠加产生了近 50 年来的最高潮位,海水倒灌严重,造成直接经济损失 64.93 亿元。

除风暴潮影响,台风浪也是台风成灾的另外一个主要因素,其破坏作用主要体现在沿岸海堤的结构安全上。在台风行进过程中,海面波动异常剧烈,短时间内形成狂风巨浪,当台风浪向近岸区域靠近时,受海堤走向的影响,在局部地段波浪有可能发生能量辐聚现象,波浪异常增大;在风暴增水和天文大潮的叠加影响下,沿岸海堤的水位普遍增高,波浪破碎区域更加靠近海堤前部,造成堤前冲刷;另外,在海堤设防标准较低的区域,超设计强度的越浪使得堤后结构松动,造成后坡护面的坍塌,直接威胁海堤的整体结构安全。

事实上,在台风过程中,风暴潮和台风浪往往共生并存,而且相互影响。以 2005 年美国"卡特里娜"飓风为例,受超强风力的影响,美国东南部沿海水位迅速增加,台风浪直接作用于海堤之上,使得新奥尔良附近的海堤被冲毁,海水迅速涌入该市的低洼地带,造成了美国有史以来最为严重的一次飓风灾害,因灾死亡 1830 人,直接经济损失超过 1338 亿美元。2013 年,1319"天兔"台风也造成了我国广东沿海出现多处溃堤的灾害事件,引起大量海水倒灌,造成了重大的人身和财产损失。

为了积极应对台风威胁,有必要研发更高精度的预报模式,在沿海地区对风暴潮和台风浪进行预报预警,并对已建海堤的安全风险进行实时评估,从而更加有效地开展防台减灾工作。

1.1 研究现状

1.1.1 风暴潮数值预报研究

国外早期的风暴潮预报主要采用经验统计方法[1],该方法虽然操作简单、预报效果良好,但需要大量的历史观测资料,因此无法应用于大范围的风暴潮预报。为了克服经验统计方法的不足,数值预报方法被提出并得到迅速发展。经过不断开发和完善,目前众多发展成熟的风暴潮数值模式被广泛使用,如飓风增水专用程序(special program to list amplitude of surge from hurricanes,SPLASH)模式[2]、湖海及沿岸的飓风增水(sea, lake and overland surges from hurricanes,SLOSH)模式[3]、代尔夫特三维(Delft 3D)模式[4]、有限体积法的海洋海岸模型(finite volume coastal ocean model,FVCOM)模式[5]和海洋、海岸和河口的高级环流模型(advanced circulation model for oceanic, coastal and estuarine waters,ADCIRC)模式[6]等。在风暴潮数值模式的研发过程中,通过对网格选取和区域设置以及所考虑物理过程和台风风场设置等方面进行优化,模型精度得到了提高,但台风参数的选取问题仍存在较大的经验性[7,8]。Madsen等[9]通过对孟加拉湾北部海域进行风暴潮数值预报研究,发现台风路径和最大风速是造成风暴潮预报误差的主要原因。Lynch等[10]通过对发生在美国阿拉斯加沿海的风暴潮进行预报研究,针对多种台风参数对风暴潮预报结果的影响进行了分析,发现风向对风暴潮预报的影响较小,但当台风风速大于13m/s、持续时间达20h以上时,风向的影响将变得显著。

我国的风暴潮研究开展相对较晚[11],1979年,孙文心等[12]发表了关于风暴潮数值模拟的研究论文,开创了国内先河。1982年,冯士筰[13]对风暴潮理论和数值预报方法进行了系统论述,构建了我国风暴潮预报的理论体系。此后,多种适用于我国沿海的风暴潮模式得到发展。例如,针对由台风引起的风暴潮,王喜年等[14]利用无因次法确定台风气压场并忽略天文潮影响,建立了五区块模式。张君伦等[15]针对长江口,利用三重网格嵌套,并考虑天文潮-风暴潮非线性作用,建立了二维风暴潮模型,发现风暴潮与天文潮的非线性作用在近岸更为显著。周济福等[16]针对台湾海峡建立了非线性二维风暴潮模型,发现台风强度和路径均对风暴潮有较大影响。针对风暴潮发生最频繁的东南和南部沿海,前人也通过多种风暴潮预报模式,对风暴潮模型进行了改进和研究。吴培木等[17-19]通过对风场经验模式的比选,构建了适用于广东和福建沿海的风暴潮预报模型。邰佳爱等[20]将优化的天文潮数值预报模型和风暴潮数值预报模型相结合,开发了广东沿海高精度风暴潮-天文潮耦合数值预报模式,该模式应用效果良好,计算效率高。潘嵩[21]采用

FVCOM模式建立了覆盖东海海域的水动力数值模型,对影响长江口及杭州湾的三场典型风暴潮过程进行模拟,研究发现,风暴潮结果受台风路径、最大风速、中心气压等多种台风参数的影响。

国内外针对风暴潮的业务预报先后经历了从经验预报到数值预报,从单一增水预报到考虑天文潮与风暴潮耦合作用的综合潮位预报,从大范围预报到区域精细化预报的发展过程。随着数值计算能力的显著提升,风暴潮预报模式所考虑的因素越来越复杂,其预报精度和时效也有了明显的提高,目前已有多个软件以开源(如 ADCIRC[22]、Delft 3D[23]、FVCOM[6]、TELEMAC[24]、MIKE21[25]、表面水体模型系统(surface-water modeling system,SMS)[26])或商业化方式进行运作。需要指出的是,风暴潮主要由台风驱动,台风预报精度对风暴潮预报精度具有决定性的影响,因此台风预报精度的提高将有助于风暴潮预报精度的进一步提高。

1.1.2 台风集合化预报研究

由于天气数值预报模式的高度非线性,预报初期的微小误差可能导致台风预报结果的较大偏差[27]。为了降低上述误差对台风预报结果的影响,集合化预报方法被提出[28,29],经实践证明,该预报方法可有效改善天气预报精度[30,31]。早期的集合化预报方法主要针对初值选取中的可能偏差进行考虑,通过初值扰动得到大量集合化预报样本[32]。后来,气象模型参数选取中的可能偏差也被纳入考虑范围,基于物理参数扰动的集合化方法被提出。最近几年,对误差来源的考虑进一步推广到气象预报模式本身的可能偏差,这种偏差主要由气象模式对台风过程的描述和简化以及数值求解过程等导致。为了减小模式本身的可能偏差对预报结果的影响,多模式超级集合方法被提出,该方法将不同模式作为集合成员,通过对集合成员预报结果的组合来得到更优的单一预报值[33]。近年来的预报实践表明,采用多模式超级集合方法可以有效改善预报效果,使预报误差小于参与集合的气象台站中最优的预报结果[34,35]。初值扰动和物理参数扰动的集合化方法是在原有单一预报的基础上获得多个可能预报值,而多模式超级集合方法是将不同模式作为集合成员,通过对集合成员预报结果的组合来得到更优的单一预报值[36]。

基于初值扰动的集合化预报方法通过对模型初始状态进行扰动来获得多个集合化预报结果。在集合化预报过程中,扰动初值对预报结果影响的代表性越高,集合化预报方法带来的精度提升越明显[30]。在采用初值扰动的集合化预报方法时,由于计算组次较多,且气象预报模型本身的计算成本较大,因此进行扰动样本计算中成本较高;同时,初值扰动方法对扰动集合样本离散度的限制,也阻碍了预报精度的进一步提高。为了降低扰动集合样本数目、节约计算成本,快速增长模法被提出,并由此发展出了目前广泛使用的奇异向量法和增长模繁殖法,这两种方法已在气象模式的业务化预报中得到了有效应用[32]。与此同时,除了初值选取的可能偏差，也开始考虑气象模型物理过程和物理参数选取中的可能偏差，由此提出基于物理参数扰动的集合化预报方法。在实际预报过程中，初值扰动和物理参数扰动的集合化预报方法可以互相结合，例如，在Stensrud等[37]对两个中尺度对流系统进行模拟，Wandishin等[38]对降水预报的模拟中，同时考虑了初值扰动和物理参数扰动。通过对上述两种扰动的综合应用，可以更全面地考虑可能偏差的来源，在降低计算成本的同时提高预报精度。

在气象台站的预报过程中，一方面，不同气象台站的气象模式对初值和物理参数的扰动方式各有差异；另一方面，不同气象台站的气象预报模式本身对气象过程的描述和数值计算也会造成预报结果与实际情况的差异。由于以上两方面差异的存在，不同气象台站的预报结果存在区别，因此由气象台站模式本身的差异对预报结果产生的影响不可忽略[39]。为了减小气象台站的模式选取对预报结果可能造成的误差，Krishnamurti等[33]提出了多模式超级集合预报方法，通过对多个气象台站的历史预报进行训练来获得优化的预报结果。研究发现，通过采用多模式超级集合方法，可以改善预报结果，使预报误差小于参与集合的气象台站中最优的预报结果[40-44]。

我国对集合化预报方法的研究起步较晚，从20世纪90年代中期开始逐渐推广，在气象领域研究发展较快。例如，通过对不同初值扰动的生成方法进行比较，杨学胜等[45]发现时间滞后法总体上表现优于奇异向量法。关吉平等[46]发现增长模繁殖法相比时间滞后法更优。此外，通过对物理过程和物理参数扰动的研究，王晨稀等[47]发现不同预报个例对参数化方案选择的敏感程度不同。陈静等[48]指出在暴雨预报中，通过对物理过程和模式参数扰动所得的集合化预报相比单一确定性预报的效果更好。

集合化方法已经在台风预报中得到了较为成功的应用[49,50]。例如，Zhang等[51]通过将飓风的观测位置分别向东、西、南、北四个方向移动50km，得到四个扰动的飓风中心初始位置，通过路径预报试验，发现考虑扰动路径的集合化方法可以改善预报效果。Goerss[34]利用不同模式对1997年影响西北太平洋的台风进行集合化预报误差分析，发现多模式集合化预报结果更优。Kumar等[35]对大西洋1998~2000年影响西北太平洋的台风进行路径和强度预报试验，发现对多个气象台站预报值的多模式加权集合平均结果更优。我国多位学者也针对台风预报开展了关于集合化方法的研究，并且取得了很好的效果[52-58]。

以上研究主要通过采用集合化预报方法来提高气象预报中台风风场的预报精度。由于风暴潮过程受气象因素影响显著，在近年的风暴潮预报研究中，集合化方法也得到应用。例如，Flowerdew等[59]采用英国气象局全球和区域集合化预报系统的预报样本作为气象预报扰动场，以此驱动天文潮-风暴潮耦合模型进行风暴潮预报分析，发现采用集合化预报方法可以反映多种可能天气条件下的风暴潮情况。Chen 等[60]将欧洲中期天气预报中心对风场和气压场的集合化预报数据作为扰动场,驱动风暴潮预报模型,发现风暴潮集合化预报结果可以有效涵盖实测峰值。国内也开展了集合化方法在风暴潮预报中的应用研究,发现通过集合扰动方法得到的风暴潮预报误差更低[61],且对于单场风暴潮过程,当业务化数值预报模式的风场准确率较高时,集合化预报结果相比业务化预报模式的误差改善程度相应较低[62]。针对近年来提出的多模式超级集合预报方法,陈永平等[63]将该方法探索性地应用于风暴潮预报的台风参数优化中,基于传统的静态训练方法,以 2012 年 6～7 月为训练期,对 2012 年 8～10 月的台风进行多模式超级集合预报,结果表明,台风参数的集合化预报精度高于参与集合的各单一台站预报精度。由于在上述研究中考虑的台风数量较少,对多模式超级集合方法中如何更加科学地确定各单一台站的集合参数仍需深入研究。

1.2　河海大学风暴潮预报研究发展历程

从 20 世纪 80 年代中期开始,河海大学开展了近岸天文潮、风暴潮数值模拟方面的研究工作。1993 年由水利部水利信息中心、河海大学及上海市计算技术研究所共同合作,根据沿海水利部门对风暴潮防汛的需要,重点选取我国河口海岸地区的 46 个潮位站,编制了防汛潮汐表,为沿海水利部门的防汛水情预报提供了依据。在增水数值预报模型中,根据我国海岸线的地理位置特点,建立了中国南部沿海和东部沿海两个模型。模型根据二维全流的风暴潮基本方程,采用二级嵌套网格离散岸线和地形,对岸线的拟合具有较高的分辨率,并有效地减少了计算量。所开发的计算、图形显示软件能在计算机上运行,便于基层水情业务部门的推广使用。

从 2000 年开始,河海大学在已开发的风暴潮数值模型的基础上,研制了长江口洪水风暴潮实用型数学模型以及广东省业务化风暴潮数值预报系统,实现了从模式研制到业务化预报的大跨度飞跃,使科研成果直接转化为生产力,为海岸防汛和决策提供了重要依据。通过基于地理信息系统(geographic information system,GIS)软件平台的建设,预报模型的运算能力、速度、业务化和精度大大提高,具备了开发海岸灾害预报、预警和灾害评估综合模型的能力。

从 2007 年开始,河海大学面向国家重大需求,以河口海岸防灾减灾为主旨,紧密围绕河口海岸水域水流运动和物质输运中的基础科学问题,以及灾害预警预报中的关键技术开展了研究;集成高精度天文潮预报、天文潮-风暴潮耦合预报、灾害预警预报及评估等技术,研发了客户端/服务器(C/S)和浏览器/服务器(B/S)结构的河口海岸风暴潮预报预警及灾害评估业务化系统;针对长江口洪水、天文潮、风暴潮"三碰头"的不利组合,提出了适合于河口海岸的天文潮高精度预报技术,提高了河口区洪水预报精度。其中标志性成果"河口海岸水动力、物质输运及灾害预报预警研究及应用"获 2010 年教育部高等学校科学技术进步奖一等奖,"河口海岸水灾害预警预报关键技术系统集成及应用"获 2011 年国家科学技术进步奖二等奖。

  从 2012 年开始,在水利部公益性行业科研专项经费项目"近岸风暴潮和台风浪集合化预报及灾害评估"(201201045)的支持下,进一步考虑了台风浪的影响,重点研究风暴潮和台风浪共同作用下的近岸增水过程,研发风暴潮和台风浪一体化的预报模式;考虑台风预报存在较大的不确定性,引入了集合化的处理方法,基于统计误差和加权平均的方法,将多种可能的台风路径都考虑进来,通过多值预报的手段,更加客观地反映风暴潮和台风浪对近岸海域的影响程度;在灾害评估方面,重点关注超标准风暴潮和台风浪共同作用下海堤发生破坏的风险,通过层次分析和模糊数学的方法,提出台风期间海堤安全风险的动态评估方法,为科学评价台风期间海堤安全与否提供了重要的数据支撑和决策依据。

第 2 章　近岸风暴潮和台风浪一体化预报技术

风暴潮和台风浪均由台风驱动产生,两者共生并存、相互影响,两者之间的相互作用贯穿于风暴潮和台风浪发生、成长和消亡的整个过程。实现风暴潮和台风浪一体化预报需要将风暴潮和台风浪模型进行双向耦合处理,在其控制方程中考虑相互作用的影响;在同一预报平台下开展数值计算,实时交换相关的物理参数;通过时间步长的控制,同步对风暴潮和台风浪进行预报;通过上述一体化的处理,可有效提高近岸地区风暴潮和台风浪的预报精度。

2.1　一体化预报模式的构建

2.1.1　研究思路和技术路线

为了提高近岸风暴潮和台风浪一体化模式的计算效率,本章采用风暴潮和台风浪模型"双线程运作"的耦合模式。风暴潮和台风浪模型所采用的数学物理方程有所不同,因此它们可以采用不同的时间步长尺度,在两个模型"双线程"独立运行的基础上,通过耦合时间步长来控制数据交换时间,从而减少两个模型间相互等待的时间,其耦合模式如图 2.1 所示。考虑到台风浪模型允许的最大时间步长要远大于风暴潮模型允许的最大时间步长,在计算过程中可将台风浪模型实际的时间步长设置为风暴潮模型实际时间步长的整数倍,并使耦合模型的时间步长与台风浪模型的时间步长一致。在两个模型之间的数据交换过程中,首先通过台风浪模型计算得到耦合节点时刻的辐射应力值,然后通过线性插值的方式将计算结果提供给风暴潮模型,用以计算耦合节点时刻之前一个时间步长内各时刻的潮位;而该耦合节点处的台风浪模型计算所需的潮位资料,则由上一个潮位计算时刻的风暴潮模型计算结果提供。

考虑风暴潮模型和台风浪模型均由台风模型所描述的风场来驱动,下面先对预报过程中所采用台风模型的构建方法做简要的介绍。

2.1.2　台风模型的构建

1. 台风气压场模型

台风是一种典型的热带气旋,其内部结构复杂,气压场、风场随台风生成、发

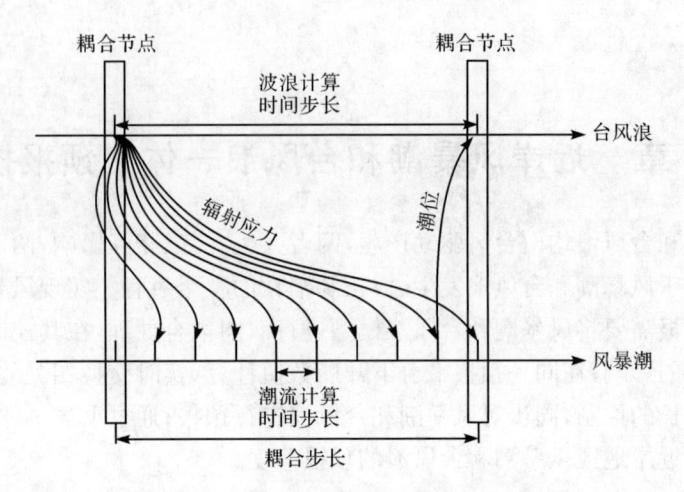

图 2.1 "双线程运作"的耦合模式示意图

展、运移和消亡过程不断变化。描述台风气压场分布的模型常用的有高桥、梅尔斯、藤田、捷氏、毕尔克等。本书主要介绍两种应用较广泛的台风气压场计算方法。

第一种为高桥模型：

$$P(r) = P_\infty - \frac{\Delta P}{1 + \frac{r}{R_0}} \tag{2.1}$$

式中，P_∞ 为台风外围气压，Pa；$\Delta P = P_\infty - P_0$；$r$ 为风场中某计算点与台风中心的距离，km；R_0 为最大风速半径，km。

第二种为捷氏模型：

$$P(r) = P_0 + \frac{\rho_a v_r^2}{3\gamma^2} \left(\frac{r}{R_0}\right)^3, \quad r < R_0 \tag{2.2}$$

$$P(r) = P_\infty - \frac{\rho_a v_r^2 R_0}{\gamma^2 r}, \quad r \geq R_0 \tag{2.3}$$

式中，ρ_a 为空气密度，kg/m³，取 1.293×10^{-3} kg/m³；v_r 为最大风速，m/s；P_0 为台风中心气压，Pa；γ 为经验参数，使用式(2.4)计算：

$$\gamma = 2v_r \sqrt{\frac{\rho_a}{3(P_\infty - P_0)}} \tag{2.4}$$

R_0 是台风模型的关键参数之一，其精确与否直接关系到台风中心周围台风场的计算精度，可采用 2007 年 Knaff 等[64]提出的经验公式进行计算：

$$R_0 = m_0 + m_1 v_r + m_2 \theta \tag{2.5}$$

式中，m_0、m_1、m_2 为常数，因台风发生区域而异，在西北太平洋区域可分别取 38、

0.1167 和 0.004[64]；θ 可根据台风中心的纬度减去 25°来确定。

2. 台风风场模型

台风风场由两部分组成：一是与台风中心移动速度有关的移动风场；二是与台风气压梯度有关的梯度风场。

1) 移动风场

由台风中心移动引起的风速为

$$F = C_1 V \exp\left(-\frac{\pi r}{500}\right) \quad (2.6)$$

式中，V 为台风中心移动速度，m/s；C_1 为系数，一般取 4/7～6/7，R_0 大的台风 C_1 取 4/7，R_0 小的台风 C_1 取 6/7。

2) 梯度风场

与台风气压有关的梯度风速(U_{gr})由单位空气质点绕台风做圆周运动的离心力、压强梯度力、柯氏力的平衡求出，即

$$\frac{U_{gr}^2}{r} + 2\omega \sin\varphi U_{gr} - \rho_a \frac{dP}{dx} = 0 \quad (2.7)$$

求解上面的二次方程，得梯度风速为

$$U_{gr} = r\omega \left(\sqrt{\sin^2\varphi + \frac{1}{\rho_a r_p \omega^2 \frac{dp}{dr_p}}} - \sin\varphi\right) \quad (2.8)$$

式中，ω 为地球自转角速度，rad/s；r_p 为等压线曲率半径，m；φ 为地理纬度，(°)。考虑到摩擦影响，梯度风的方向由等压线的切线方向朝向台风中心一侧左偏 20°～30°(即流入角)。

图 2.2 是台风风场中质点受力的示意图，它给出了没有考虑摩擦时的梯度风，以及考虑了摩擦时风向偏向风中心一侧的空气质点的受力情况。图 2.3 是在台风中心移动情况下合成风速的示意图。图中移动风速和梯度风速以虚线表示，两者的合成风速用实线表示。从图中可以看出，在等压线不同的点上的风速和风向是不同的，当梯度风方向与风场移动的方向一致或相反时，其合成风速代表与台风中心某一距离的最大风速或最小风速。

若采用直角坐标系统，可将台风的移动风速和梯度风速分解为相应的坐标分量。当式(2.8)中的气压取高桥模型[65]、流入角为 20°时，计算域上任一点风速的 x 分量和 y 分量为

$$W_x = C_1 V_x \exp\left(-\frac{\pi r}{500}\right)$$

$$- C_2 \frac{f}{2}\left(\sqrt{1 + \frac{4}{1.293}\frac{10^{-4} Z^2 \Delta P}{f^2 r R_0^2}} - 1\right)(0.342x + 0.940y) \quad (2.9)$$

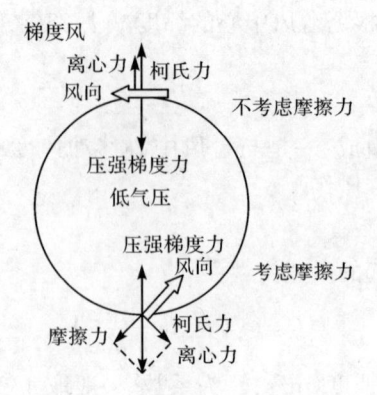

图 2.2 离心力、压强梯度力、柯氏力的平衡

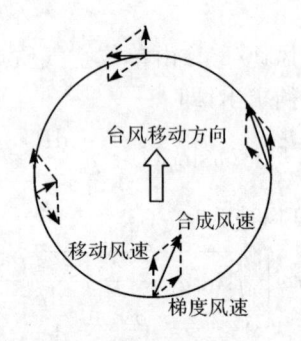

图 2.3 台风区域移动风速与梯度风速的合成

$$W_y = C_1 V_y \exp\left(-\frac{\pi r}{500}\right)$$
$$+ C_2 \frac{f}{2}\left(\sqrt{1+\frac{4}{1.293}\frac{10^{-4}Z^2\Delta P}{f^2 r R_0^2}}-1\right)(0.940x - 0.342y) \quad (2.10)$$

$$Z = \frac{1}{1+\dfrac{r}{R_0}} \quad (2.11)$$

$$f = 2\omega\sin\varphi \quad (2.12)$$

式中,V_x、V_y 分别为台风中心 x 方向和 y 方向的移动速度分量,m/s;r 为计算点与台风中心的距离,km;$\Delta P = P - P_0$;x 和 y 为计算点的坐标分量;C_2 为修正系数,一般相对较弱的台风取为 0.6,对强台风或超强台风,C_2 取 0.7~0.8,也可由实测值率定得到。

当式(2.8)中的气压取捷氏模型[2]、流入角为 20°时,计算域上任一点风速的 x 分量和 y 分量如下。

当 $0 < r \leqslant R_0$ 时:

$$W_x = C_1 V_x \frac{r}{R_0+r} - C_2 v_r \left(\frac{r}{R_0}\right)^{3/2} \frac{1}{r}(0.342x+0.940y) \quad (2.13)$$

$$W_y = C_1 V_y \frac{r}{R_0+r} + C_2 v_r \left(\frac{r}{R_0}\right)^{3/2} \frac{1}{r}(0.940x-0.342y) \quad (2.14)$$

当 $r > R_0$ 时：

$$W_x = C_1 V_x \frac{R_0}{R_0+r} - C_2 v_r \left(\frac{r}{R_0}\right)^{1/2} \frac{1}{r}(0.342x+0.940y) \quad (2.15)$$

$$W_y = C_1 V_y \frac{R_0}{R_0+r} - C_2 v_r \left(\frac{r}{R_0}\right)^{1/2} \frac{1}{r}(0.940x-0.342y) \quad (2.16)$$

2.1.3 风暴潮模型的构建

1. 基本方程

风暴潮模型的控制方程为

$$\frac{\partial \zeta}{\partial t} + \frac{\partial M}{\partial x} + \frac{\partial N}{\partial y} = 0 \quad (2.17)$$

$$\frac{\partial M}{\partial t} + \frac{\partial}{\partial x}\left(\frac{M^2}{D}\right) + \frac{\partial}{\partial y}\left(\frac{MN}{D}\right) = -gD\frac{\partial(\zeta-\bar{\zeta}-\zeta_0)}{\partial x} + \frac{\tau_s^x + \tau_r^x - \tau_b^x}{\rho_w} + fN \quad (2.18)$$

$$\frac{\partial N}{\partial t} + \frac{\partial}{\partial x}\left(\frac{MN}{D}\right) + \frac{\partial}{\partial y}\left(\frac{N^2}{D}\right) = -gD\frac{\partial(\zeta-\bar{\zeta}-\zeta_0)}{\partial y} + \frac{\tau_s^y + \tau_r^y - \tau_b^y}{\rho_w} - fM \quad (2.19)$$

$$\tau_s = \rho_a \gamma_a^2 |W|W \quad (2.20)$$

$$\tau_r = \rho_w |R|R \quad (2.21)$$

$$\tau_b = \rho_w \gamma_b^2 |V|V - \beta \tau_s \quad (2.22)$$

式中，M、N 为全流分量，$M = \int_{-h(x,y)}^{\zeta(x,y)} u(x,y,t) \mathrm{d}z, N = \int_{-h(x,y)}^{\zeta(x,y)} v(x,y,t) \mathrm{d}z$；$u$、$v$ 分别为流速在 x、y 方向的分量，m/s；$D = h + \zeta$，D 为全水深，即从水面至海底的距离，h 为平均海平面下的水深，ζ 为平均海平面起算的增减水位；W 为海面风速，m/s；V 为海水流速，m/s；R 为波浪引起的辐射应力，N/m²；$f = 2\omega\sin\varphi$ 为柯氏力（地球自转惯性力）系数，其中 ω 为地球自转角速度，rad/s，φ 为计算水域的地理纬度，(°)；g 为重力加速度，m/s²；$\bar{\zeta}$ 为天文潮静力潮位，$\bar{\zeta} = -\frac{\Omega}{g}$，$\Omega$ 为引潮力势；ζ_0 为由台风气压降引起的海面静压升高，当气压分布取高桥公式时，$\zeta_0 = \frac{10^3 \Delta P}{\rho g}$；$\gamma_a^2$ 为风曳力系数，根据经验公式 $\gamma_a^2 = (0.80 + 0.065 \times |W|) \times 10^{-3}$ 来确定；γ_b^2 为底摩阻系数，取 0.01；β 为经验参数，取 0.5。

式(2.18)和式(2.19)左边的第二、三项是反映流场非均匀程度的对流项,也称为非线性项。根据数值计算经验,当 $\zeta/D>0.7$ 时,需要考虑非线性影响,然而在大部分情形下 ζ/D 都小于 0.7,因此风暴潮模型多简化为线性模型。

2. 方程离散

天文潮-风暴潮耦合模型基本方程(2.17)~(2.19)的求解,可根据需要选用不同的离散格式和计算方法,如常用的显式差分格式、显隐交替差分格式(alternating direction implicit,ADI)、隐式差分格式和有限体积法、剖开算子法等。隐式差分需要求解大型的稀疏矩阵,计算量很大,而显式差分对计算的稳定条件要求太严格。为了克服以上两种差分格式的缺点,可采用 ADI,即空间上中心差分、时间上向前差分。

ADI 综合了显式差分格式和隐式差分格式的优点,在二维的情况下是无条件稳定的。它的基本思想是将差分计算分两步走:第一步在 x 方向是隐式的,而在 y 方向是显式的;第二步交换一下,在 y 方向是隐式的,而在 x 方向是显式的。由于只在一个方向是隐式的,所需求解的稀疏矩阵变为对角矩阵,大大减少了计算量。由于在 ADI 下误差增长因子的绝对值小于 1,因此其是无条件稳定的。

前半步:

$$\frac{\partial U}{\partial x}=\frac{U_{i+1,j}^{n+1/2}-U_{i-1,j}^{n+1/2}}{\Delta x} \tag{2.23}$$

$$\frac{\partial U}{\partial y}=\frac{U_{i,j+1}^{n}-U_{i,j-1}^{n}}{\Delta y} \tag{2.24}$$

$$\frac{\partial U}{\partial t}=\frac{U_{i,j}^{n+1/2}-U_{i,j}^{n}}{\Delta t/2} \tag{2.25}$$

后半步:

$$\frac{\partial U}{\partial x}=\frac{U_{i+1,j}^{n+1/2}-U_{i-1,j}^{n+1/2}}{\Delta x} \tag{2.26}$$

$$\frac{\partial U}{\partial y}=\frac{U_{i,j+1}^{n+1}-U_{i,j-1}^{n+1}}{\Delta y} \tag{2.27}$$

$$\frac{\partial U}{\partial t}=\frac{U_{i,j}^{n+1}-U_{i,j}^{n+1/2}}{\Delta t/2} \tag{2.28}$$

式中,U 为离散变量,即全流分量 M、N 或水位 ζ。

3. 模型计算条件

1) 基准面

基准面为多年平均海面。

2) 距离换算

地球是一个旋转椭圆体,当计算水域为中国东部沿海和南部沿海等这样的大范围水域时,若用矩形网格离散,则网格尺寸并不是等距的。因此,在划分网格和计算台风中心与网格点的距离时,应计算其所在的经纬圈长度。经圈半径 L 和纬圈半径 B 的计算公式为

$$L = \frac{a(1-e^2)}{(\sqrt{1-e^2\sin^2\varphi})^3} \tag{2.29}$$

$$B = \frac{a\cos\varphi}{\sqrt{1-e^2\sin^2\varphi}} \tag{2.30}$$

式中,φ 为地理纬度,(°);a 为地球长半径,m,取 $a=6377397.15$m;e 为偏心率,取 $e=0.0816968312$。

3) 初始条件

初始条件为

$$\begin{cases} M(x,y,0)=0 \\ N(x,y,0)=0 \end{cases} \tag{2.31}$$

$$\zeta(x,y,0)=\zeta_0(x,y) \tag{2.32}$$

4) 边界条件

在岸边界上,取法向全流分量为零,即 $M=N=0$。

在水边界上,取静压水位再叠加由 8 个分潮推算得到的天文潮位。台风中心的移动,相当于水边界的上空存在气旋低压的移行性扰动,该扰动因气压降产生的静压升高为

$$\zeta_0(x,y) = \frac{10^3(P_\infty - P_0)}{\rho g(1-\overline{V}_0/\sqrt{gh})} \tag{2.33}$$

式中,$\overline{V}_0$ 为台风中心移动速度,m/s;h 为水深,m;ρ 为海水密度,kg/m³。当水深不超过 10m(长波速度约 35.6km/h)时,简单起见,边界条件直接取式(2.32)的静压水位。由于计算域足够大,不会发生因台风移动速度等于长波波速出现的共振现象。

2.1.4 台风浪模型的构建

台风浪模型基于第三代波浪模型开发,控制方程为波作用守恒方程。

1. 基本方程

波作用守恒方程为

$$\frac{\partial}{\partial t}N_w + \frac{\partial}{\partial x}c_x N_w + \frac{\partial}{\partial y}c_y N_w + \frac{\partial}{\partial \sigma}c_\sigma N_w + \frac{\partial}{\partial \theta}c_\theta N_w = \frac{S}{\sigma} \tag{2.34}$$

方程左边第一项为波作用密度随时间的变化率,第二、三项为波作用密度在

空间的传播情况,第四项为水深和水流变化引起的频移效应,第五项为水深和水流变化引起的折射,c_x、c_y、c_σ、c_θ 为波浪在 x、y、σ、θ 方向的传播速度。方程右边为波能的所有产生、消散和重分布的源和汇,S 为波能密度,可以写为

$$S = S_{in} + S_{nl3} + S_{nl4} + S_{ds,w} + S_{ds,b} + S_{ds,br} \quad (2.35)$$

式中,S_{in} 为风能的输入;S_{nl3}、S_{nl4} 分别为三、四阶非线性相互作用产生的波能交换;$S_{ds,w}$、$S_{ds,b}$、$S_{ds,br}$ 分别为白浪、底摩擦和波浪破碎引起的波能耗散。

风能向波能的传递(S_{in})以共振机制和反作用机制来描述。共振机制是指根据风速的不同以固定的方式对自由水面传递压力来形成波浪。这种机制在波浪生成的开始阶段发挥作用,波能随时间线性增长。反作用机制是指由共振机制生成波浪后,水面随波动起伏后干扰风的前进,因此受到风的反作用,波峰的迎风面所受压力增大,背风面所受压力减小,由此向波浪传递能量。根据以上两种波浪增长机制,风引起的波浪增长可以用线性项(共振)和指数项(反作用)之和来描述,即

$$S_{in}(\sigma, \theta) = A + BE(\sigma, \theta) \quad (2.36)$$

式中,$E(\sigma, \theta)$ 为波浪能谱;A 和 B 为经验参数,取决于波的频率和方向、风的速度和方向。

对于线性增长项 A,当波浪频率低于 Pierson-Moskowitz 频率时,使用 Cavaleri 和 Malanotte-Rizzoli 的公式配合一个过滤器来计算

$$A = \frac{1.5 \times 10^{-3}}{2\pi g^2}(U_* \max(0, \cos(\theta - \theta_\omega)))^4 H \quad (2.37)$$

$$\sigma_{PM}^* = \frac{0.13g}{28U_*} 2\pi \quad (2.38)$$

式中,θ_ω 为风向角;H 为频率过滤器;σ_{PM}^* 为波浪充分成长之后的峰值频率。

对于指数增长项 B,有两种计算方法:第一种是 Komen 公式

$$B = \max\left\{0, 0.25 \frac{\rho_a}{\rho_w}\left[28\frac{U_*}{c_{ph}}\cos(\theta - \theta_\omega) - 1\right]\right\}\sigma \quad (2.39)$$

式中,c_{ph} 为相速,m/s;ρ_a 和 ρ_w 为空气和水的密度,kg/m³。

第二种是 1989 年 Janssen 基于四阶准线性风浪理论提出的公式

$$B = \beta \frac{\rho_a}{\rho_w}\left(\frac{U_*}{c_{ph}}\right)^2 \max(0, \cos(\theta - \theta_\omega))^2 \sigma \quad (2.40)$$

式中,β 为 Miles 常数,由无因次波高 λ 来计算

$$\beta = \frac{1.2}{\kappa^2}\lambda \ln^4 \lambda, \quad \lambda \leq 1 \quad (2.41)$$

$$\lambda = \frac{g z_e}{c_{ph}^2}e^r, \quad r = \frac{\kappa c}{|U_* \cos(\theta - \theta_\omega)|} \quad (2.42)$$

式中,κ 为 von Karman 常数,$\kappa = 0.41$;z_e 为有效表面粗糙度。若 $\lambda > 1$,则 $\beta = 0$。

非线性相互作用(S_{nl})的物理意义是波浪组之间的能量交换,谱上的能量重分布。在深水区,四阶相互作用更加重要;在浅水区,三阶相互作用更加重要。

三阶相互作用采用集中三阶逼近(lumped triad approximation,LTA)法来计算。四阶相互作用采用离散相互作用逼近(discrete interaction approximation,DIA)法来计算。

波能的消散可以总结为三种不同作用的总和:白浪作用($S_{ds,w}$)、底摩擦($S_{ds,b}$)和波浪破碎引起的波能耗散($S_{ds,br}$)。

白浪作用主要由波陡控制,白浪公式基于一个脉冲模型建立

$$S_{ds,w}(\sigma,\theta) = -\Gamma \tilde{\sigma} \frac{k}{\tilde{k}} E(\sigma,\theta) \tag{2.43}$$

底摩擦可以表示为

$$S_{ds,b}(\sigma,\theta) = -C_{bottom} \frac{\sigma^2}{g^2 \sinh^2(kd)} E(\sigma,\theta) \tag{2.44}$$

式中,C_{bottom}为底摩阻系数。

波浪破碎引起的波能耗散采用 1978 年 Battjes 和 Janssen 的公式计算

$$S_{ds,br}(\sigma,\theta) = \frac{D_{tot}}{E_{tot}} E(\sigma,\theta) \tag{2.45}$$

式中,E_{tot}为总能量;D_{tot}为波浪破碎引起的总能量耗散率,由波浪的破碎指标决定,$D_{tot} < 0$。

2. 方程离散

波作用平衡方程可以利用有限差分法进行离散计算。因为一个网格的状态是由来浪方向的网格点的数据决定的,所以迎风方向的隐格式是最佳选择。这样还可以得到时间、空间步长的独立性以及一个相对较大的时间步长。在每个时间步长内,对每个象限进行 4 次向前的扫描。时间的计算采取迎风有限差分格式,方程离散如下:

$$\left[\frac{N^{i_t,n} - N^{i_t-1,n}}{\Delta t}\right]_{i_x,i_y,i_\sigma,i_\theta} + \left[\frac{[c_x N]_{i_x} - [c_x N]_{i_x-1}}{\Delta x}\right]_{i_y,i_\sigma,i_\theta}^{i_t,n}$$
$$+ \left[\frac{[c_y N]_{i_y} - [c_y N]_{i_y-1}}{\Delta y}\right]_{i_x,i_\sigma,i_\theta}^{i_t,n}$$
$$+ \left[\frac{(1-\nu)[c_\sigma N]_{i_\sigma+1} + 2\nu[c_\sigma N]_{i_\sigma} - (1+\nu)[c_\sigma N]_{i_\sigma-1}}{2\Delta\sigma}\right]_{i_x,i_y,i_\theta}^{i_t,n}$$
$$+ \left[\frac{(1-\eta)[c_\theta N]_{i_\theta+1} + 2\eta[c_\theta N]_{i_\theta} - (1+\eta)[c_\theta N]_{i_\theta-1}}{2\Delta\sigma}\right]_{i_x,i_y,i_\sigma}^{i_t,n} = \left[\frac{S}{\sigma}\right]_{i_x,i_y,i_\sigma,i_\theta}^{i_t,n^*}$$

$$\tag{2.46}$$

式中，n 为循环步数；n^* 为源项的循环步数，取 n 或 $n-1$。参数 ν 和 η 取 $0\sim1$，它们决定了谱空间偏向中心差分格式或迎风差分格式的程度，取 0 为中心差分格式，计算精度较高；取 1 为迎风差分格式，不如中心差分格式精确，但更稳定。

风能输入中的线性增长项 A 与波浪参数和波能密度无关，可以直接计算；除此之外，源项中的其他项都依赖于波能密度，可以用半线性项描述，即 $S=\varphi E$，φ 是与波浪参数和能量密度有关的参数；因为只有 $n-1$ 步的波浪参数和能量密度是已知的，所以 φ 在 $n-1$ 步中被确定。计算时，这些源项将被加到波浪场传播的矩阵中。

对于正的源项（风能输入和三阶相互作用的正项），使用显格式（源项取决于 E^{n-1} 而不是 E）要比隐格式（源项取决于 E）稳定得多。第 n 步循环中正源项的显格式为

$$S^n \approx \varphi^{n-1} E^{n-1} \tag{2.47}$$

为了节省计算时间，四阶相互作用的正项和负项都采取这种显格式。

对于负的源项，使用隐格式比较稳定。第 n 步循环中负源项的线性逼近如下：

$$S^n \approx \varphi^{n-1} E^{n-1} + (\partial S/\partial E)^{n-1} (E^n - E^{n-1}) \tag{2.48}$$

对式（2.48）进行如下近似简化：用 $\varphi^{n-1} E^n$ 来代替 $\varphi^{n-1} E^{n-1}$，使其更隐式继而更稳定；用 $(S/E)^{n-1}$ 来代替 $(\partial S/\partial E)^{n-1}$，以节省运算。又有 $S=\varphi E$，则式（2.48）变形为

$$S^n \approx \varphi^{n-1} E^n \tag{2.49}$$

风浪的增长中包含了不同的时间步长。高频波比低频波的步长短很多，必须采取一些有效的数值积分技术来处理这个巨大的时间步长差异。将每次循环的最大波作用密度的变化量限制在 10% 的菲利普平衡标准以内[66]，即

$$|\Delta N(\sigma, \theta)|_{\max} = \frac{0.1 \alpha_{\mathrm{PM}} \pi}{2\pi \sigma k^3 c_{\mathrm{g}}} \tag{2.50}$$

式中，α_{PM} 为 Pierson-Moskowitz 谱的菲利普常数，$\alpha_{\mathrm{PM}}=0.0081$。这种方法为确保数值上的稳定性有时会违反波浪增长时间步长的物理要求。实际上，低频波包含了绝大多数的波能，所以必须对其进行精确计算而不能予以限制；而高频波只需满足平衡方程即可。

在有波浪绕射存在的情况下，波在各空间的传播速度可以乘以一个系数 $(1+\delta)^{1/2}$ 来实现。其中 δ 为绕射参数，表达式为

$$\delta = \frac{\nabla(c c_{\mathrm{g}} \nabla \sqrt{E})}{c c_{\mathrm{g}} \sqrt{E}} \tag{2.51}$$

初期计算总能量 E 的过程中，E 值在地理空间会有一个轻微的摆动，影响 $\nabla \sqrt{E}$ 进而影响 δ 的计算，故需要对 E 值进行平滑。

3. 模型计算条件

波浪模型中的静止水深取为多年平均海平面以下的水深,模型网格与风暴潮模型相同。以无波浪情况作为初始条件,陆地边界设为波能吸收边界。当前计算时刻的潮位由风暴潮模型提供。

2.2 一体化预报模式的检验

2.2.1 中国南部沿海模型

1. 模型设置

1) 风暴潮模型

风暴潮模型范围为 105.3°E～122°E, 11.9°N～25.4°N, 覆盖中国南部沿海北部的大部分海域,包括全部广东沿海区域、台湾岛、海南岛以及部分马来群岛。网格分辨率为 0.1°。外海边界处的潮位由 8 个分潮给出的潮位过程,根据台风发生的时段,自动进行计算。计算时间步长为 0.5min。

2) 台风浪模型

台风浪模型范围与风暴潮模型一致,网格分辨率为 0.1°。外海边界采用波能传出边界,模型外边界附近的波浪计算并不精确,但考虑到台风浪的主要驱动力为台风场,且外海边界设置在风暴潮模型外海边界以外,认为外海边界对整个模型区域的影响可以忽略。计算时间步长为 30min。

3) 耦合参数

模型能够实现风暴潮、台风浪的单独运行和耦合运行。

在风暴潮、台风浪模型耦合运行时,在进行耦合之前,为了达到风暴潮和台风浪的相对稳定,首先两个模型单独运行 48h,然后开始耦合。耦合时间步长经调试,定为 30min。

2. 一体化模型与非一体化模型的比较

在台风"海鸥"期间开展了一体化模型和非一体化模型的比较。2014 年第 15 号台风"海鸥"于 9 月 12 日下午在菲律宾马尼拉东偏南方约 1090km 的西北太平洋洋面上生成,生成后稳定向偏西方向移动。13 日 23 时加强为台风,14 日晚登陆菲律宾东北部地区,15 日凌晨进入南海海面。16 日 9 时 40 分"海鸥"以台风级别登陆文昌市翁田镇,12 时 45 分再次登陆广东省徐闻县南部沿海地区,登陆时中心附近最大风力 13 级(40m/s),最低气压 960hPa。

2014年9月16日,受台风"海鸥"的影响,深圳至雷州半岛东岸一带沿海出现0.94~5.15m的风暴增水,珠江口至雷州半岛东部沿海部分潮位站出现超警戒0.03~1.75m的高潮位。其中南渡站(110.17°E,20.87°N)于16日12时10分出现4.75m实测最高潮位,超警戒1.75m,重现期为超30年一遇,过程最大增水5.15m;湛江港站16日11时55分出现3.86m实测最高潮位,超警戒1.21m,重现期为30年一遇,过程最大增水4.32m。台风"海鸥"最高风暴潮位情况具体见表2.1。

表 2.1 台风"海鸥"最高风暴潮位情况 （单位:m）

站名	时间	实测最高潮位	过程最大增水	历史实测最高潮位
赤湾	16日 3:00	1.58	0.94	2.23
黄埔	16日 4:20	1.95	1.10	2.67
南沙	16日 2:55	1.89	1.12	2.72
三灶	16日 2:00	2.06	1.47	2.73
官冲	16日 2:10	1.83	1.56	2.73
北津港	16日 4:50	2.05	2.37	3.56
湛江港	16日 11:55	3.86	4.32	4.53
南渡	16日 12:10	4.75	5.15	5.94

分别使用一体化模型和非一体化模型对台风"海鸥"期间的风暴潮和台风浪过程进行模拟。为了直观地看出风暴潮对台风浪模拟结果的影响,将台风"海鸥"期间南渡站台风浪模型模拟的有效波高过程、一体化模型模拟的有效波高过程绘制于图2.4。可以看到,一体化模型对最大有效波高的模拟结果明显高于单独的台风浪模型。

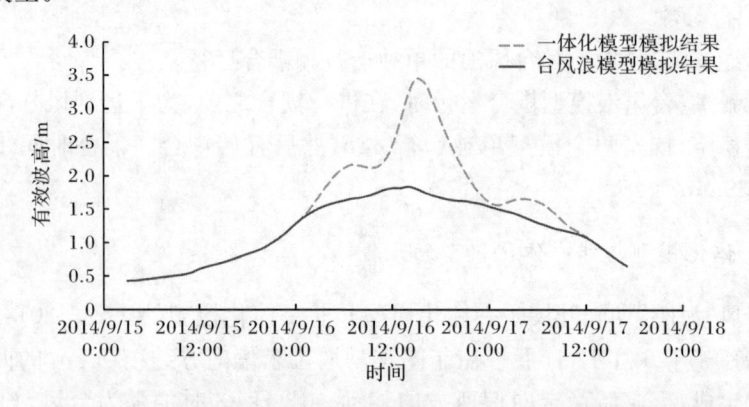

图 2.4 南渡站风暴潮对有效波高模拟的影响(台风"海鸥"期间)

为了更直观地看出台风"海鸥"期间台风浪对风暴潮模拟结果的影响,将南渡站和湛江港站的实测潮位过程、风暴潮模型模拟的潮位过程、一体化模型模拟的潮位过程绘制于图 2.5 和图 2.6。可以看到,台风浪对潮位模拟结果的影响不大,量级仅在 0.01m 左右,其主要原因是南海水深较深,而近岸的地形由于网格较粗而不能精细刻画,使得波浪对潮位的影响可以忽略不计。总体而言,在南海区域的一体化模型中,波浪对风暴潮的影响相对较小,而风暴潮对波浪的影响更为显著。

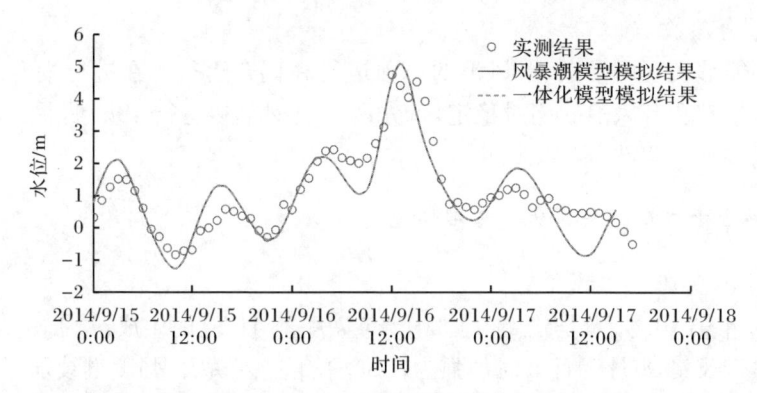

图 2.5　南渡站台风浪对潮位模拟的影响(台风"海鸥"期间)

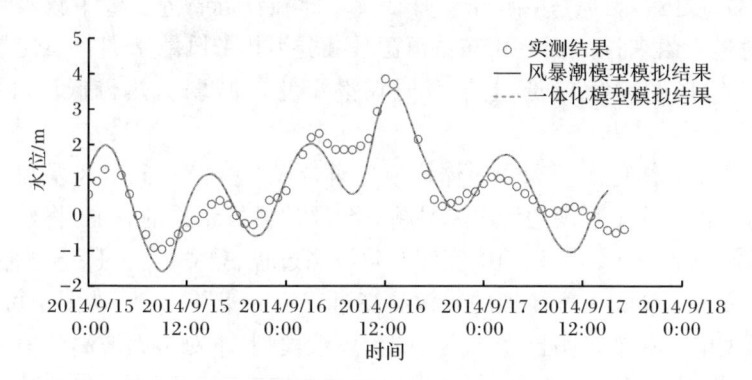

图 2.6　湛江港站台风浪对潮位模拟的影响(台风"海鸥"期间)

2.2.2　中国东部沿海模型

1. 模型设置

1) 风暴潮模型

风暴潮模型覆盖范围为 117°E～130.9°E,23.4°N～41.1°N,东至琉球群岛,北至渤海湾,南至台湾南部,西侧为中国大陆海岸线。网格分辨率为 0.1°。外海边界处的潮位由多年的调和常数根据台风发生的时段自动进行计算,计算时间步长为 1min。

2)台风浪模型

台风浪模型范围与风暴潮模型一致,网格分辨率为 0.1°。外海边界采用波能传出边界,模型外边界附近的波浪计算并不精确,但考虑到台风浪的主要驱动力为台风场,且外海边界设置在风暴潮模型外海边界以外,因此可以认为外海边界对整个模型区域的影响可以忽略。计算时间步长为 30min。

3)耦合参数

模型能够实现风暴潮、台风浪的单独运行和耦合运行。在进行耦合之前,为了达到风暴潮和台风浪的相对稳定,首先两个模型单独运行 48h,然后开始耦合。耦合时间步长经调试,定为 30min。

2. 一体化模型与非一体化模型的比较

1)1210 台风"达维"

2012 年第 10 号台风"达维"于 2012 年 7 月 28 日 20 时生成,7 月 31 日 8 时加强为强热带风暴,8 月 1 日 8 时加强为台风,下午进入黄海,强度继续加强,8 月 2 日 21 时 30 分前后在江苏省响水县陈家港镇沿海登陆。登陆时中心最大风力 12 级(35m/s)。之后,台风"达维"于 8 月 3 日 1 时在江苏省连云港市减弱为强热带风暴,4 时进入山东省,9 时在山东省沂源县减弱为热带风暴,8 月 4 日凌晨 2 时进入渤海,之后强度继续减弱,上午 8 时在渤海北部减弱为热带低压,同时停止编号。

分别使用一体化模型和非一体化模型对台风"达维"期间的风暴潮和台风浪过程进行模拟。为了直观地看出风暴潮对台风浪模拟结果的影响,将台风"达维"期间响水站(120.1°E,34.4°N)的实测有效波高过程、独立的台风浪模型模拟的有效波高过程和一体化模型模拟的有效波高过程绘制于图 2.7。从图中可以看出,一体化模型的计算结果明显优于独立的台风浪模型:①对最大波高的模拟精度明显提高,预报误差减小了 26.4%;②模拟出了更接近真实的波高波动过程。同时

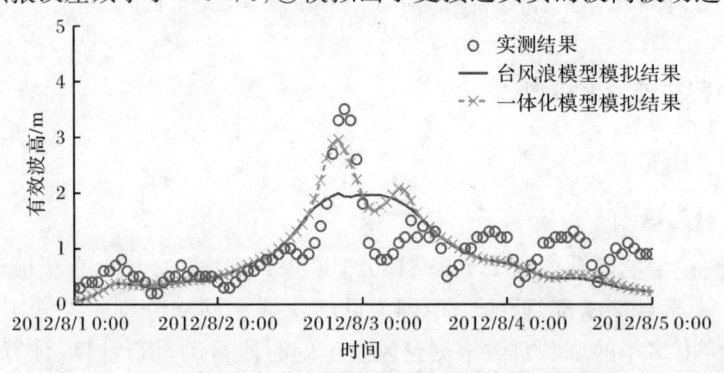

图 2.7 响水站风暴潮对有效波高模拟的影响(台风"达维"期间)

也注意到,即使采用了一体化模型,预报的最大有效波高与实测值仍有16.6%的偏差,这主要与计算网格偏粗、地形刻画不够精细有关。总体而言,一体化模型能够显著提高台风浪的预报精度。

为了更加直观地看出台风浪对风暴潮模拟结果的影响,将台风"达维"期间青岛站(120.3°E,36.2°N)和大丰站(120.8°E,33.3°N)的实测潮位过程、独立的风暴潮模型模拟的潮位过程、一体化模型模拟的潮位过程绘制于图2.8。从图中可以看出,台风浪对于青岛站潮位计算影响的最大值为0.23m,且台风浪对潮位模拟结果的影响呈现周期性波动:在涨急时刻,台风浪对潮位的负影响达到最大;在落急时刻,台风浪对潮位的正影响达到最大;在最高水位和最低水位时,台风浪对潮

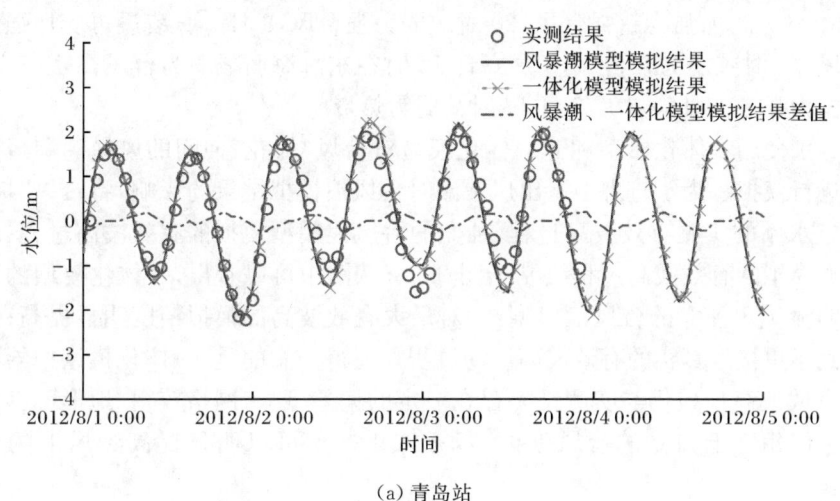

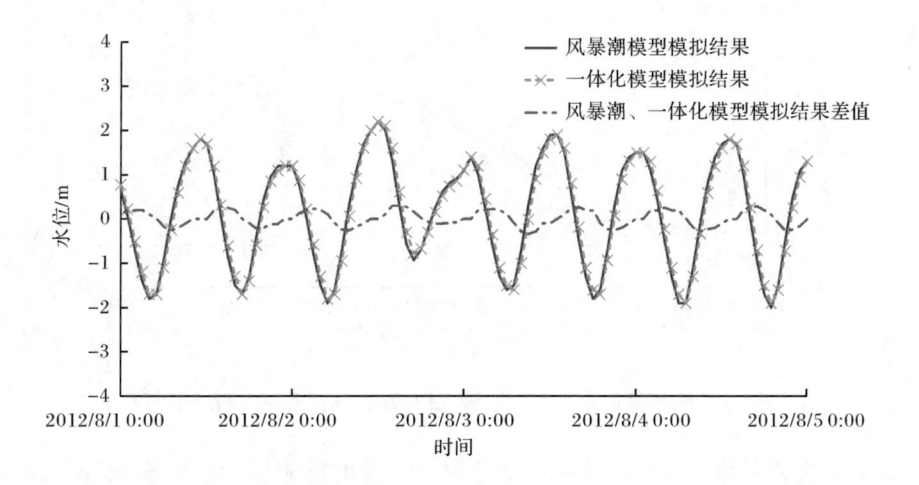

(a) 青岛站

(b) 大丰站

图2.8 台风浪对潮位过程模拟的影响(台风"达维"期间)

位模拟的影响结果基本为零。对更加靠近江苏辐射沙脊群区域的大丰站而言,一体化模型对潮位模拟结果的影响更为显著,影响最大可达 0.34m,且影响主要集中在涨急和落急阶段,但对于高、低潮位的影响并不明显(图 2.8(b))。总体而言,一体化模型可以有效提高近岸风暴潮和台风浪的模拟精度,因此在近岸区域,特别是水深较浅且地形复杂的区域有必要采用一体化模型来开展风暴潮和台风浪的模拟。

2) 1109 台风"梅花"

2011 年第 9 号台风"梅花"于 2011 年 7 月 28 日 14 时在西北太平洋洋面上生成,7 月 30 日 8 时加强为强热带风暴,14 时继而增强为台风,20 时加强为强台风,7 月 31 日 2 时加强为超强台风,20 时减弱为强台风,8 月 3 日凌晨再次加强为超强台风,20 时减弱为强台风,8 月 6 日 15 时在东海海面减弱为台风,8 月 7 日 21 时减弱为强热带风暴,8 月 8 日 17 时减弱为热带风暴。

分别使用一体化模型和非一体化模型对台风"梅花"期间的风暴潮和台风浪过程进行模拟。为了直观地看出风暴潮对台风浪模拟结果的影响,将台风"梅花"期间响水站的实测有效波高过程、独立的台风浪模型模拟的有效波高过程、一体化模型模拟的有效波高过程绘制于图 2.9。从图中可以看出,一体化模型的计算结果明显优于独立的台风浪模型:①对最大有效波高的模拟精度明显提高;②模拟得到了更接近真实的有效波高波动过程。值得注意的是,一体化模型中给出的最大有效波高预报仍与实测结果存在一定的偏差,这与网格较粗、地形不够精细有关。但相比于独立的台风浪模型,一体化模型可以明显提高台风浪的预报精度。

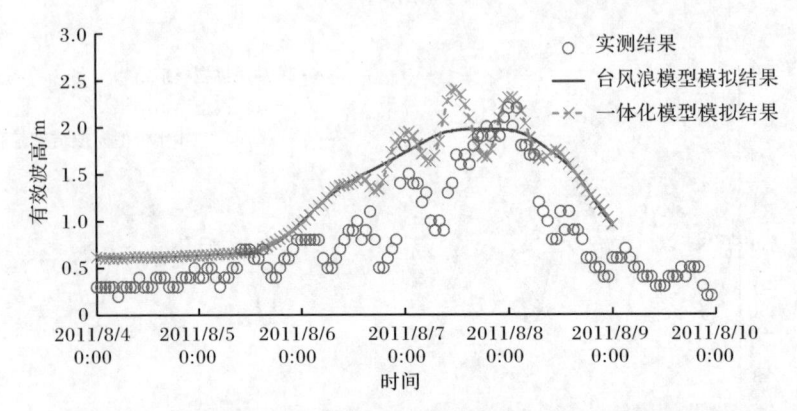

图 2.9 响水站风暴潮对有效波高模拟的影响(台风"梅花"期间)

为了更直观地看出台风浪对风暴潮模拟结果的影响,将台风"梅花"期间响水站的实测潮位过程、独立的风暴潮模型模拟的潮位过程、一体化模型模拟的潮位过程绘制于图2.10。从图中可以看出，一体化模型对于潮位预报精度的提高并不明显，影响最大在0.13m。与台风"达维"期间的模拟结果类似，台风浪对潮位模拟结果的影响呈现周期性波动：在涨急时刻，一体化模型对潮位的负影响达到最大；在落急时刻，一体化模型对潮位的正影响达到最大。但是在最高水位和最低水位时，一体化模型对潮位模拟的影响结果基本为零，因此台风浪对高低潮位的模拟影响不大。

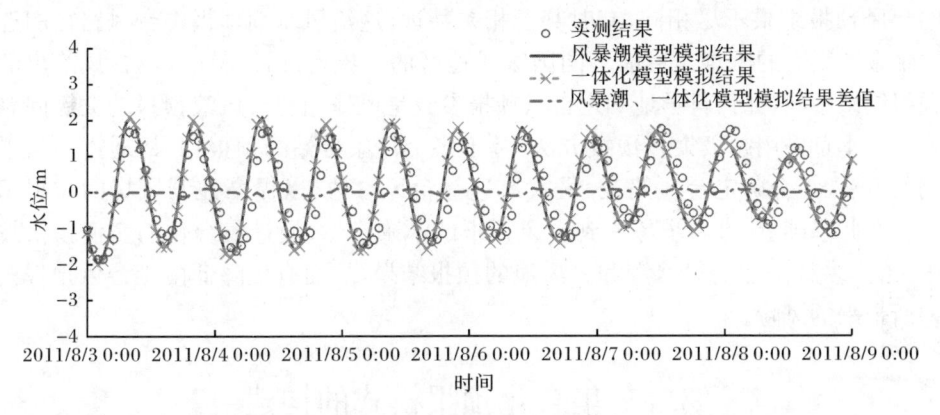

图2.10 响水站台风浪对潮位模拟的影响（台风"梅花"期间）

2.3 小　　结

本章首先简要介绍了风暴潮和台风浪一体化预报模式的组成及其耦合过程，考虑到东海和南海台风特征有所差异，分别在中国东部沿海和南部沿海建立了一体化的风暴潮和台风浪预报模型。通过与一体化模型和非一体化模型的计算结果对比后发现，在水深较大的区域风暴潮和台风浪的相互影响相对较小，可忽略不计；在水深较浅的区域，风暴潮和台风浪的相互影响逐渐增大。总体而言，风暴潮对台风浪的影响较台风浪对风暴潮的影响更为显著一些，这在中国南部沿海体现得更为明显。从模拟效果来看，一体化模型结果较非一体化模型结果在整体模拟精度上有一定程度的提高。

第 3 章　近岸风暴潮和台风浪集合化预报技术

风暴潮和台风浪预报的风场条件来自于台风预报的结果,不同气象模式给出的台风预报结果不尽相同,有时甚至相差甚远,这给风暴潮预报中台风路径的选取带来了很大的困难。目前不同国家或地区的气象台站针对同一场台风给出的预报结果不同,如何科学地确定台风预报参数是风暴潮和台风浪预报的关键问题之一。本章采用超级集合预报方法,基于多个气象台站的预报结果,通过加权平均的方法,集合确定台风路径、最大风速等台风参数,以提高控制风场的预报精度。在此基础上,进一步考虑到台风预报的不确定性,通过集合化的多值预报技术,给出多种可能的风暴潮和台风浪的预报结果,从而有效降低由于台风预报偏差所带来的风险。

3.1　集合化预报模式的构建

3.1.1　研究思路和技术路线

台风超级集合是指基于多个气象台站的预报结果,通过加权平均的方法来确定预报风场,其中各个台站的权重系数根据其对过往台风的预报表现,通过训练来确定。本节通过比选,确定采用超级集合预报方法,在滑动训练样本数目优化的基础上,动态确定各个台站的权重系数,据此得到更高精度的控制风场。基于概率圆的思想,构造出多个可能的台风路径和最大风速,并进行组合,以得到多个组次的扰动风场。将控制风场和扰动风场作为驱动条件,运行风暴潮和台风浪一体化模型,从而实现风暴潮和台风浪的多值集合预报。集合化预报技术路线如图 3.1 所示。

3.1.2　集合化台风风场的构建

本节选用中国气象局(本章称中国国家台)、中国台湾省气象局(本章简称中国台湾台),美国联合台风警报中心(本章简称美国国家台),日本气象厅(本章称日本国家台)等气象台站的台风预报资料开展集合化台风风场的构建,具体步骤如下。

1. 控制台风路径的生成

将每个气象预报中心的预报结果作为一种模式,按台风发生的先后顺序划分

第3章 近岸风暴潮和台风浪集合化预报技术

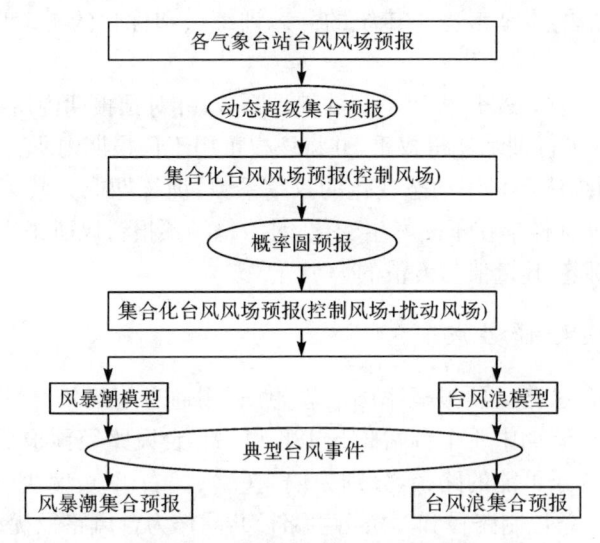

```
各气象台站台风风场预报
         ↓
   动态超级集合预报
         ↓
集合化台风风场预报(控制风场)
         ↓
      概率圆预报
         ↓
集合化台风风场预报(控制风场+扰动风场)
      ↓              ↓
  风暴潮模型        台风浪模型
      ↓              ↓
         典型台风事件
      ↓              ↓
  风暴潮集合预报    台风浪集合预报
```

图 3.1 集合化预报技术路线

为两部分,即训练期和预报期,其中训练期内的台风称为训练样本。在训练期,通过对训练样本中各气象中心数值预报结果的误差进行分析,以此确定参与各个预报台站的权重系数;在预报期,使用上述权重系数将各个模式预报结果进行加权平均,获得台风的集合化预报路径。

1) 预报期

在预报期,基于上述台站的预报值,采用加权消除偏差集合的方法,构造集合化预报中的台风路径

$$F_{\text{WEM}} = \sum_{i=1}^{N} \alpha_i (F_i - \bar{e}_i) \tag{3.1}$$

式中,F_{WEM} 为加权消除偏差集合预报值;F_i 为第 i 个台站的预报值;$\bar{e}_i$ 为第 i 个台站训练期的平均误差;α_i 为权重系数;N 为参与超级集合的模式总数。

2) 训练期

在训练期,模式权重系数满足 $\sum_{i=1}^{N} \alpha_i = 1$。为了使训练期预报误差小的台站在多模式超级集合预报中占据大的权重,权重系数取为训练期内各台站预报值的平均误差的倒数,其数学表达式为

$$\alpha_i = \frac{E_i}{\sum_{i=1}^{N} E_i} \tag{3.2}$$

式中

$$E_i = \frac{1}{\bar{e}_i} \tag{3.3}$$

对于训练方法,本节考虑了传统的静态训练法和优化的滑动训练法,具体描述如下:

(1) 静态训练法。采用固定不变的权重系数,针对预报期内所有的台风,以相同的训练期样本进行训练获得权重,并将该权重用于预报期内所有台风的预报。

(2) 滑动训练法。采用动态变化的权重系数,训练期取为紧邻预报台风的前 k 场台风,由于训练样本在不断发生变化,对于每场预报台风所采用的权重系数也将发生动态的调整,其量值与 k 值的大小有关。

2. 扰动台风风场的生成

首先,基于台风路径预报概率圆的思想,利用通过超级集合预报方法得到的控制路径,并以训练期中4个台站24h、48h和72h台风路径预报平均误差为误差概率圆,衍生出4条可能的路径,分别为偏左(L)、偏右(R)、偏快(F)和偏慢(S)4条(图3.2);由1条控制路径和4条衍生路径共同作为台风路径扰动场样本。

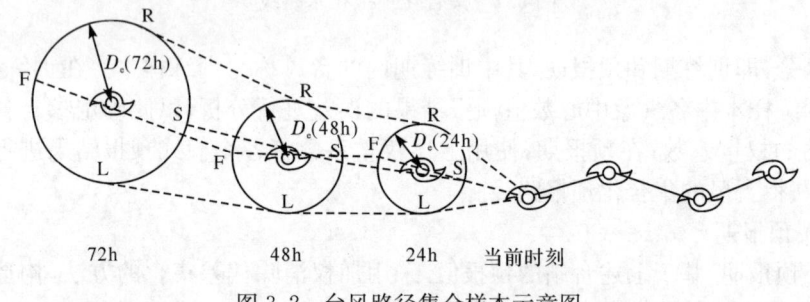

图 3.2 台风路径集合样本示意图

其次,将训练期4个台站的最大风速绝对误差进行算术平均,作为台风最大风速的扰动值以构造扰动场,即每条路径的最大风速可以取控制预报值,在该预报值的基础上加上最大风速扰动值,或者在该预报值的基础上减去最大风速扰动值。

最后,根据5个台风路径参数和3个台风最大风速参数进行交叉组合,一共形成15种组合,作为驱动风暴潮和台风浪模型计算的风场集合样本。

3.2 集合化预报模式的检验

3.2.1 台风路径预报的检验

为了便于各方案比较,不失一般性,选取2013年发生在西北太平洋的所有台风进行预报,通过预报值与实测值的比较,分别对静态训练法和滑动训练法所得到的结果进行误差分析。

1. 预报结果检验方法介绍

对于路径预报效果,采用台风位置平均距离误差(ΔR)进行检验评估:

$$\Delta R = \frac{1}{M}\sum_{k=1}^{M} r_k \tag{3.4}$$

式中,r_k 为第 k 次预报的台风中心位置的绝对误差;M 为总预报次数。

2. 基于静态训练法的预报结果

分别以不同年份的所有台风为训练期样本(具体方案见表3.1)来确定集合化预报的权重系数。考虑到2012年存在2次明显的双台风事件,而2013年台风事件多以单一台风出现,因此在训练样本中设计了2个去除双台风影响的方案(A3和A5)。根据不同组次的训练结果对2013年全年的台风路径分别进行了24h、48h 和72h 集合化预报,其预报结果的误差见表3.2。

表3.1 基于2013年全年台风静态训练法超级集合化预报不同方案的训练期

方案编号	训练期
A1	2011年全年
A2	2012年全年
A3	2012年全年(除双台风)
A4	2011~2012年两年
A5	2011~2012年两年(除双台风)

表3.2 2013年全年台风单一台站预报及静态训练法超级集合化预报路径误差

(单位:km)

预报时效	中国国家台	中国台湾台	日本国家台	美国国家台	A1	A2	A3	A4	A5
24h	64.0	64.4	76.5	59.7	57.9	59.7	58.0	59.1	58.1
48h	113.2	127.6	141.5	110.2	110.8	115.4	113.1	113.4	111.3
72h	195.5	208.9	215.6	184.4	189.4	197.5	189.2	194.3	188.2

对表3.2中24~72h 预报时效下各静态训练期超级集合化预报组次的误差分析表明:

(1) 基于静态训练法的集合化预报相对于中国国家台、中国台湾台、日本国家台、美国国家台等单一台站的预报而言,在风暴潮业务化预报中最关心的24h 预报时效中,所有集合化预报方案的预报误差均小于或等于最小的单一台站预报误差,而在48~72h 预报时效下,集合化预报方案的预报误差总体上也优于单一台站的预报误差。

(2) 对比 A2 和 A3 方案、A4 和 A5 方案可以发现，在训练期中去除双台风事件的影响可有效提高台风路径的预报精度。

(3) 由 A1、A3 和 A5 方案的误差比较可知，当以过往年份为训练期进行 2013 年全年台风预报时，以 2011 年为训练期的误差最小，而以 2012 年全年或 2011~2012 年两年为训练期的误差相近，后者更优。由此看出，当以某一年为训练期对 2013 年全年台风进行预报时，预报结果对训练样本的选取较为敏感，选取不同的样本可能导致预报误差相差较大，选择最优训练样本的难度较大。

3. 基于滑动训练法的预报结果

为了选择合理的训练样本，构造了多个基于滑动训练法的集合化预报方案，具体的计算方法已在 3.1.2 节有所介绍。在方案比选的过程中，分别采用了不同滑动训练样本数，并考虑训练样本中包含或去除双台风影响的情况，对 2013 年西北太平洋的所有台风路径进行了集合化预报。具体方案的参数见表 3.3，相应的预报结果如图 3.3、表 3.4 和表 3.5 所示。

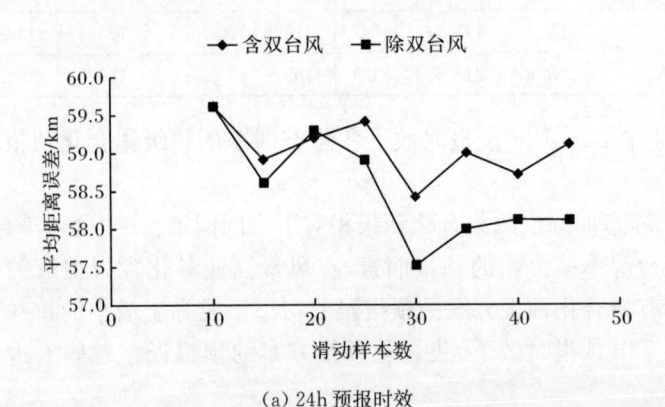

表 3.3 基于 2013 年全年台风滑动训练法超级集合化预报不同方案的滑动样本数

训练期(含双台风)		训练期(除双台风)	
方案编号	滑动样本数	方案编号	滑动样本数
C1	10	C1_1	10
C2	15	C2_1	15
C3	20	C3_1	20
C4	25	C4_1	25
C5	30	C5_1	30
C6	35	C6_1	35
C7	40	C7_1	40
C8	45	C8_1	45

(a) 24h 预报时效

第 3 章 近岸风暴潮和台风浪集合化预报技术

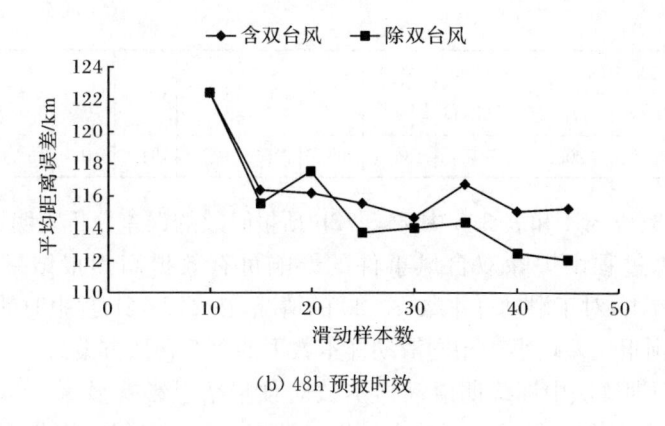

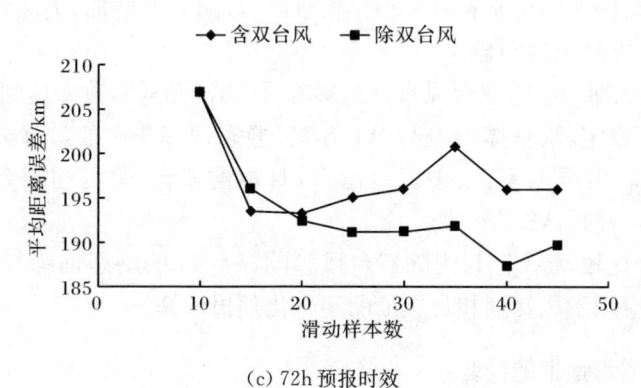

(b) 48h 预报时效

(c) 72h 预报时效

图 3.3 2013 年全年台风平均距离误差随滑动样本数的变化

表 3.4 2013 年全年台风单一台站预报及训练期含双台风的滑动训练法超级集合化预报路径误差

（单位：km）

预报时效	中国 国家台	中国 台湾台	日本 国家台	美国 国家台	C1	C2	C3	C4	C5	C6	C7	C8
24h	64.0	64.4	76.5	59.7	59.6	58.9	59.2	59.4	58.4	59.0	58.7	59.1
48h	113.2	127.6	141.5	110.2	122.4	116.3	116.1	115.5	114.5	116.7	115.0	115.2
72h	195.5	208.9	215.6	184.4	207.6	193.5	193.2	195.1	196.0	200.8	195.8	196.0

表 3.5 2013 年全年台风单一台站预报及训练期除双台风的滑动训练法超级集合化预报路径误差

（单位：km）

预报时效	中国 国家台	中国 台湾台	日本 国家台	美国 国家台	C1_1	C2_1	C3_1	C4_1	C5_1	C6_1	C7_1	C8_1
24h	64.0	64.4	76.5	59.7	59.6	58.6	59.3	58.9	57.5	58.0	58.1	58.1
48h	113.2	127.6	141.5	110.2	122.4	115.5	117.5	113.7	114.0	114.3	112.4	112.0

续表

预报时效	中国 国家台	台湾台	日本 国家台	美国 国家台	C1_1	C2_1	C3_1	C4_1	C5_1	C6_1	C7_1	C8_1
72h	195.5	208.9	215.6	184.4	207.6	196.0	192.5	191.2	191.4	192.0	187.4	189.8

对图 3.3、表 3.4 和表 3.5 中 24～72h 预报时效的误差分析表明：

(1) 训练过程中去除双台风事件的影响可有效提高预报结果的精度。由图 3.3 可以看出，对于滑动样本数 $k>20$ 的情况，在 24～72h 预报时效下的所有除双台风方案预报误差均小于相同滑动样本数下的含双台风方案。

(2) 滑动训练法中训练期滑动样本数对预报结果影响显著。随着 k 值的增加，集合化预报的整体误差有所减小。相对而言，随 k 值增加，去除双台风影响方案的整体误差下降更为明显。

(3) 在训练期中去除双台风事件的影响后，当滑动样本数 k 达到 40 时预报误差的变化趋于稳定，其整体误差与 A1 方案（静态训练法中的最优方案）相当，其 24h 预报精度较中国国家台、中国台湾台，日本国家台，美国国家台分别提高了 9.2％、9.8％、24.1％、2.7％。

通过综合比较，将 C7_1（去除双台风影响，$k=40$ 的动态训练方案）作为推荐方案，并将其应用于风暴潮和台风浪的集合化预报计算。

3.2.2 风暴增水预报的检验

针对 2012～2014 年影响我国沿海的台风，分别选取影响东海和南海的两场典型台风，将由集合化风暴潮模型得到的风暴增水集合和传统模型得到的增水结果分别与天文潮叠加，然后与测站的实测潮位进行比较，以此对风暴增水的集合化预报效果进行检验。

1. 预报效果检验方法

采用平均绝对误差（E_{MA}）和误报频率（f）对风暴潮预报效果进行检验评估。综合潮位的平均绝对误差定义为

$$E_{MA} = \frac{1}{N}\sum_{i=1}^{N}|F_i - O_i| \qquad (3.5)$$

式中，F_i 为第 i 个时刻的综合潮位预报值；O_i 为第 i 个时刻的实测潮位或后报潮位；N 为时间样本总数。

最大综合潮位的预报偏低频率定义为

$$f = \frac{m_k}{M} \times 100\% \qquad (3.6)$$

式中，m_k为最大综合潮位预报值小于实测值的次数，代表预报偏低的情况；M为总统计次数。

2. 典型台风过程的增水预报结果（与单一台站的比较）

选取东海两场典型风暴潮 1323"菲特"和 1416"凤凰"，以及南海典型台风风暴潮 1319"天兔"进行增水预报结果比较。

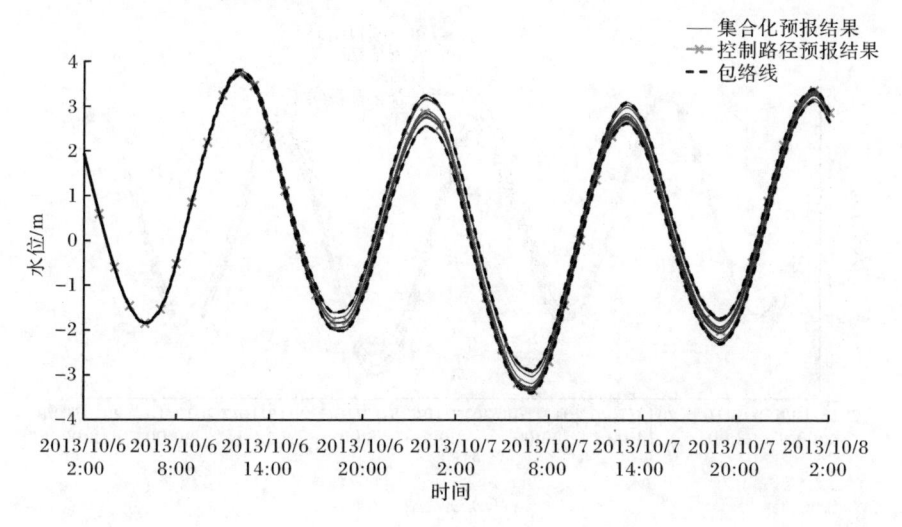

（a）崇武站

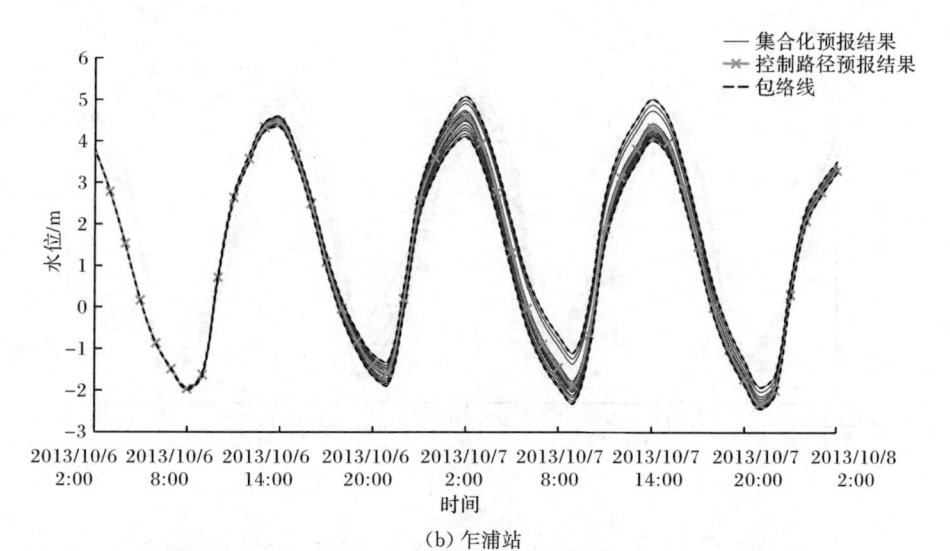

（b）乍浦站

图 3.4 崇武站和乍浦站 15 个集合化风暴潮过程及其包络线

1) 1323"菲特"风暴潮过程预报

图 3.4 绘制了崇武站(118.9°E,24.9°N)和乍浦站(121.1°E,30.6°N)15 组风暴潮的集合化预报结果,其中最上面和最下面的虚线代表潮位包络线,而中间的线为 15 个集合成员的算术平均值,即最终的集合化预报结果。图 3.5 和表 3.6 显示了崇武站和乍浦站集合化预报、单一预报(仅采用中国国家台单一的预报台风资料)与实测资料的对比结果。

(a) 崇武站

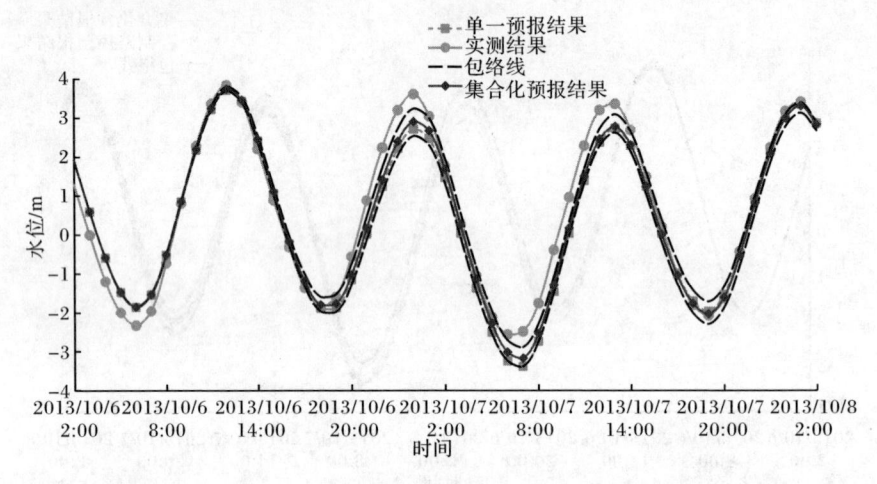

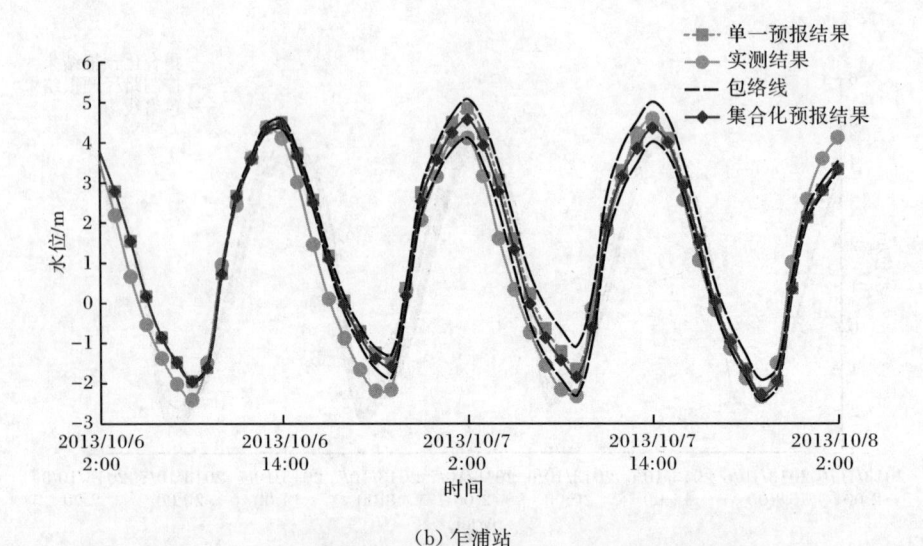

(b) 乍浦站

图 3.5　崇武站和乍浦站预报(集合化预报和单一预报)结果和实测结果对比

表 3.6　1323"菲特"风暴潮过程预报结果与实测值比较

类别	站名	实测最高潮位/m	实测最高潮位时间	预报最高潮位/m	预报最高潮位时间	逐时预报平均误差/m
单一	崇武	3.83	10月6日12:00	3.70	10月6日12:00	0.39
集合				3.73	10月6日12:00	0.34
单一	乍浦	4.58	10月7日14:00	4.46	10月7日2:00	0.56
集合				4.55	10月7日2:00	0.48

由图 3.4 可以看出,风暴潮预报对台风特征参数有很强的敏感性,不同风场集合样本所产生的风暴增水差别较大。集合化预报可以给出潮位可能出现的范围(即包络线的范围),而单一预报给出的是唯一预报结果。从图 3.5 可以看出,当崇武站最高潮发生时(10 月 6 日 12:00),单一预报结果(3.70m)和集合化预报结果(3.73m)均小于实测结果(3.83m),虽然集合化预报范围(3.68~3.79m)也未能涵盖实测值,但集合化预报的结果更加接近实际发生的情形;同样,当乍浦站最高潮发生时(10 月 7 日 14:00),单一预报结果(4.46m)和集合化预报结果(4.55m)均小于实测结果(4.58m),但根据此时集合化预报的最小值(4.01m)和最大值(5.00m),实测结果在其预报范围内。

由表 3.6 可以看出,与实测最高潮位相比(崇武站 3.83m、乍浦站 4.58m),集合化预报最高潮位(崇武站 3.73m、乍浦站 4.55m)较单一预报最高潮位(崇武站 3.70m、乍浦站 4.55m)均有一定程度的改善。此外,逐时潮位集合化预报平均误差较单一预报平均误差也有一定程度的改善。由此可见,采用集合化预报能够提高风暴潮高潮位和逐时潮位的预报精度,同时集合化预报可以给出风暴潮可能出现的范围,这可有效降低传统预报中预报偏低现象的发生。

2) 1416"凤凰"风暴潮过程预报

图 3.6 绘制了芦潮港站(121.85°E,30.85°N)和健跳站(121.63°E,29.03°N)15 组风暴潮的集合化预报结果,其中最上面和最下面的虚线代表潮位包络线,而中间的线为 15 个集合成员的算术平均值,即最终的集合化预报结果。图 3.7 和表 3.7 显示了芦潮港站和健跳站集合化预报、单一预报和实测资料的对比结果。

图 3.6 显示出了风暴潮预报对台风特征参数有较强的敏感度,随着台风参数的变化,集合化风暴潮预报过程呈现出一定的范围,而非某一确定值。从图 3.7 可以看出,当芦潮港站最高潮位发生时(9 月 22 日 22:00),单一预报结果(4.64m)和集合化预报结果(4.66m)均小于实测结果(4.69m),但根据此时集合化预报的最小值(4.53m)和最大值(4.90m),实测值位于该预报范围内;健跳站最高潮发生时(9 月 22 日 20:00),单一预报结果(3.78m)和集合化预报结果(3.60m)均大于实测结果(3.35m),但集合化预报的结果更接近实际发生的情形,且此时集合化预

报范围为 3.29~3.97m,实测结果也位于该预报范围内。从表 3.7 可以看出,相对于单一预报,集合化预报对芦潮港站和健跳站的最高潮位值误差更小,最高潮预报有所改善。

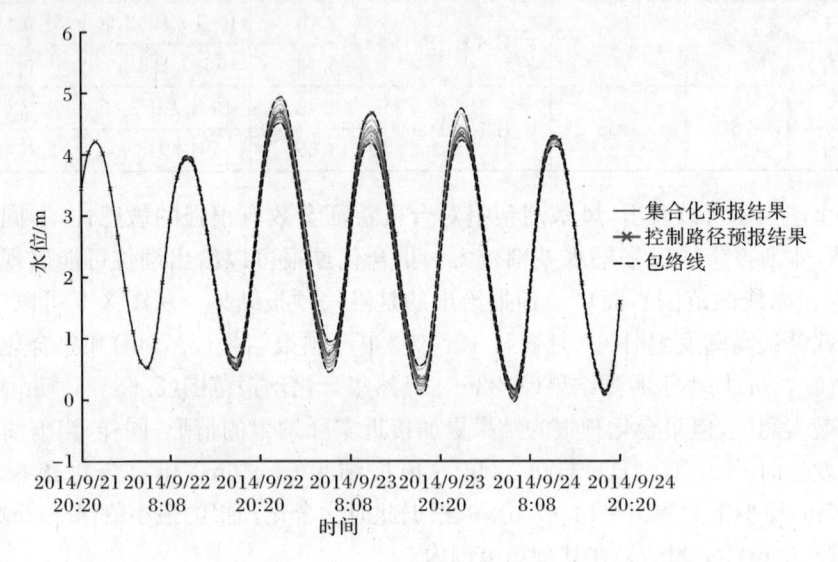

(a) 芦潮港站

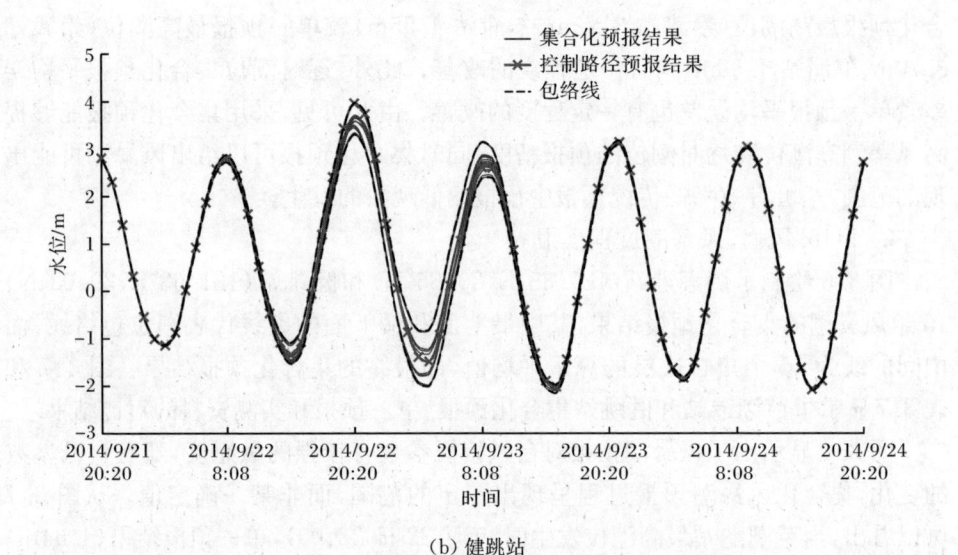

(b) 健跳站

图 3.6 芦潮港站和健跳站 15 个集合化风暴潮过程及其包络线

(a) 芦潮港站

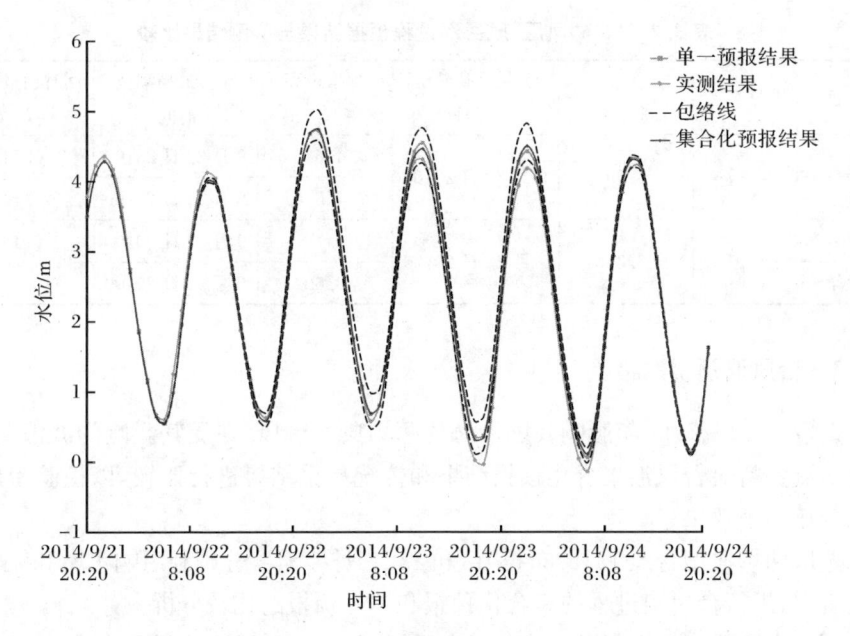

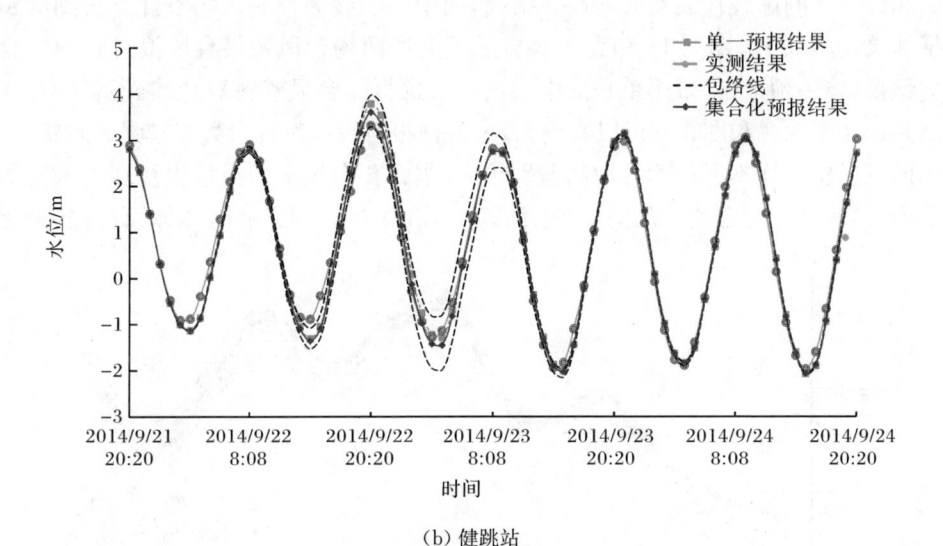

(b) 健跳站

图 3.7 芦潮港站和健跳站预报(集合化预报和单一预报)结果和实测结果对比

表 3.7　1416"凤凰"风暴潮过程预报结果与实测结果比较

类别	站名	实测最高潮位/m	实测最高潮位时间	预报最高潮位/m	预报最高潮位时间	逐时预报平均误差/m
单一	芦潮港	4.69	9月22日22:00	4.64	9月22日23:00	0.14
集合				4.66	9月22日23:00	0.14
单一	健跳	3.35	9月22日20:00	3.78	9月22日20:00	0.19
集合				3.60	9月22日20:00	0.18

3.2.3　台风浪预报的检验

选取 2012~2014 年影响我国沿海的两场典型台风,在受其影响的波浪测站,通过实测资料对台风浪集合化预报结果和传统预报结果进行比较,以检验台风浪的集合化预报效果。

选取两场典型台风 1215"布拉万"和 1324"丹娜斯",分别利用响水站和大丰站后报资料,进行台风浪过程的集合化预报和单一预报的比较分析。

图 3.8 和图 3.9 绘制了上述两场台风期间 15 组台风浪的预报结果,其中最上面和最下面的虚线代表有效波高包络线,而中间的线为控制风场条件下得到的预报结果。图 3.10、图 3.11 和表 3.8 显示了上述两场台风预报台风浪过程的集合化预报、单一预报(仅采用单一的中国国家台预报的台风资料)和实测资料的对比结果。从图 3.8 和图 3.9 可以看出,台风浪预报对台风特征参数有较强的敏感度,不同风场集合样本所得到的波高差别较大,集合化台风浪预报过程呈现出一定的范围,而非某一确定值。从图 3.10、图 3.11 和表 3.8 可以看出,总体而言,集合化

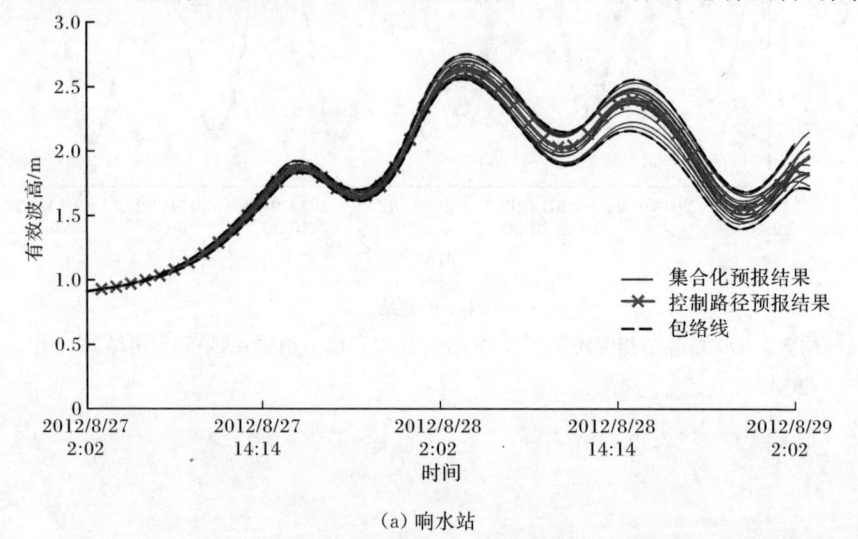

(a) 响水站

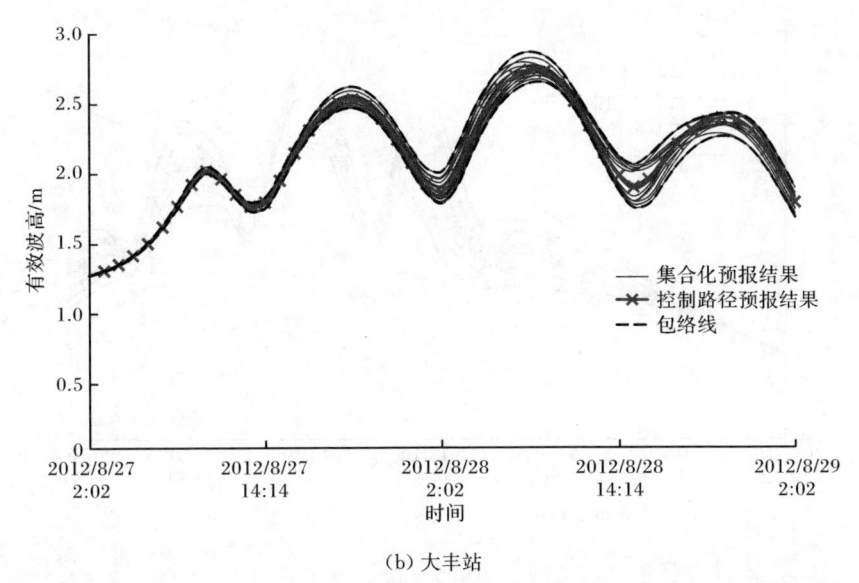

(b) 大丰站

图 3.8　1215"布拉万"台风期间响水站和大丰站 15 个集合化台风浪过程及其包络线

预报的过程更加接近实际发生的情形,且对于过程中最大波高的预报,集合化预报结果均较单一预报结果有所改善,其中 1215"布拉万"台风期间在响水站和大丰站分别改善了 1.2% 和 0.9%,1324"丹娜斯"台风期间在响水站改善了 1.4%。采用集合化预报方式能够有效提高台风浪过程和波高最大值的预报精度,同时集合化预报可以给出台风浪可能出现范围,降低台风路径预报不确定性所带来的影响。

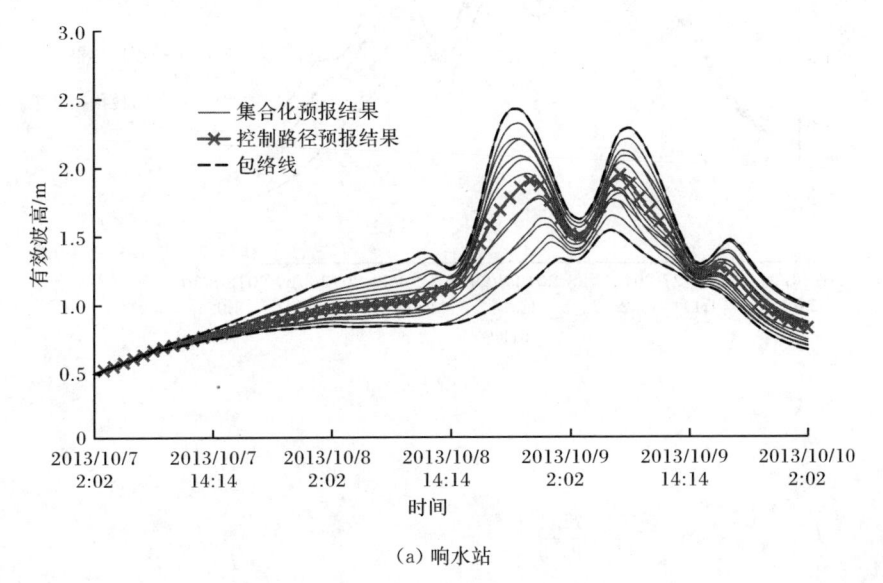

(a) 响水站

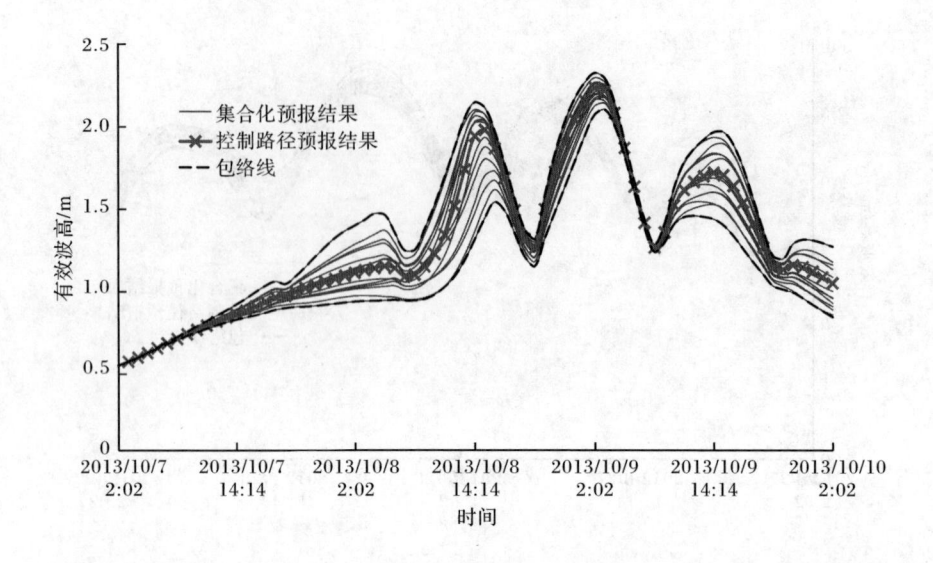

(b) 大丰站

图 3.9　1324"丹娜斯"台风期间响水站和大丰站 15 个集合化台风浪过程及其包络线

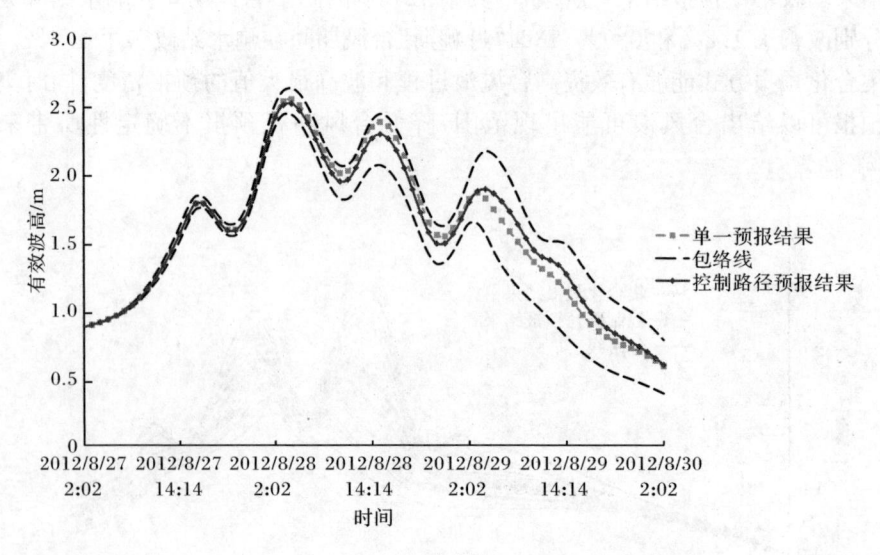

(a) 响水站

(b) 大丰站

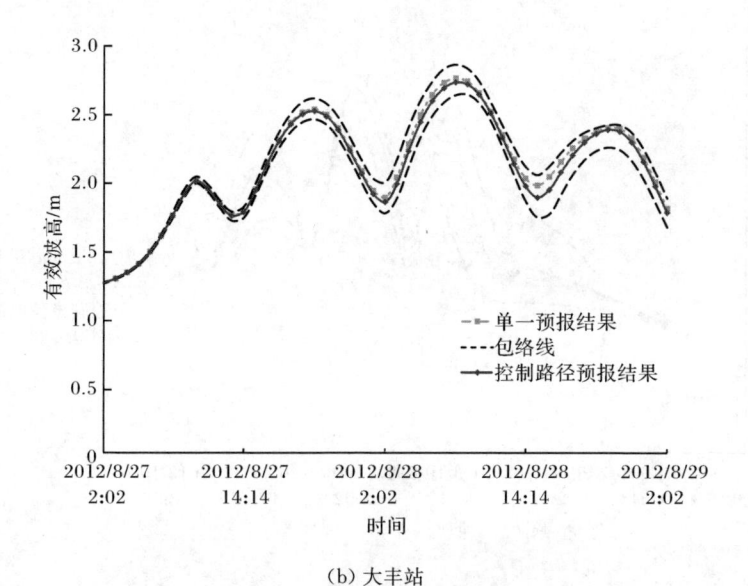

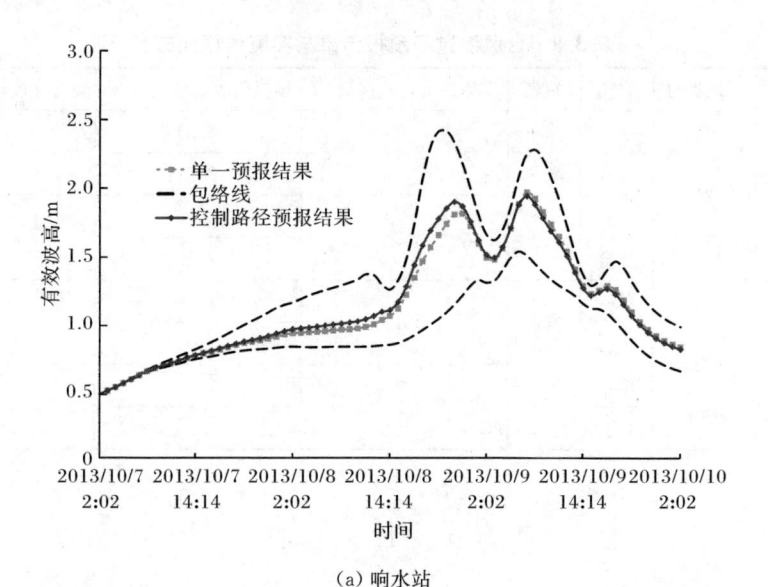

图 3.10 1215"布拉万"台风期间响水站和大丰站预报(集合化预报和单一预报)结果和实测结果对比

(a) 响水站

(b) 大丰站

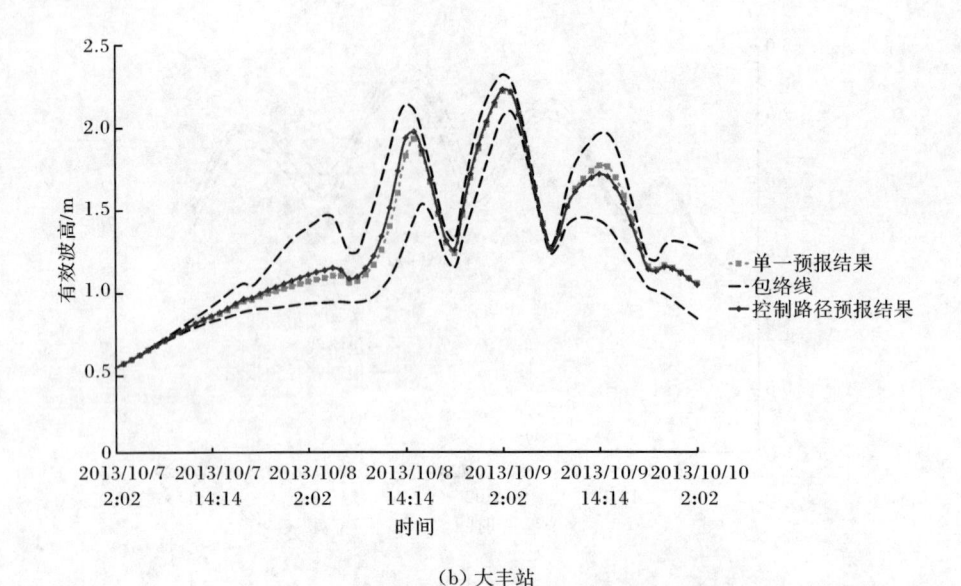

图 3.11 1324 "丹娜斯" 台风期间响水站和大丰站预报（集合化预报和单一预报）结果和实测结果对比

表 3.8 台风浪过程预报结果与实测结果比较

台风名称	台风编号	类别	站名	实测最大有效波高/m	预报最大有效波高/m	集合化改善程度/%
布拉万	1215	单一	响水	2.47	2.55	1.2
		集合			2.52	
		单一	大丰	2.22	2.30	0.9
		集合			2.28	
丹娜斯	1324	单一	响水	2.12	1.96	1.4
		集合			1.93	
		单一	大丰	2.20	2.22	—
		集合			2.23	

3.3 小 结

本章基于中国国家台、中国台湾台、日本国家台、美国国家台等气象预报台站所提供的台风路径预报资料，通过对 2013 年全年台风的预报误差分析，优化了超级集合预报方法，构造了台风的控制路径和扰动路径，获得了 15 个集合化预报风场，并以此驱动风暴潮模型和台风浪模型，得到了风暴潮和台风浪的多值集合化预报结果。通过分别对集合化预报和传统预报所得到的台风风场、风暴增水和台

风浪预报结果的对比分析,得到以下结论:

(1) 采用加权消除偏差的集合化预报方法能够较好地提高台风路径的预报精度,在基于静态训练法的集合化预报中,以某一年为训练期的预报对于训练年份的选取较为敏感,整体预报误差的波动较大;而在基于滑动训练法的集合化预报中,对于训练样本中不考虑双台风的情况,随着滑动样本数的增加,预报误差呈下降趋势,且下降速度逐渐放缓,当滑动样本数 $k>40$ 时基本趋于不变。综合考虑预报的准确性和可操作性,推荐使用训练期去除双台风影响、滑动样本数 $k=40$ 的滑动训练法来对台风路径进行集合化预报。

(2) 在风暴潮预报和台风浪预报中,相对于单一预报,集合化预报对最高潮位和最大有效波高的预报精度更高,同时集合化预报可以给出台风过程中风暴潮和台风浪可能出现的范围,从而降低了由台风路径不确定性所带来的影响。

第4章 风暴潮业务化和集合化预报成果分析

4.1 2013～2014年台风过程

4.1.1 2013年影响中国的典型台风过程

2013年在西北太平洋海域出现的有编号的台风达到31个,其中影响我国的有14个,与往年相比数量相对偏多。

表4.1为2013年造成灾害的风暴潮过程与损失统计。表中显示,2013年风暴潮总体灾情偏重,直接经济损失约为2009～2013年平均值(95.96亿元)的1.6倍。其中,广东省、福建省和浙江省直接经济损失分别为74.20亿元、45.06亿元和28.17亿元,约占风暴潮灾害全部直接经济损失的96.7%。在单次台风过程中,造成直接经济损失最严重的是1319"天兔"风暴潮灾害,为64.93亿元。

表4.1 2013年造成灾害的风暴潮过程与损失统计

台风编号	台风名称	成灾时间	受灾地区	直接经济损失/亿元
1305	贝碧嘉	6月22日～6月23日	广西	0.04
1306	温比亚	7月1日～7月2日	广东	2.31
1307	苏力	7月12日～7月13日	浙江、福建	7.78
1308	西马仑	7月18日～7月19日	福建	7.69
1309	飞燕	8月2日～8月3日	广西	0.57
1311	尤特	8月13日～8月15日	广东、广西	14.95
1312	潭美	8月21日～8月22日	浙江、福建	16.48
1319	天兔	9月21日～9月23日	福建、广东	64.93
1323	菲特	10月6日～10月7日	浙江、福建	34.92
1326	韦帕	10月14日～10月16日	江苏	0.12
1330	海燕	11月9日～11月11日	广西	2.66

资料来源:国家海洋局。

纵观2013年全年的风暴潮过程,可以归纳为以下特点:

(1) 风暴增水幅度大。"菲特"台风在浙江鳌江潮位站引起的最大风暴增水达到3.75m。

(2) 多个潮位站高潮位破该站历史最高潮位纪录。"天兔"台风期间,福建东山潮位站出现了超过当地红色警戒潮位 14cm 的高潮位,为该站历史最高潮位;广东海门潮位站出现了超过当地警戒潮位 139cm 的高潮位,为该站历史最高潮位;广东汕头潮位站出现了超过当地警戒潮位 105cm 的高潮位,为该站历史第二高潮位。"菲特"台风期间在浙江鳌江潮位站观测到了超过当地警戒潮位 148cm 的历史最高潮位。

(3) 秋台风影响较往年偏重。9 月下旬以后的灾害过程影响明显偏重,自 9~11 月,造成直接经济损失达 102.63 亿元,约占风暴潮全年直接经济损失的 67.3%。

下面以超强台风"尤特"、台风"潭美"、超强台风"天兔"为代表叙述 2013 年影响我国的台风过程。

1. 1311 超强台风"尤特"

2013 年 8 月 8 日,热带低压"尤特"在菲律宾以东洋面生成,10 日强度明显增加,于半日之内由热带低气压,连升三级成为台风,11 日 21:30 升格为超强台风。12 日 3:00,"尤特"在菲律宾奥罗拉省卡西古兰沿海登陆,4:45 降格为强台风,中午进入南海。14 日,"尤特"改向西北偏北移动,15:50 在广东省阳江市沿海再度登陆,登陆时中心附近最大风力 14 级。"尤特"在登陆后至当日晚上改为采取偏西路径,23:45 降级为强热带风暴。

"尤特"过程中最低气压达 925hPa,登陆前的连续 32h 台风强度维持 955hPa、最大风速 42m/s(14 级)、十级风圈 130km。此次台风强度强,范围广,给广东大部分地区带来狂风暴雨。

2. 1312 台风"潭美"

1312 号热带气旋"潭美"于 2013 年 8 月 18 日 11:00 生成于菲律宾以东洋面,生成后沿西北方向移动,强度继续加强,并于 20 日 20:00 加强为台风并维持,22 日凌晨在福建省福清市沿海登陆,登陆前后处于天文大潮期,浙江瑞安、鳌江等潮位站出现了超过当地警戒潮位 80cm 以上的高潮位,福建三沙、沙埕等潮位站出现超过当地橙色警戒潮位的高潮位。

3. 1319 超强台风"天兔"

1319 号热带气旋"天兔"于 2013 年 9 月 17 日生成于菲律宾以东洋面,生成后沿西北方向移动,强度继续加强,并于 19 日 17:00 加强为超强台风并维持至 21 日 19:00,随后强度逐渐减弱,22 日傍晚在汕尾沿海地区登陆。

"天兔"具有发展快、强度强和影响大的三大特点,从热带风暴发展为超强台风仅用了 39h,属于快速增强的台风,最强达到 17 级(60m/s)。截至 9 月 22 日 17:00,粤东最大阵风 60.7m/s(17 级),为历史罕见。

受"天兔"影响,9 月 22 日 0:00 至 17:00 粤东沿海出现 47~207cm 的风暴增水,汕头沿海出现超警戒 105~139cm 的高潮位,其中广东海门站出现 269cm 实测最高潮位,超警戒水位 139cm,超历史实测最高潮位 7cm,过程最大增水 207cm。

4.1.2　2014 年影响中国的典型台风过程

2014 年全年出现在西太平洋的有编号的台风为 22 个,较往年偏少。影响我国近海的台风 8 个,主要区域为长江口及以南沿海,其中 5 个登陆我国。2014 年登陆的台风强度强,由于台风造成的经济损失大,灾情明显偏重,死亡失踪人数、倒损房屋数量较此前十年均值增加 1 倍以上。1409 超强台风"威马逊"和 1415 台风"海鸥"均给海南、广东和广西等地区的经济带来严重损失。表 4.2 为 2014 年影响中国的台风信息。

表 4.2　2014 年影响中国的台风信息

序号	台风编号	台风名称	台风分级	起止时间	受灾地区
1	1407	海贝思	热带风暴	6 月 14 日 8:00~6 月 18 日 20:00	广东
2	1408	浣熊	超强台风	7 月 4 日 8:00~7 月 11 日 8:00	—
3	1409	威马逊	超强台风	7 月 12 日 14:00~7 月 20 日 5:00	海南、广东、广西
4	1410	麦德姆	强台风	7 月 18 日 2:00~7 月 25 日 22:00	福建
5	1412	娜基莉	强热带风暴	7 月 29 日 17:00~8 月 4 日 5:00	—
6	1415	海鸥	台风	9 月 12 日 14:00~9 月 17 日 14:00	海南、广东、广西
7	1416	凤凰	超强台风	9 月 17 日 20:00~9 月 24 日 14:00	台湾、浙江、上海、江苏
8	1419	黄蜂	强热带风暴	10 月 3 日 20:00~10 月 13 日 14:00	

下面以超强台风"威马逊"、台风"海鸥"为代表叙述 2014 年影响中国的台风过程。

1. 1409 超强台风"威马逊"

1409 台风"威马逊"于 2014 年 7 月 12 日 14:00 在美国关岛以西大约 210km 的西北太平洋洋面上生成,16 日上午进入南海海面,17 日 17:00 加强为强台风,19:00 加强为超强台风。18 日 15:30 前后在海南省文昌市翁田镇沿海登陆,登陆时中心附近最大风力有 17 级(60m/s),中心最低气压为 910hPa,19:30"威马逊"的中心在广东省徐闻县龙塘镇沿海再次登陆,登陆时中心附近最大风力仍有 17 级(60m/s),中心最低气压仍为 910hPa。19 日 7:10"威马逊"于广西壮族自治区防城港市光坡镇沿海登陆,登陆时中心附近最大风力有 15 级(48m/s),中心最低气压950hPa，9:00减弱为台风，15:00减弱为强热带风暴，18:00减弱为热带风暴。

"威马逊"是1973年以来登陆华南的最强台风，也是中华人民共和国成立以来登陆广东、广西的最强台风。7月17日夜间到19日下午，广东珠江口以西到雷州半岛东岸沿海出现了0.60～4.00m的风暴增水，海南岛东部、北部和西部沿海先后出现了0.40～2.20m的风暴增水，广西和雷州半岛西岸沿海出现了0.50～2.70m的风暴增水。上述岸段内的广东南渡、海南秀英潮位站出现了超过当地警戒潮位0.30m以上的高潮位，广东湛江港潮位站出现了超过当地警戒潮位的高潮位。

据广东省水文局监测，18日17:00～19:00珠江口以西到雷州半岛东岸沿海出现了0.60～3.48m的风暴增水，南渡站超警戒潮位0.49m。南渡和湛江港潮位站在20:00潮位达3.51m和2.74m，分别超警戒潮位0.51m和0.09m。

2. 1415台风"海鸥"

台风"海鸥"于2014年9月12日在菲律宾以东的西北太平洋洋面生成，并于14日19:00在菲律宾吕宋岛东北部沿海登陆，登陆时级别为台风级。16日9:40台风"海鸥"登陆我国海南省文昌市翁田镇沿海；之后，12:45前后再登广东徐闻沿海，登陆时强度为台风级（13级，40m/s），中心最低气压960hPa。23:00前后在越南北部广宁省沿海完成第四次登陆，登陆时中心附近最大风力有12级（35m/s），中心最低气压为975hPa。

台风"海鸥"给华南三省造成了较大的损失。据国家防汛抗旱总指挥部办公室统计，台风"海鸥"造成海南、广东、广西597万人受灾。其中，海南海口、澄迈等地局部内涝，广西北海、防城港等一度大面积停水停电，仅海南省的直接经济损失就超过了57亿元。

9月16日11:00～13:00，广东深圳到雷州半岛东岸沿海出现了1.00～5.00m的风暴增水，海南岛东北部沿海出现了0.90～2.00m的风暴增水。上述岸段内的广东湛江港和南渡潮位站分别超过当地警戒潮位1.21m和1.59m，其最大增水均居历史第二，仅次于8007台风风暴潮过程，而海南的秀英潮位站逐时最高潮位为4.37m，破历史纪录，超当地警戒潮位1.47m。上述潮位站都达到红色警报标准。

4.2 2013～2014年风暴潮业务化预报成果分析

4.2.1 现有风暴潮业务化预报系统介绍

为给防汛部门防汛决策提供技术支持，自20世纪90年代开始，河海大学研发了一套业务化的风暴潮数值预报模型,该模型采用球面坐标,范围覆盖中国东部沿海和南部沿海;采用四级嵌套网格,以适应近岸地形变化。

作为风暴潮业务化预报系统,要求预报成果直观全面、表现形象。河海大学研发的风暴潮业务化数值预报系统基于 GIS 平台,采用 B/S、C/S 模式开发,界面友好,计算和展示迅速。图 4.1 为风暴潮业务化数值预报系统结构。

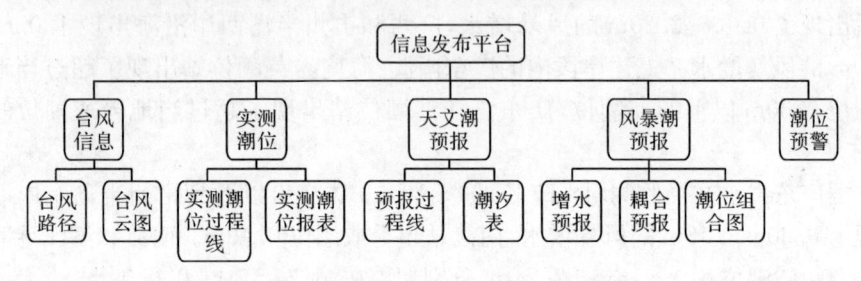

图 4.1 风暴潮业务化数值预报系统结构

4.2.2 风暴潮业务化预报

1. 2013 年风暴潮业务化预报

风暴潮业务预报成果发布的条件一般以台风进入 48h 警戒线、预报台风强度达到或超过热带风暴为前提条件。自 2013 年 6 月 1306 台风"温比亚"开始,直至 11 月的 1330 台风"海燕",先后进行了 11 场台风、22 次潮位预报结果的发布。表 4.3 为 2013 年进行风暴潮预报台风信息表,表中也列出了台风期间预报风暴潮发布次数。

表 4.3 2013 年进行风暴潮预报台风信息

序号	台风编号	台风名称	台风分级	业务预报起止时间	登陆点	发布次数
1	1306	温比亚	强热带风暴	6月28日20:00~7月2日20:00	广东	2
2	1307	苏力	超强台风	7月8日8:00~7月14日5:00	台湾、福建	2
3	1309	飞燕	强热带风暴	7月31日2:00~8月3日20:00	海南	2
4	1311	尤特	超强台风	8月9日20:00~8月16日2:00	广东	2
5	1312	谭美	台风	8月18日11:00~8月23日14:00	福建	2
6	1315	康妮	热带风暴	8月26日14:00~8月30日20:00	—	2
7	1319	天兔	超强台风	9月16日20:00~9月23日11:00	广东	4
8	1321	蝴蝶	强台风	9月27日2:00~10月1日2:00	—	1
9	1323	菲特	强台风	9月30日20:00~10月7日9:00	福建	2
10	1329	罗莎	强台风	10月29日2:00~11月4日23:00	—	2
11	1330	海燕	超强台风	11月4日8:00~11月11日20:00	—	2

第4章 风暴潮业务化和集合化预报成果分析

风暴潮业务化预报的站点集中于长江口以南沿岸，具体分布见表4.4。台风预报信息包括预报台风中心位置、台风中心最低气压、中心附近最大风速，该信息取用中国气象局发布的预报值。

表4.4 潮位站分布

序号	站名	北纬	东经	序号	站名	北纬	东经
1	高桥	31°23′	121°34′	21	港口	22°34′	114°54′
2	吴淞	31°23′	121°30′	22	赤湾	22°28′	113°53′
3	芦潮港	30°51′	121°51′	23	泗盛围	22°55′	113°36′
4	澉浦	32°28′	120°54′	24	南沙	22°45′	113°34′
5	乍浦	30°36′	120°15′	25	万顷沙西	22°41′	113°31′
6	镇海	29°57′	121°43′	26	横门	22°35′	113°31′
7	定海	30°01′	122°06′	27	大横琴	22°05′	113°29′
8	健跳	29°02′	121°38′	28	三灶	22°02′	113°24′
9	海门（浙江）	28°41′	121°27′	29	灯笼山	22°14′	113°24′
10	温州	28°02′	120°39′	30	黄金	22°08′	113°17′
11	瑞安	27°47′	120°28′	31	北津港	21°48′	112°01′
12	鳌江	27°36′	120°34′	32	湛江港	21°10′	110°24′
13	沙埕	27°10′	120°25′	33	南渡	20°52′	110°10′
14	琯头	26°08′	119°34′	34	海口	20°03′	110°21′
15	崇武	24°53′	118°56′	35	清澜	19°34′	110°49′
16	泉州大桥	24°54′	118°35′	36	港北	18°53′	110°31′
17	石码	24°27′	117°09′	37	石头埠	21°36′	109°35′
18	东溪口	23°27′	116°51′	38	钦州	21°57′	108°37′
19	妈屿	23°20′	116°44′	39	龙门	21°45′	108°33′
20	海门（广东）	23°12′	116°37′	40	白龙	21°32′	108°15′

下面以1311超强台风"尤特"、1312台风"潭美"、1319超强台风"天兔"为代表，展示2013年台风期间预报结果。

1) 1311超强台风"尤特"

超强台风"尤特"期间，分别于2013年8月13日5:00和8月14日5:00发布了风暴潮预报结果。预报站为东溪口以南23个站点。图4.2为2013年8月14日5:00发布的部分代表站点的风暴潮过程。图中"*"为实测潮位，虚线为天文潮位，点画线为风暴潮位，实线为综合潮位，即"预报天文潮"与"风暴潮"的线性叠加。从潮位过程来看，大部分站点实测潮位过程与综合潮位过程吻合较好。

(a) 港口站

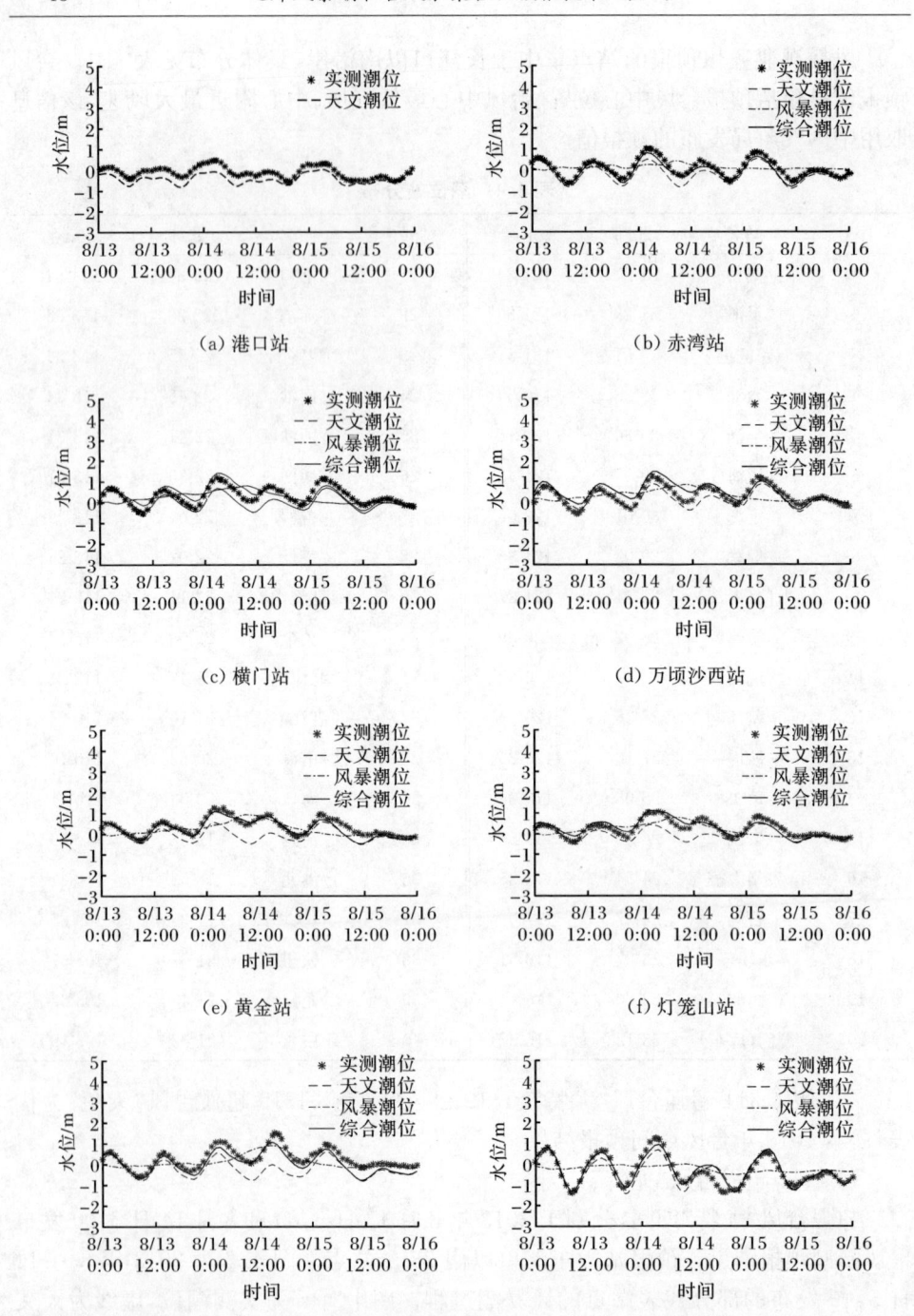

(b) 赤湾站

(c) 横门站

(d) 万顷沙西站

(e) 黄金站

(f) 灯笼山站

(g) 北津港站

(h) 湛江港站

(i) 南沙站　　　　　　　　　　(j) 大横琴站

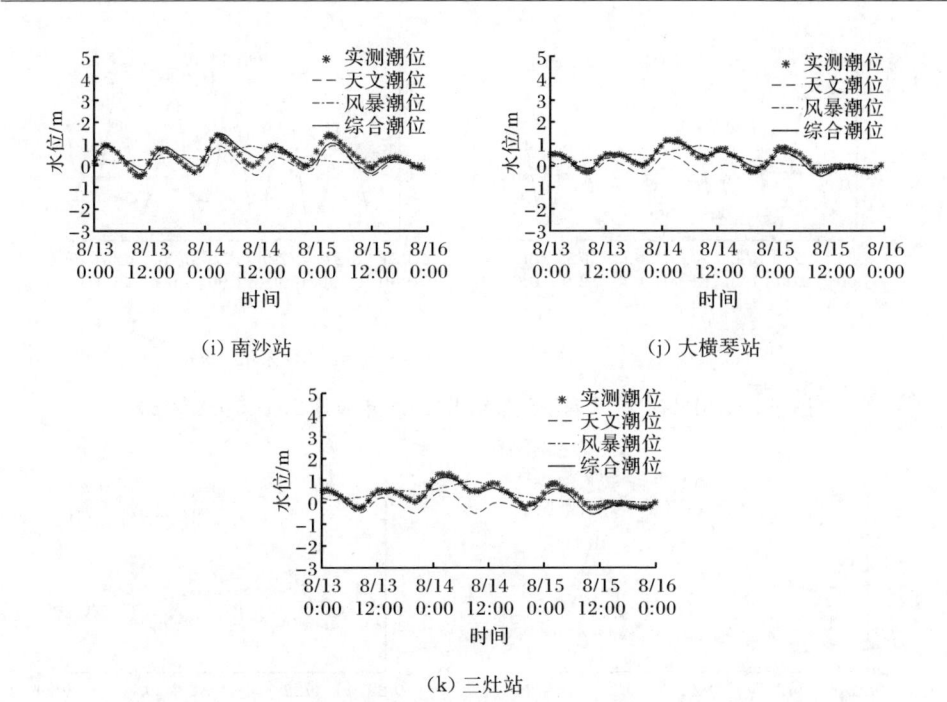

(k) 三灶站

图 4.2　1311"尤特"风暴潮预报结果(2013 年 8 月 14 日 5:00 发布)

2) 1312 台风"潭美"

台风"潭美"期间,分别于 2013 年 8 月 20 日 5:00 和 21 日 5:00 发布风暴潮预报结果。此次台风主要影响福建海域,因此发布预报结果时主要针对位于福建沿海的沙埕、崇头、崇武、泉州大桥四站。图 4.3 为 2013 年 8 月 21 日 5:00 发布的"潭美"风暴潮预报结果。

3) 1319 超强台风"天兔"

超强台风"天兔"期间,分别于 2013 年 9 月 18 日 8:00、20 日 5:00、21 日 5:00 和 22 日 5:00 发布了风暴潮预报结果。图 4.4 为超强台风"天兔"期间于 2013 年 9 月 21 日 5:00 发布的部分代表站点的风暴潮预报结果。

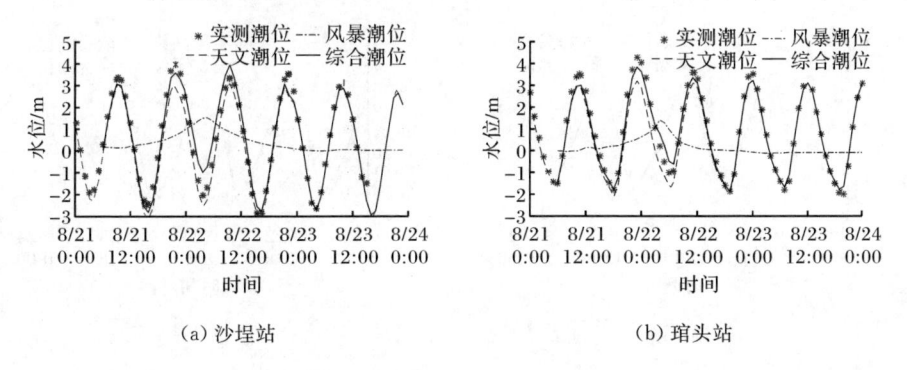

(a) 沙埕站　　　　　　　　　　(b) 崇头站

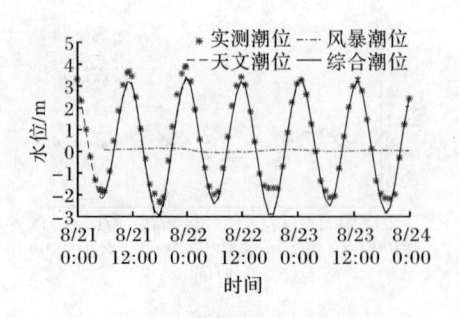

(c) 崇武站 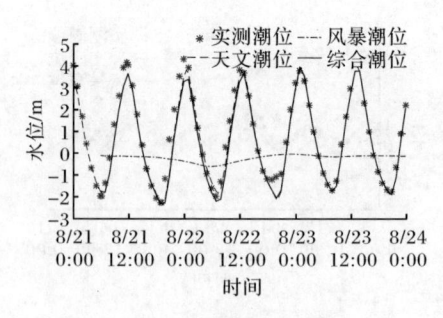　　　　　　　　　　　(d) 泉州大桥站

图 4.3　1312"潭美"风暴潮预报结果(2013 年 8 月 21 日 5:00 发布)

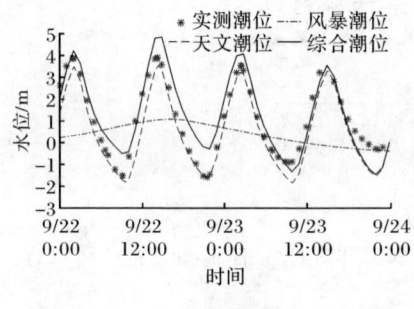

(a) 石码站 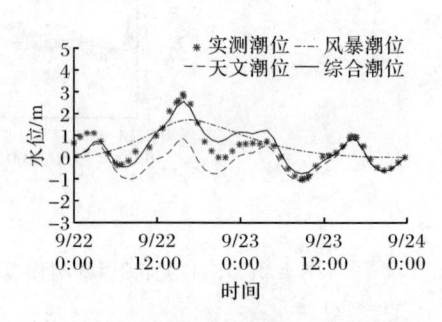　　　　　　　　　　　(b) 东溪口站

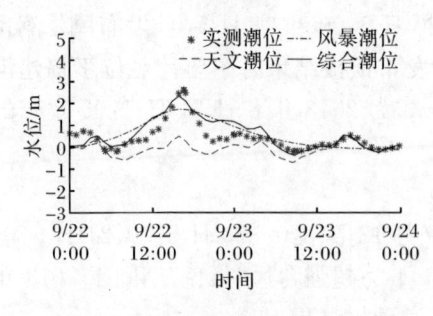

(c) 海门站(广东) 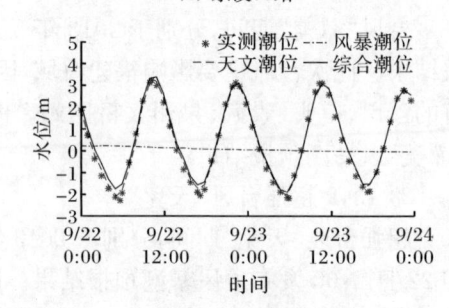　　　　　　　　(d) 海门站(浙江)

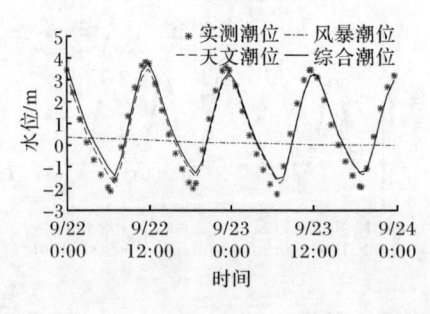

(e) 温州站 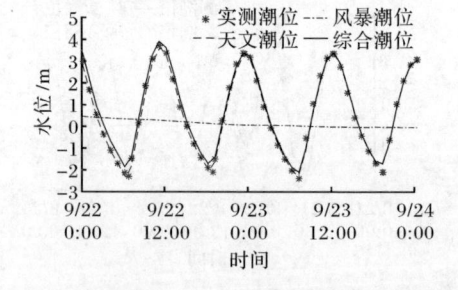　　　　　　　　　　　(f) 瑞安站

(g) 鳌江站

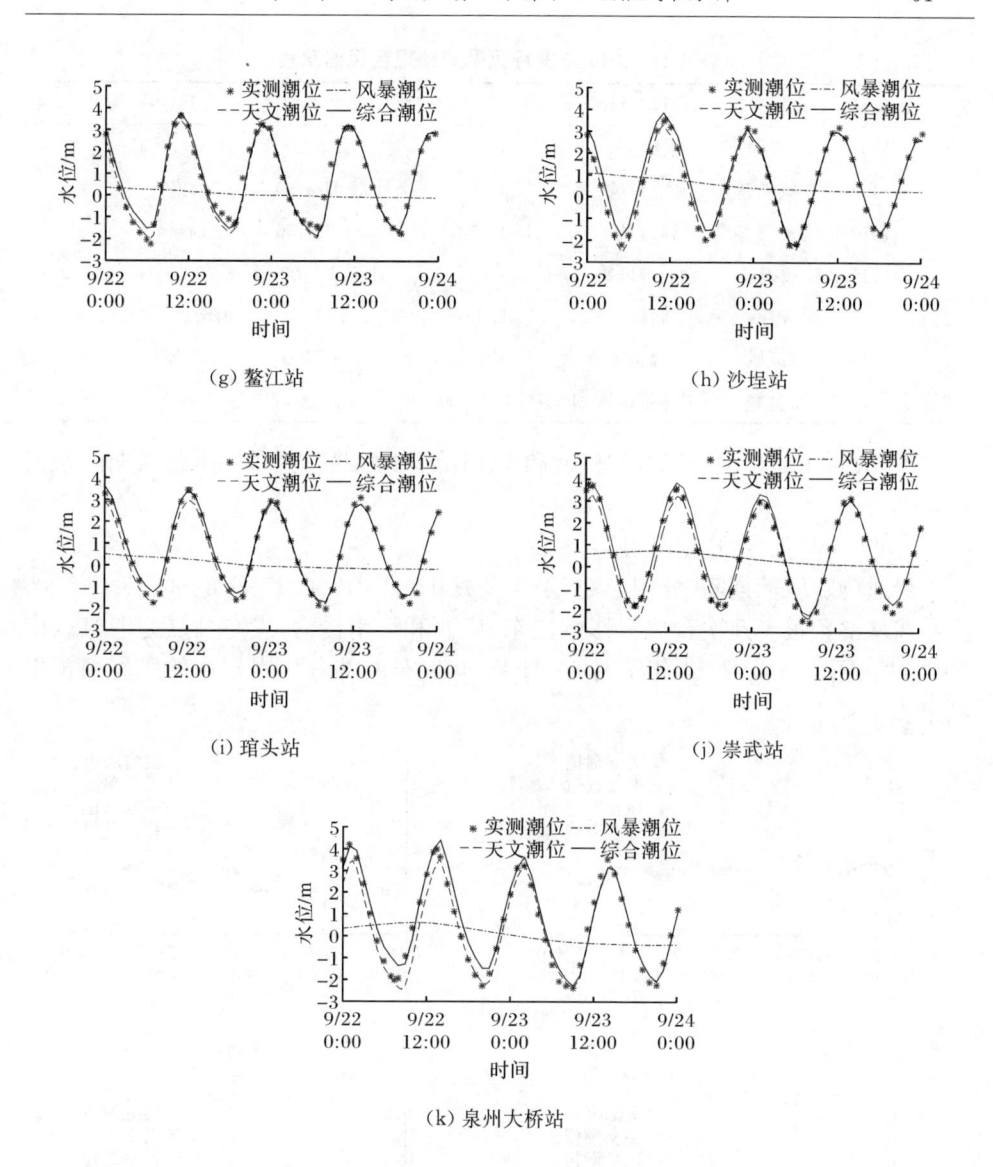

(h) 沙埕站

(i) 琯头站

(j) 崇武站

(k) 泉州大桥站

图 4.4　1319 超强台风"天兔"期间风暴潮预报结果(2013 年 9 月 21 日 5:00 发布)

2. 2014 年风暴潮业务化预报

2014 年分别进行了 7 场台风、15 次台风期间潮位预报结果的发布。表 4.5 为 2014 年进行风暴潮预报台风信息表,预报内容与 2013 年相同。

表 4.5 2014 年进行风暴潮预报台风信息表

序号	台风编号	台风名称	台风分级	起止时间	登陆点	发布次数
1	1408	浣熊	超强台风	7月4日8:00~7月11日8:00	—	2
2	1409	威马逊	超强台风	7月12日14:00~7月20日5:00	海南	3
3	1410	麦德姆	强台风	7月18日2:00~7月25日22:00	福建	2
4	1412	娜基莉	强热带风暴	7月29日17:00~8月4日5:00	—	2
5	1415	海鸥	台风	9月12日14:00~9月17日14:00	海南、广东	2
6	1416	凤凰	超强台风	9月17日20:00~9月24日14:00	台湾、浙江	2
7	1419	黄蜂	强热带风暴	10月3日20:00~10月13日14:00	—	2

下面以 1409 超强台风"威马逊"和 1415 台风"海鸥"为例,展示台风期间预报结果。

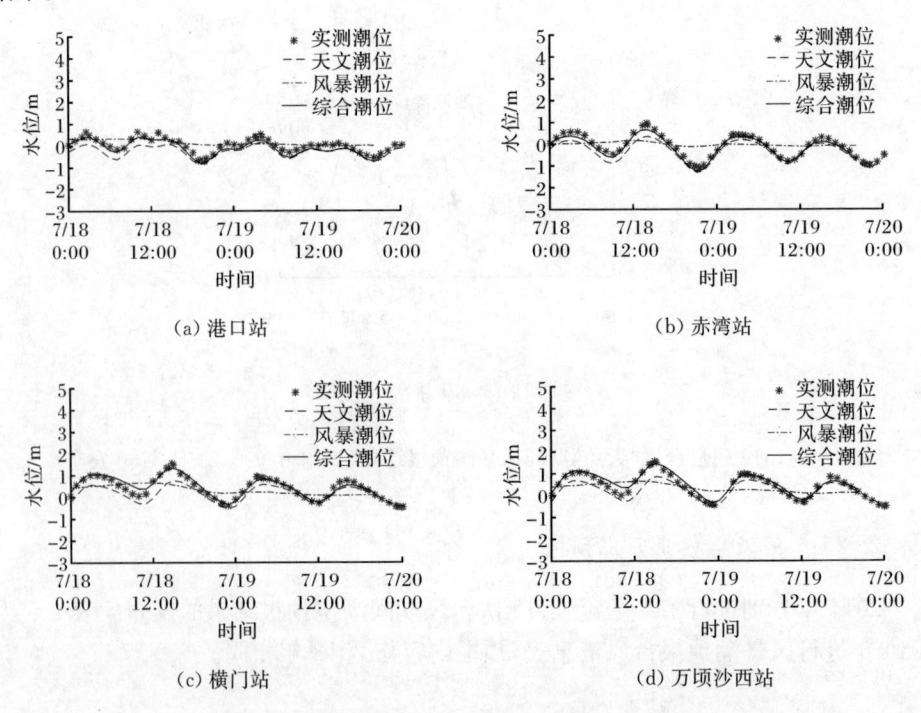

1) 1409 超强台风"威马逊"

台风"威马逊"期间,分别于 2014 年 7 月 16 日 21:00、17 日 8:00、18 日 5:00 发布风暴潮预报。此次台风只影响广东、广西和海南沿海,发布站点为港口以南 20 个站。图 4.5 为 2014 年 7 月 17 日 8:00 发布的部分代表站点的风暴潮预报结果。

(a) 港口站

(b) 赤湾站

(c) 横门站

(d) 万顷沙西站

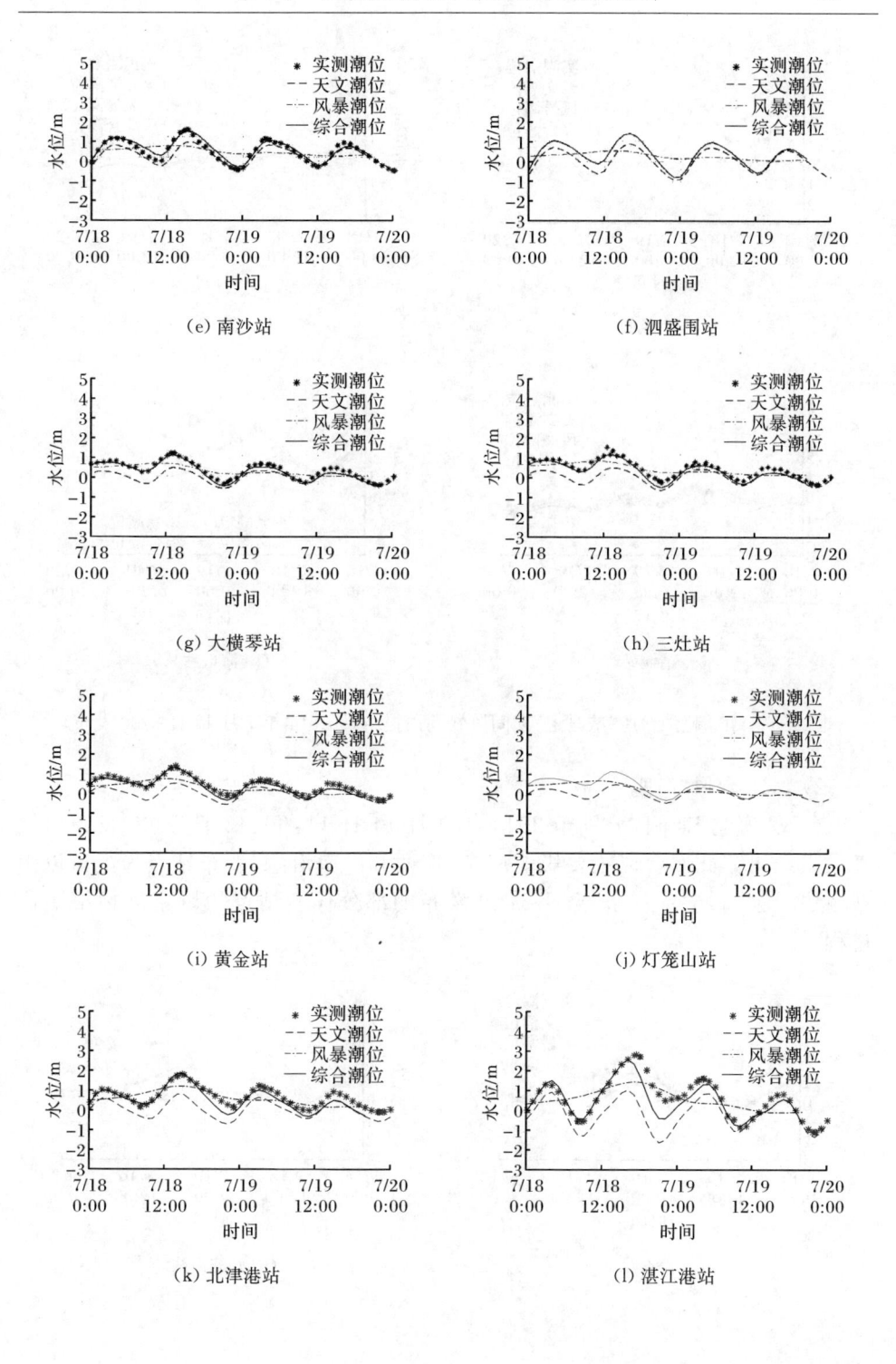

第 4 章　风暴潮业务化和集合化预报成果分析

(e) 南沙站

(f) 泗盛围站

(g) 大横琴站

(h) 三灶站

(i) 黄金站

(j) 灯笼山站

(k) 北津港站

(l) 湛江港站

(m) 南渡站

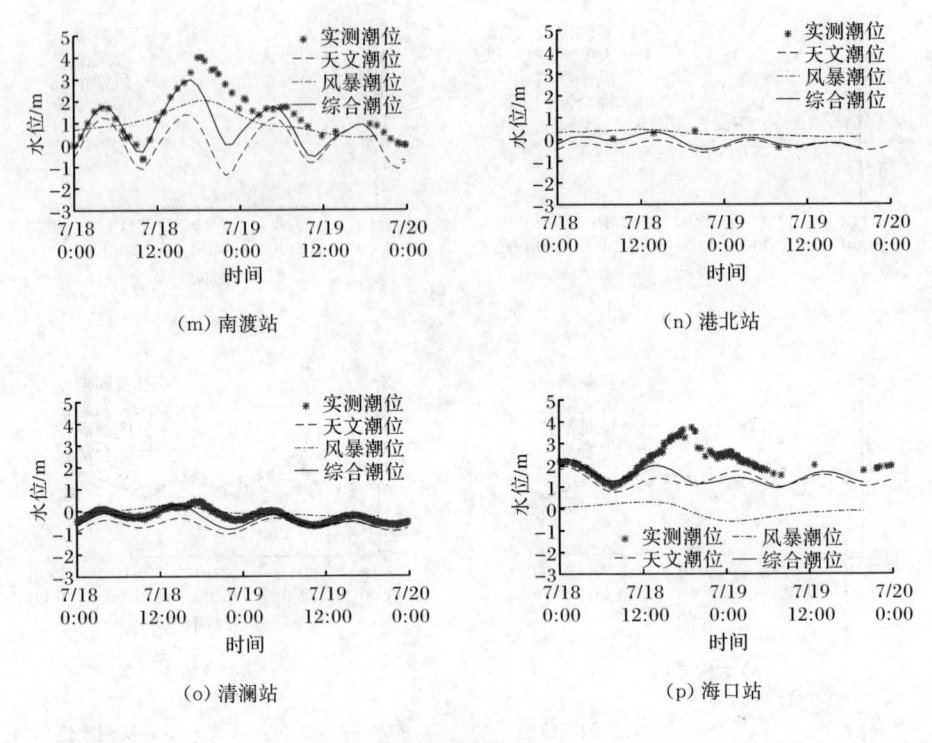

(n) 港北站

(o) 清澜站

(p) 海口站

图 4.5 1409 超强台风"威马逊"期间风暴潮预报结果(2014 年 7 月 17 日 8:00 发布)

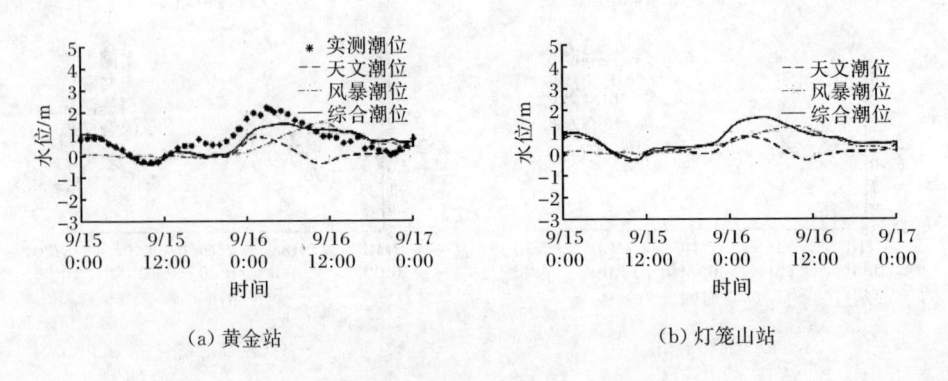

2) 1415 台风"海鸥"

台风"海鸥"期间,分别于 2014 年 9 月 14 日 11:00、15 日 5:00 发布风暴潮预报结果。此次台风主要影响广东、广西和海南沿海,发布站点为港口以南 20 个站。图 4.6 为 9 月 15 日 5:00 发布的部分代表站点的风暴潮预报潮位过程。

(a) 黄金站

(b) 灯笼山站

第 4 章　风暴潮业务化和集合化预报成果分析　　　· 55 ·

(c) 北津港站

(d) 湛江港站

(e) 南渡站

(f) 港北站

(g) 清澜站

(h) 海口站

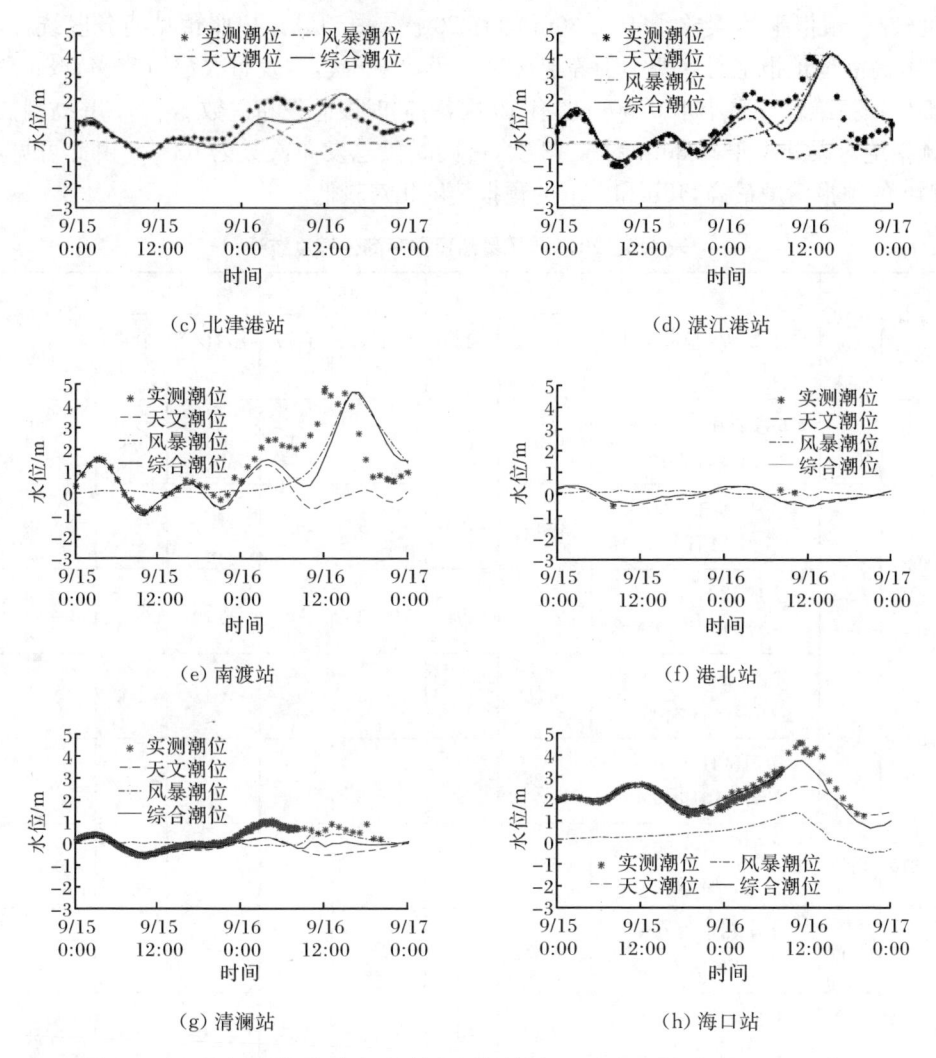

图 4.6　1415 台风"海鸥"期间风暴潮预报结果(2014 年 9 月 15 日 5:00 发布)

3. 风暴潮业务化预报精度统计

在 2013 年和 2014 年两年间,对影响我国近海的台风进行了风暴潮业务预报,共计 18 场台风、37 次发布。由于台风中心位置和登陆点不同,预见期分别为 24h、48h 和 72h。

针对历次风暴潮预报结果进行高潮位精度统计,并将结果列于表 4.6 和表 4.7。根据预见期的不同,统计了高潮位预报绝对误差、合格率和历次预报的高潮位预报平均误差。高潮位预报值是否合格有以下两个判别条件:一是潮位绝对误差低于 0.30m;二是高潮位相对误差低于 30%。从统计结果看,大部分的业务预报精度较高,预报平均误差小于 0.30m 的有 20 次,占 54%。按照预见期分段统计,24h 高潮位预报绝对误差小于等于 0.30m 的有 30 次,占发布次数的 81%;48h 高潮位预报绝对误差小于 0.30m 的有 19 次,占同时段总发布次数 58%;72h 高潮位预报绝对误差小于 0.30m 的有 12 次,占同时段总发布次数的 63%。由此可见,24h 的预报精度最高,48h 和 72h 的预报精度相对较低。

表 4.6　2013 年风暴潮预报高潮位精度统计

台风编号	台风名称	业务预报起止时间	24h 绝对误差/m	24h 合格率/%	48h 绝对误差/m	48h 合格率/%	72h 绝对误差/m	72h 合格率/%	平均误差/m
1306	温比亚	6月29日21:00~7月2日20:00	0.05	100	0.07	100	0.16	100	0.09
1307	苏力	7月11日6:00~7月14日5:00	0.19	100	0.55	86.7	0.55	86.0	0.43
1307	苏力	7月12日6:00~7月14日5:00	0.28	100	0.36	90	0.36	85.0	0.33
1309	飞燕	7月31日4:00~8月3日3:00	0.08	100	0.08	100	0.13	100	0.10
1309	飞燕	8月2日9:00~8月3日8:00	0.24	93.9	—	—	—	—	0.24
1310	山竹	8月8日9:00~8月9日8:00	0.06	100	—	—	—	—	0.06
1311	尤特	8月13日5:00~8月16日5:00	0.23	84.6	0.34	38.5	—	—	0.29
1312	潭美	8月19日11:00~8月22日5:00	0.32	100	0.39	100	0.42	80.0	0.38
1312	潭美	8月21日5:00~8月24日5:00	0.42	100	0.22	100	—	—	0.32
1315	康妮	8月29日6:00~9月1日5:00	0.19	95.8	0.17	100	0.22	100	0.19
1315	康妮	8月30日6:00~9月2日5:00	0.16	100	0.20	100	—	—	0.18

续表

台风编号	台风名称	发布时段	24h 绝对误差/m	24h 合格率/%	48h 绝对误差/m	48h 合格率/%	72h 绝对误差/m	72h 合格率/%	平均误差/m
1319	天兔	9月18日8:00~9月20日8:00	0.17	100	0.11	100	0.07	100	0.12
		9月20日8:00~9月23日8:00	0.16	100	0.34	90.0	1.01	44.4	0.50
		9月21日5:00~9月24日5:00	0.30	83.3	0.35	—	—	—	0.33
		9月22日5:00~9月25日5:00	0.38	90.9	—	—	—	—	0.38
1321	蝴蝶	9月28日21:00~10月1日20:00	0.05	100	0.09	100	0.18	100	0.11
1323	菲特	10月5日6:00~10月8日5:00	0.19	100	0.92	74.8	0.66	90.9	0.59
		10月6日6:00~10月8日5:00	0.51	100	0.32	100	—	—	0.42
1329	罗莎	11月1日5:00~11月5日5:00	0.14	100	0.28	66.7	0.51	29.0	0.31
		11月2日5:00~11月5日5:00	0.29	50.0	0.35	66.7	—	—	0.32
1330	海燕	11月9日19:00~11月12日18:00	0.47	100	0.44	100	—	—	0.46
		11月10日6:00~11月12日5:00	0.27	100	0.62	75.0	—	—	0.45

表 4.7 2014 年风暴潮预报高潮位精度统计

台风编号	台风名称	发布时段	24h 绝对误差/m	24h 合格率/%	48h 绝对误差/m	48h 合格率/%	72h 绝对误差/m	72h 合格率/%	平均误差/m
1408	浣熊	7月7日6:00~7月10日5:00	0.15	96.2	0.29	100	0.19	100	0.21
		7月8日6:00~7月10日5:00	0.28	100	0.82	96.3	—	—	0.55

续表

台风编号	台风名称	发布时段	24h 绝对误差/m	24h 合格率/%	48h 绝对误差/m	48h 合格率/%	72h 绝对误差/m	72h 合格率/%	平均误差/m
1409	威马逊	7月16日21:00~7月19日20:00	0.12	96.4	0.13	95.8	0.23	91.7	0.16
1409	威马逊	7月17日8:00~7月19日20:00	0.14	92.3	0.23	92.3	0.21	92.3	0.19
1409	威马逊	7月18日6:00~7月20日5:00	0.41	57.7	0.11	100	—	—	0.26
1410	麦德姆	7月22日7:00~7月24日5:00	0.29	100	0.17	100			0.23
1410	麦德姆	7月23日7:00~7月24日5:00	0.21	100	—				0.21
1412	娜基莉	7月31日6:00~8月3日5:00	0.21	96.9	0.28	100	0.14	100	0.21
1412	娜基莉	8月1日6:00~8月4日5:00	0.27	100	0.17	100	0.16	100	0.20
1415	海鸥	9月14日12:00~9月17日11:00	0.06	100	0.92	66.7	0.12	100	0.37
1415	海鸥	9月15日7:00~9月17日5:00	0.42	84.6	0.10	100	—		0.26
1416	凤凰	9月20日22:00~9月23日23:00	0.24	100	0.26	100	0.17	100	0.22
1416	凤凰	9月22日19:00~9月24日17:00	0.17	100	0.17	100			0.17
1419	黄蜂	10月10日6:00~10月13日5:00	0.18	100	0.19	100	0.69	100	0.35
1419	黄蜂	10月11日6:00~10月13日5:00	0.22	100	0.73	100	—		0.48

表4.8~表4.11为台风登陆日高潮位预报精度统计结果。从登陆日各站高潮位预报绝对误差看,1306强热带风暴"温比亚"、1310热带风暴"山竹"、1315热带风暴"康妮"、1321强台风"蝴蝶"等四场台风各站高潮位预报绝对误差都小于等于0.30m,预报精度最高;相对而言,1409超强台风"威马逊"和1415台风"海鸥"

预报效果不太理想。台风"威马逊"期间,南渡站出现超警戒水位为 3.51m,预报最高潮位仅为 2.59m,两者相差 0.92m;台风"海鸥"期间,南渡站潮位一度高达 4.75m,预报最高潮位为 4.36m,两者相差 0.39m。

表 4.8 2013 年东海台风登陆日高潮位预报精度统计　　　　(单位:m)

站名	1307 苏力 实测水位	1307 苏力 预报水位	1307 苏力 绝对误差	1312 潭美 实测水位	1312 潭美 预报水位	1312 潭美 绝对误差	1315 康妮 实测水位	1315 康妮 预报水位	1315 康妮 绝对误差	1319 天兔 实测水位	1319 天兔 预报水位	1319 天兔 绝对误差	1323 菲特 实测水位	1323 菲特 预报水位	1323 菲特 绝对误差
吴淞	4.08	4.22	0.14	—	—	—	3.22	2.96	0.26	—	—	—	4.68	4.76	0.08
芦潮港	4.27	4.73	0.46	—	—	—	3.48	3.41	0.07	—	—	—	4.79	5.10	0.31
澉浦	4.47	4.91	0.44	—	—	—	2.86	2.65	0.21	—	—	—	5.08	5.51	0.43
乍浦	3.85	4.14	0.29	—	—	—	2.62	2.42	0.20	—	—	—	4.42	4.54	0.12
镇海	2.05	2.27	0.22	—	—	—	1.54	1.42	0.12	—	—	—	2.60	2.76	0.16
定海	1.88	2.05	0.17	—	—	—	1.45	1.25	0.20	—	—	—	2.29	2.45	0.16
健跳	2.95	3.43	0.48	—	—	—	1.51	1.61	0.10	—	—	—	3.93	4.01	0.08
海门(浙江)	2.93	3.65	0.72	—	—	—	1.57	1.35	0.22	—	—	—	3.95	4.33	0.38
温州	3.34	3.39	0.05	—	—	—	1.94	1.94	0.00	—	—	—	4.43	3.56	0.87
瑞安	3.14	3.49	0.35	—	—	—	1.67	1.94	0.27	—	—	—	4.35	3.96	0.39
鳌江	3.15	3.68	0.53	—	—	—	1.65	1.95	0.30	—	—	—	4.38	4.15	0.23
沙埕	2.67	2.88	0.21	3.92	3.34	0.58	—	—	—	3.19	3.68	0.49	—	—	—
琯头	3.05	3.23	0.18	3.62	3.39	0.23	—	—	—	3.54	3.65	0.11	—	—	—
崇武	3.10	3.40	0.30	3.34	3.13	0.21	—	—	—	3.43	3.83	0.40	—	—	—
泉州大桥	3.56	3.84	0.28	3.89	3.72	0.17	—	—	—	4.28	4.88	0.60	—	—	—
石码	—	—	—	4.02	3.98	0.04	—	—	—	4.32	5.21	0.89	—	—	—
妈屿	—	—	—	—	—	—	—	—	—	2.52	2.41	0.11	—	—	—
东溪口	—	—	—	—	—	—	—	—	—	2.88	2.56	0.32	—	—	—
海门(广东)	—	—	—	—	—	—	—	—	—	2.69	2.48	0.21	—	—	—

表 4.9　2013 年南海台风登陆日高潮位预报精度统计　　　　　　　　　　　　　　　（单位：m）

站名	1306 温比亚 实测水位	1306 温比亚 预报水位	1306 温比亚 绝对误差	1309 飞燕 实测水位	1309 飞燕 预报水位	1309 飞燕 绝对误差	1310 山竹 实测水位	1310 山竹 预报水位	1310 山竹 绝对误差	1311 尤特 实测水位	1311 尤特 预报水位	1311 尤特 绝对误差	1329 罗莎 实测水位	1329 罗莎 预报水位	1329 罗莎 绝对误差	1321 蝴蝶 实测水位	1321 蝴蝶 预报水位	1321 蝴蝶 绝对误差
石码	3.18	3.08	0.10	—	—	—	—	—	—	—	—	—	—	—	—	—	—	—
东溪口	0.52	0.46	0.06	—	—	—	—	—	—	—	—	—	—	—	—	—	—	—
蚂屿	0.35	0.30	0.05	—	—	—	—	—	—	—	—	—	—	—	—	—	—	—
海门（广东）	0.25	0.24	0.01	—	—	—	—	—	—	—	—	—	—	—	—	—	—	—
港口	0.01	0.08	0.07	0.52	0.38	0.14	—	—	—	0.73	0.97	0.24	—	—	—	—	—	—
赤湾	0.21	0.29	0.08	0.89	0.65	0.24	—	—	—	0.69	0.89	0.20	—	—	—	—	—	—
横门	0.52	0.50	0.02	1.18	0.95	0.23	—	—	—	0.43	0.72	0.29	—	—	—	—	—	—
万顷沙西	0.53	0.55	0.02	1.11	0.90	0.21	—	—	—	—	—	—	—	—	—	—	—	—
南沙	0.52	0.52	0.00	1.22	1.01	0.21	—	—	—	0.69	1.03	0.34	0.91	1.25	0.34	0.66	0.74	0.08
大虎琴	0.21	0.21	0.00	0.90	0.76	0.14	—	—	—	1.07	1.02	0.05	1.20	1.00	0.20	0.70	0.71	0.01
三灶	0.20	0.20	0.00	0.89	0.72	0.17	—	—	—	1.72	1.34	0.38	1.35	1.23	0.12	0.74	0.73	0.01
黄金	0.24	0.30	0.06	1.02	0.91	0.11	0.95	0.95	0.00	1.29	1.71	0.42	1.35	1.22	0.13	0.77	0.75	0.02
灯笼山	0.31	0.32	0.01	0.93	0.83	0.10	0.90	0.87	0.03	1.52	1.66	0.14	1.38	1.16	0.22	0.74	0.81	0.07
北津港	0.24	0.35	0.11	1.21	0.90	0.31	1.20	1.12	0.08	1.18	1.49	0.31	1.17	1.18	0.01	0.81	0.76	0.05
湛江港	0.85	0.81	0.04	1.14	0.88	0.26	1.72	1.80	0.08	1.39	1.59	0.20	1.18	1.19	0.01	1.17	1.11	0.06
南渡	0.72	0.72	0.00	1.89	0.95	0.94	1.72	1.70	0.02	1.37	1.28	0.09	1.22	0.75	0.47	1.13	1.11	0.02
海口	—	—	—	—	—	—	—	—	—	1.21	1.79	0.58	1.20	1.22	0.02	0.54	0.45	0.09
清澜	—	—	—	—	—	—	—	—	—	1.28	0.65	0.63	0.61	0.47	0.14	2.56	2.39	0.17

表 4.10　2014 年东海台风登陆日高潮位预报精度统计　　（单位:m）

站名	1408 浣熊 实测水位	1408 浣熊 预报水位	1408 浣熊 绝对误差	1410 麦德姆 实测水位	1410 麦德姆 预报水位	1410 麦德姆 绝对误差	1412 娜基莉 实测水位	1412 娜基莉 预报水位	1412 娜基莉 绝对误差	1416 凤凰 实测水位	1416 凤凰 预报水位	1416 凤凰 绝对误差	1419 黄蜂 实测水位	1419 黄蜂 预报水位	1419 黄蜂 绝对误差
吴淞	3.48	3.90	0.42	3.55	3.69	0.14	4.20	3.93	0.27	4.32	4.07	0.25	4.79	4.65	0.14
芦潮港	3.82	4.22	0.40	3.88	4.20	0.32	4.37	4.11	0.26	4.69	4.63	0.06	4.90	4.97	0.07
澉浦	4.39	4.15	0.24	3.65	3.69	0.04	4.42	3.82	0.60	5.04	4.66	0.38	5.39	5.51	0.12
乍浦	—	—	—	3.15	3.25	0.10	3.93	3.48	0.45	4.31	4.08	0.23	4.72	4.47	0.25
镇海	1.87	2.21	0.34	1.74	1.71	0.03	2.07	1.88	0.19	2.71	2.34	0.37	2.65	2.72	0.07
定海	1.65	1.61	0.04	1.46	1.61	0.15	1.96	1.76	0.20	2.65	2.13	0.52	2.44	2.31	0.13
健跳	2.09	2.15	0.06	2.24	2.46	0.22	3.05	2.52	0.53	3.35	3.25	0.10	3.98	3.87	0.11
海门(浙江)	2.51	2.26	0.25	2.27	2.51	0.24	2.99	2.46	0.53	2.85	3.22	0.37	3.73	3.97	0.24
温州	—	—	—	2.97	2.76	0.21	3.21	3.09	0.12	3.40	3.05	0.35	4.11	3.65	0.46
瑞安	2.79	2.22	0.57	2.87	2.87	0.00	3.05	2.82	0.23	3.19	3.20	0.01	4.16	4.01	0.15
鳌江	2.67	2.35	0.32	2.90	2.71	0.19	2.88	2.66	0.22	3.18	3.08	0.10	4.16	4.19	0.03
沙埕	2.30	1.97	0.33	2.13	2.26	0.13	2.51	2.12	0.39	3.15	3.07	0.08	3.67	3.51	0.16
琯头	2.47	1.90	0.57	2.59	2.67	0.08	2.67	2.41	0.26	—	—	—	3.81	3.58	0.23
崇武	2.22	2.15	0.07	2.57	3.13	0.56	2.66	2.44	0.22	—	—	—	3.97	3.87	0.10
泉州大桥	2.77	2.75	0.02	2.94	3.37	0.43	3.05	2.80	0.25	—	—	—	4.50	4.54	0.04
石码	2.68	2.81	0.13	2.66	3.10	0.44	3.00	2.89	0.11	—	—	—	4.59	4.48	0.11

表 4.11　2014 年南海台风登陆日高潮位预报精度统计　　（单位:m）

站名	1409 威马逊 实测水位	1409 威马逊 预报水位	1409 威马逊 绝对误差	1415 海鸥 实测水位	1415 海鸥 预报水位	1415 海鸥 绝对误差
港口	0.62	0.73	0.11	1.35	1.56	0.21
赤湾	1.05	1.00	0.05	1.62	0.66	0.96
横门	1.97	1.45	0.52	1.98	2.37	0.39
万顷沙西	1.99	1.45	0.54	1.97	1.82	0.15
南沙	1.37	1.91	0.54	1.86	1.58	0.28
大横琴	1.15	1.69	0.54	1.94	1.97	0.03
三灶	1.29	1.70	0.41	2.06	2.10	0.04
黄金	1.44	1.99	0.55	2.20	2.33	0.13
北津港	1.55	2.15	0.60	2.05	3.29	1.24
湛江港	2.74	2.66	0.08	3.86	4.52	0.66
南渡	3.51	2.59	0.92	4.75	4.36	0.39

续表

站名	1409 威马逊			1415 海鸥		
	实测水位	预报水位	绝对误差	实测水位	预报水位	绝对误差
清澜	0.69	0.63	0.06	—	—	—
海口	3.79	2.46	1.33	4.29	3.73	0.56

两年间，在台风登陆日的风暴潮业务预报总站次为 216 次，其中预报高潮位误差低于 0.30m 的站次为 193，达 89.4%。

4.2.3 预报成果分析与讨论

2013~2014 年，进行了 18 场台风、37 次风暴潮业务预报，涉及各级水文站点约 40 个。通过预报精度统计，结果表明预见期为 24h 的潮位预报精度最高，48h 和 72h 的预报精度相对较低。

通过分析发现，多个因素影响风暴潮预报精度，包括预报的台风风场、气压场、近岸水域的地形以及风暴增水的非线性影响等，但气象要素的预报精度直接影响风暴潮位的预报精度，在台风登陆时，台风中心左右两侧水域的水位涨落将会出现截然不同的效果。

例如，1319 超强台风"天兔"期间，共发布了 4 次风暴潮预报。2013 年 9 月 18 日 8:00 发布的台风登陆点与实际情况较为接近，该次发布的高潮位平均误差为 0.12m，合格率达 100%；9 月 20 日 5:00 发布的预报台风登陆点为汕头，与实际登陆位置汕尾相距 160km，如依此预报风暴潮，汕尾附近海域的水位应该出现水位降低（风暴减水），因此 9 月 20 日发布的高潮位预报效果不理想，高潮位预报平均误差为 0.50m，其中 24h 高潮位预报绝对误差为 0.16m，72h（登陆日）预报绝对误差达 1.01m；9 月 21 日 5:00 预报台风登陆位置距汕尾登陆点西南约 50km，当日预报平均误差为 0.33m，较 20 日发布的预报效果显著提高；9 月 22 日 5:00 发布台风登陆位置与前一日较为接近，但在此阶段，预报台风强度为 960hPa、中心最大风速为 33m/s，与实际登陆点汕尾处登陆时台风中心最低气压 945hPa、中心最大风速 45m/s 有一定的差距。

1415 台风"海鸥"期间，分别于 2014 年 9 月 14 日 11:00、15 日 5:00 发布风暴潮预报。就台风预报强度而言，此次预报登陆时刻台风强度与实际强度较为接近，但预报路径出现了较大误差。9 月 14 日 11:00 的预报登陆点为湛江，位于实际登陆位置以北 100km 处，此次台风造成南渡站超警戒高水位，但依此台风信息进行预报，登陆日 48h 高潮位预报误差为 0.92m，预报效果较差；9 月 15 日 5:00 的预报登陆位置较前一日南移 50km，仍与实际登陆位置距 50km，该地点与南渡站和湛江港站极为靠近，加之"海鸥"经雷州半岛时的低气压（960hPa）和高风速

(40m/s)条件,势必会造成广东西部水域大幅风暴增水,登陆位置的些许移动将造成南渡站、湛江港站、海口站预报潮位的较大变化。

4.3 2013~2014年风暴潮集合化预报成果分析

基于风暴潮业务化预报分析成果,对预报模式进行了改进,采用了第3章介绍的近岸风暴潮集合化预报模式对2013~2014年影响我国东南和南部沿海的台风分别进行试预报,并根据实测水位资料对集合化预报成果进行了精度分析。

4.3.1 风暴潮集合化预报成果

本节分别选取2013年主要影响东海的8场台风1304、1307、1312、1315、1317、1323、1324和1327,2014年主要影响东海的7场台风1408、1410、1411、1412、1416、1418和1419,以及2013年主要影响南海的10场台风1305、1306、1308、1309、1311、1319、1321、1325、1329和1330,采用第3章构建的近岸风暴潮和台风浪集合化预报模式及预报结果检验方法,对沿海多个站点的风暴潮集合化数值进行预报,对风暴潮过程的集合化预报结果和单一预报结果(基于中国气象局的预报结果,下同)进行了对比分析。

4.3.2 误差统计分析

误差统计分析主要是对每次预报的逐时综合水位或最大综合水位和实测资料进行误差比较,并对其分别进行平均绝对处理以及分范围的频度统计。

1. 综合水位平均绝对误差统计

表4.12~表4.17分别为各预报时效下东海2013年和2014年各潮汐测站的集合化预报、单一预报分别与实测资料的对比结果,表4.18~表4.20分别为各预报时效下南海2013年各潮汐测站的集合化预报、单一预报分别与实测资料的对比结果。表中"集一实"为集合化预报结果与实测结果的平均绝对误差,"单一实"为单一预报结果与实测结果的平均绝对误差。

表4.12 东海2013年潮汐测站风暴潮综合水位集合化预报与单一预报平均绝对误差

(24h预报时效,单位:m)

站名	误差计算方式	1304	1307	1312	1315	1317	1323	1324	1327
芦潮港	单一实	0.06	0.37	0.10	0.21	0.10	0.51	0.08	0.09
	集一实	0.05	0.37	0.09	0.21	0.10	0.46	0.08	0.09

续表

台站	误差计算方式	1304	1307	1312	1315	1317	1323	1324	1327
乍浦	单一实	0.22	0.30	0.31	0.34	0.25	0.56	0.34	0.34
	集一实	0.22	0.30	0.32	0.34	0.25	0.49	0.34	0.34
镇海	单一实	0.17	0.20	0.20	0.36	0.18	0.47	0.23	0.29
	集一实	0.17	0.21	0.19	0.35	0.18	0.40	0.23	0.29
定海	单一实	0.39	0.26	0.47	0.19	—	0.28	0.54	—
	集一实	0.39	0.25	0.47	0.18	—	0.25	0.55	—
健跳	单一实	0.15	0.29	0.27	0.27	0.11	0.52	0.23	0.19
	集一实	0.15	0.29	0.27	0.29	0.11	0.40	0.23	0.19
海门（浙江）	单一实	0.15	0.44	0.29	0.34	0.09	0.84	0.39	0.24
	集一实	0.15	0.45	0.28	0.37	0.09	0.70	0.38	0.24
温州	单一实	0.33	0.52	0.55	0.33	0.37	0.79	0.99	0.55
	集一实	0.33	0.52	0.54	0.33	0.37	0.71	0.99	0.55
瑞安	单一实	0.12	0.38	0.23	0.23	0.08	0.55	0.71	0.16
	集一实	0.12	0.36	0.21	0.24	0.08	0.47	0.71	0.16
鳌江	单一实	0.16	0.42	0.67	0.36	0.14	0.68	1.07	0.24
	集一实	0.16	0.42	0.68	0.35	0.14	0.69	1.08	0.24
崇武	单一实	0.15	—	0.24	0.24	0.14	0.40	0.22	0.16
	集一实	0.16	—	0.25	0.25	0.14	0.35	0.22	0.16

表 4.13 东海 2013 年潮汐测站风暴潮综合水位集合化预报与单一预报平均绝对误差

（48h 预报时效，单位：m）

站名	误差计算方式	1304	1307	1312	1315	1317	1323	1324	1327
芦潮港	单一实	0.07	0.29	0.10	0.17	0.10	0.40	0.09	0.14
	集一实	0.07	0.30	0.10	0.17	0.10	0.34	0.09	0.14
乍浦	单一实	0.22	0.29	0.36	0.30	0.22	0.56	0.33	0.39
	集一实	0.22	0.29	0.36	0.30	0.22	0.48	0.33	0.39
镇海	单一实	0.16	0.17	0.17	0.26	0.19	0.38	0.24	0.40
	集一实	0.16	0.17	0.17	0.26	0.19	0.33	0.24	0.40
定海	单一实	0.42	0.27	0.48	0.22	—	0.36	0.51	—
	集一实	0.41	0.27	0.49	0.21	—	0.36	0.53	—
健跳	单一实	0.16	0.25	0.27	0.20	0.15	0.44	0.22	0.29
	集一实	0.16	0.25	0.28	0.21	0.15	0.36	0.22	0.29

站名	误差计算方式	1304	1307	1312	1315	1317	1323	1324	1327
海门（浙江）	单一实	0.18	0.36	0.33	0.25	0.12	0.68	0.42	0.32
	集一实	0.18	0.36	0.32	0.26	0.12	0.60	0.41	0.32
温州	单一实	0.37	0.48	0.54	0.30	0.39	0.70	0.78	0.60
	集一实	0.37	0.48	0.53	0.31	0.39	0.67	0.79	0.60
瑞安	单一实	0.13	0.32	0.27	0.20	0.10	0.49	0.50	0.24
	集一实	0.14	0.31	0.27	0.21	0.11	0.46	0.50	0.24
鳌江	单一实	0.20	0.35	0.60	0.32	0.16	0.75	0.87	0.34
	集一实	0.20	0.35	0.60	0.32	0.16	0.77	0.87	0.34
崇武	单一实	0.15	—	0.32	0.21	0.11	0.39	0.24	0.22
	集一实	0.14	—	0.28	0.22	0.11	0.34	0.23	0.22

表 4.14　东海 2013 年潮汐测站风暴潮综合水位集合化预报与单一预报平均绝对误差

（72h 预报时效，单位:m）

站名	误差计算方式	1304	1307	1312	1315	1317	1323	1324	1327
芦潮港	单一实	0.08	—	—	0.13	0.12	—	0.12	0.13
	集一实	0.08	—	—	0.14	0.12	—	0.11	0.13
乍浦	单一实	0.22	—	—	0.29	0.22	—	0.33	0.37
	集一实	0.22	—	—	0.29	0.22	—	0.33	0.37
镇海	单一实	0.15	—	—	0.20	0.18	—	0.25	0.41
	集一实	0.16	—	—	0.20	0.18	—	0.26	0.41
定海	单一实	0.43	—	—	0.23	—	—	0.49	—
	集一实	0.43	—	—	0.22	—	—	0.51	—
健跳	单一实	0.16	—	—	0.16	0.14	—	0.20	0.31
	集一实	0.16	—	—	0.17	0.14	—	0.21	0.31
海门（浙江）	单一实	0.20	—	—	0.20	0.16	—	0.41	0.33
	集一实	0.20	—	—	0.21	0.15	—	0.40	0.33
温州	单一实	0.38	—	—	0.31	0.41	—	0.71	0.60
	集一实	0.38	—	—	0.31	0.41	—	0.71	0.60
瑞安	单一实	0.13	—	—	0.17	0.11	—	0.42	0.30
	集一实	0.14	—	—	0.18	0.11	—	0.41	0.30
鳌江	单一实	0.21	—	—	0.25	0.18	—	0.68	0.38
	集一实	0.21	—	—	0.25	0.18	—	0.68	0.38

续表

站名	误差计算方式	1304	1307	1312	1315	1317	1323	1324	1327
崇武	单一实	0.17	—	—	0.18	0.12	—	0.21	0.45
	集一实	0.16	—	—	0.18	0.12	—	0.20	0.45

表 4.15 东海 2014 年潮汐测站风暴潮综合水位集合化预报与单一预报平均绝对误差

(24h 预报时效,单位:m)

站名	误差计算方式	1408	1410	1411	1412	1416	1418	1419
芦潮港	单一实	0.37	0.26	0.12	0.17	0.10	0.11	0.23
	集一实	0.36	0.27	0.12	0.17	0.11	0.11	0.23
乍浦	单一实	—	—	0.37	0.54	0.32	0.28	0.48
	集一实	—	—	0.37	0.54	0.32	0.28	0.48
镇海	单一实	0.39	0.08	0.16	0.56	0.23	0.13	0.38
	集一实	0.36	0.08	0.17	0.56	0.21	0.13	0.39
定海	单一实	0.17	0.16	0.13	0.54	0.18	0.20	0.53
	集一实	0.15	0.16	0.14	0.53	0.18	0.20	0.53
健跳	单一实	0.22	0.11	0.19	0.43	0.23	0.16	0.43
	集一实	0.20	0.11	0.19	0.42	0.23	0.16	0.43
海门(浙江)	单一实	—	0.21	0.24	0.28	0.26	0.20	0.35
	集一实	—	0.21	0.24	0.28	0.20	0.20	0.35
温州	单一实	0.40	0.35	0.42	0.48	0.39	0.39	0.63
	集一实	0.38	0.35	0.42	0.48	0.36	0.39	0.63
瑞安	单一实	0.32	0.16	0.16	0.30	0.26	0.16	0.35
	集一实	0.29	0.16	0.16	0.30	0.19	0.16	0.35
鳌江	单一实	0.19	0.24	0.20	0.23	0.37	0.19	0.44
	集一实	0.19	0.24	0.20	0.23	0.38	0.19	0.44
崇武	单一实	1.19	0.29	0.15	0.17	0.31	0.13	0.26
	集一实	1.20	0.29	0.15	0.17	0.28	0.13	0.26

表 4.16 东海 2014 年潮汐测站风暴潮综合水位集合化预报与单一预报平均绝对误差

(48h 预报时效,单位:m)

站名	误差计算方式	1408	1410	1411	1412	1416	1418	1419
芦潮港	单一实	0.28	0.25	0.12	0.16	0.14	0.13	0.35
	集一实	0.30	0.25	0.11	0.14	0.13	0.13	0.36

续表

站名	误差计算方式	1408	1410	1411	1412	1416	1418	1419
乍浦	单一实	—	—	0.37	0.48	0.32	0.33	0.52
	集一实	—	—	0.37	0.47	0.33	0.33	0.53
镇海	单一实	0.33	0.08	0.18	0.51	0.23	0.22	0.55
	集一实	0.32	0.08	0.19	0.49	0.18	0.22	0.56
定海	单一实	0.20	0.15	0.14	0.48	0.18	0.28	0.70
	集一实	0.16	0.16	0.15	0.46	0.18	0.29	0.70
健跳	单一实	0.31	0.11	0.20	0.40	0.20	0.27	0.57
	集一实	0.26	0.11	0.21	0.38	0.18	0.27	0.57
海门（浙江）	单一实	—	0.19	0.27	0.26	0.27	0.27	0.43
	集一实	—	0.19	0.27	0.26	0.27	0.27	0.43
温州	单一实	0.44	0.35	0.44	0.47	0.38	0.46	0.68
	集一实	0.42	0.35	0.44	0.46	0.36	0.46	0.68
瑞安	单一实	0.35	0.20	0.17	0.29	0.20	0.25	0.48
	集一实	0.31	0.20	0.17	0.28	0.17	0.26	0.48
鳌江	单一实	0.26	0.27	0.21	0.22	0.36	0.28	0.48
	集一实	0.27	0.27	0.22	0.22	0.35	0.28	0.49
崇武	单一实	1.11	0.29	0.16	0.14	0.26	0.19	0.37
	集一实	1.10	0.29	0.16	0.14	0.24	0.19	0.37

表 4.17 东海 2014 年潮汐测站风暴潮综合水位集合化预报与单一预报平均绝对误差

(72h 预报时效,单位:m)

站名	误差计算方式	1408	1410	1411	1412	1416	1418	1419
芦潮港	单一实	0.24	0.31	0.11	0.13	0.14	0.12	0.30
	集一实	0.26	0.31	0.10	0.12	0.14	0.12	0.30
乍浦	单一实	—	—	0.36	0.46	0.28	0.30	0.51
	集一实	—	—	0.36	0.46	0.29	0.30	0.51
镇海	单一实	0.26	0.12	0.19	0.45	0.18	0.22	0.44
	集一实	0.26	0.11	0.20	0.45	0.15	0.22	0.45
定海	单一实	0.15	0.17	0.14	0.42	0.16	0.28	0.57
	集一实	0.12	0.17	0.16	0.41	0.16	0.28	0.58
健跳	单一实	0.27	0.15	0.22	0.37	0.19	0.27	0.47
	集一实	0.24	0.15	0.23	0.36	0.18	0.27	0.47

续表

站名	误差计算方式	1408	1410	1411	1412	1416	1418	1419
海门（浙江）	单一实	—	0.26	0.29	0.25	0.31	0.28	0.40
	集一实	—	0.27	0.29	0.25	0.28	0.28	0.40
温州	单一实	0.44	0.35	0.45	0.46	0.40	0.47	0.67
	集一实	0.42	0.35	0.45	0.46	0.39	0.47	0.67
瑞安	单一实	0.31	0.20	0.18	0.28	0.20	0.27	0.44
	集一实	0.28	0.20	0.19	0.28	0.18	0.28	0.44
鳌江	单一实	0.25	0.26	0.23	0.21	0.36	0.28	0.45
	集一实	0.26	0.26	0.23	0.21	0.32	0.28	0.45
崇武	单一实	0.80	0.24	0.18	0.14	0.20	0.27	0.39
	集一实	0.79	0.23	0.19	0.13	0.19	0.27	0.39

表 4.18 南海 2013 年潮汐测站风暴潮综合水位集合化预报与单一预报平均绝对误差

(24h 预报时效,单位:m)

站名	误差计算方式	1305	1306	1308	1309	1311	1319	1321	1325	1329	1330
海口	单一实	—	0.12	—	—	0.28	0.15	0.16	0.08	0.15	0.45
	集一实	—	0.12	—	—	0.30	0.14	0.18	0.09	0.13	0.44
清澜	单一实	—	0.12	—	—	0.34	0.18	0.09	0.17	0.26	0.15
	集一实	—	0.12	—	—	0.33	0.18	0.10	0.16	0.25	0.13
港北	单一实	—	0.20	—	—	—	0.12	0.23	0.36	0.39	0.21
	集一实	—	0.20	—	—	—	0.12	0.22	0.34	0.38	0.22
湛江港	单一实	—	0.52	0.17	0.22	0.30	0.31	0.33	0.26	0.35	0.64
	集一实	—	0.50	0.17	0.24	0.36	0.32	0.34	0.30	0.31	0.63
北津港	单一实	0.21	0.09	0.16	0.24	0.31	0.57	0.19	0.11	0.90	0.31
	集一实	0.21	0.10	0.16	0.25	0.29	0.58	0.19	0.11	0.85	0.29
灯笼山	单一实	0.17	0.09	0.09	0.09	0.25	0.50	0.15	0.10	0.21	0.17
	集一实	0.17	0.08	0.09	0.09	0.21	0.50	0.14	0.10	0.27	0.16
三灶	单一实	0.19	0.17	0.14	0.23	0.10	0.60	0.07	0.08	0.16	0.13
	集一实	0.18	0.17	0.14	0.23	0.08	0.60	0.06	0.07	0.21	0.12
横门	单一实	0.20	0.25	0.32	0.07	0.42	0.36	0.13	0.17	0.36	0.27
	集一实	0.20	0.24	0.32	0.07	0.38	0.37	0.12	0.18	0.42	0.26
南沙	单一实	0.22	0.10	0.12	0.12	0.36	0.42	0.16	0.19	0.32	0.25
	集一实	0.22	0.10	0.12	0.12	0.32	0.43	0.16	0.19	0.35	0.24

续表

站名	误差计算方式	1305	1306	1308	1309	1311	1319	1321	1325	1329	1330
东溪口	单一实	0.17	0.14	0.26	0.13	0.11	0.59	0.08	0.07	0.48	0.15
	集一实	0.17	0.14	0.25	0.13	0.11	0.61	0.08	0.07	0.47	0.17
南渡	单一实	0.35	0.42	0.19	0.27	0.42	0.28	0.34	0.25	0.43	0.60
	集一实	0.35	0.41	0.19	0.29	0.47	0.29	0.36	0.30	0.41	0.60

表 4.19 南海 2013 年潮汐测站风暴潮综合水位集合化预报与单一预报平均绝对误差

（48h 预报时效,单位:m）

站名	误差计算方式	1305	1306	1308	1309	1311	1319	1321	1325	1329	1330
海口	单一实	—	0.15	—	—	0.24	0.22	0.35	0.14	0.14	0.34
	集一实	—	0.15	—	—	0.24	0.21	0.34	0.14	0.14	0.33
清澜	单一实	—	0.27	—	—	0.20	0.23	0.12	0.19	0.25	0.11
	集一实	—	0.27	—	—	0.19	0.23	0.12	0.17	0.23	0.10
港北	单一实	—	0.48	—	—	—	0.20	0.22	0.28	0.30	0.19
	集一实	—	0.48	—	—	—	0.20	0.22	0.29	0.27	0.19
湛江港	单一实	—	0.50	—	0.26	0.21	0.39	0.27	0.32	0.42	0.44
	集一实	—	0.49	—	0.28	0.26	0.37	0.27	0.32	0.42	0.41
北津港	单一实	0.15	0.10	—	0.28	0.30	0.62	0.16	0.13	0.65	0.22
	集一实	0.15	0.10	—	0.29	0.27	0.60	0.17	0.12	0.60	0.23
灯笼山	单一实	0.18	0.08	—	0.09	0.21	0.42	0.12	0.12	0.37	0.15
	集一实	0.18	0.08	—	0.08	0.18	0.38	0.13	0.12	0.37	0.17
三灶	单一实	0.15	0.14	—	0.18	0.12	0.47	0.11	0.10	0.30	0.14
	集一实	0.14	0.14	—	0.18	0.10	0.43	0.11	0.07	0.30	0.15
横门	单一实	0.21	0.27	—	0.08	0.29	0.38	0.09	0.22	0.49	0.22
	集一实	0.21	0.27	—	0.08	0.26	0.33	0.11	0.22	0.50	0.23
南沙	单一实	0.24	0.11	—	0.11	0.28	0.46	0.14	0.24	0.41	0.23
	集一实	0.24	0.11	—	0.11	0.25	0.40	0.13	0.24	0.42	0.23
东溪口	单一实	0.16	0.13	—	0.10	0.11	0.41	0.12	0.09	0.32	0.19
	集一实	0.16	0.13	—	0.10	0.11	0.40	0.12	0.09	0.30	0.20
南渡	单一实	0.29	0.41	—	0.33	0.49	0.38	0.30	0.34	0.46	0.48
	集一实	0.30	0.40	—	0.36	0.49	0.37	0.30	0.34	0.48	0.47

表 4.20　南海 2013 年潮汐测站风暴潮综合水位集合化预报与单一预报平均绝对误差

（72h 预报时效，单位：m）

站名	误差计算方式	1305	1306	1308	1309	1311	1319	1321	1325	1329	1330
海口	单—实	—	—	—	—	—	0.22	0.32	0.16	0.19	—
	集—实	—	—	—	—	—	0.21	0.30	0.15	0.17	—
清澜	单—实	—	—	—	—	—	0.18	0.14	0.16	0.22	—
	集—实	—	—	—	—	—	0.18	0.14	0.14	0.19	—
港北	单—实	—	—	—	—	—	0.19	0.27	0.32	0.28	—
	集—实	—	—	—	—	—	0.19	0.27	0.33	0.26	—
湛江港	单—实	—	—	—	—	—	0.30	0.24	0.28	0.40	—
	集—实	—	—	—	—	—	0.28	0.25	0.27	0.38	—
北津港	单—实	0.13	—	—	—	—	0.44	0.18	0.14	0.50	—
	集—实	0.13	—	—	—	—	0.42	0.19	0.13	0.45	—
灯笼山	单—实	0.18	—	—	—	—	0.30	0.13	0.14	0.28	—
	集—实	0.19	—	—	—	—	0.28	0.13	0.12	0.28	—
三灶	单—实	0.13	—	—	—	—	0.33	0.13	0.13	0.26	—
	集—实	0.13	—	—	—	—	0.31	0.13	0.11	0.25	—
横门	单—实	0.22	—	—	—	—	0.31	0.09	0.19	0.40	—
	集—实	0.22	—	—	—	—	0.28	0.10	0.19	0.40	—
南沙	单—实	0.24	—	—	—	—	0.37	0.11	0.19	0.35	—
	集—实	0.24	—	—	—	—	0.34	0.11	0.22	0.35	—
东溪口	单—实	0.15	—	—	—	—	0.34	0.13	0.17	0.28	—
	集—实	0.15	—	—	—	—	0.33	0.13	0.17	0.27	—
南渡	单—实	0.24	—	—	—	—	0.30	0.25	0.30	0.45	—
	集—实	0.25	—	—	—	—	0.29	0.26	0.29	0.43	—

与实测资料比较的误差结果表明，风暴潮综合水位的集合化预报精度整体上高于单一预报精度。单一预报结果优于集合化预报结果的情况也有出现，但相对误差普遍较小（1～5cm 居多），而相对误差超过 5cm 的组次主要出现在集合化预报占优的情况中，因此可以认为风暴潮集合化预报结果比传统的单一预报结果更为准确。

表 4.21 为 2013 年和 2014 年东海和南海各潮汐测站的集合化预报精度相较于单一预报精度的总体提高水平。不难发现，与实测资料相比，东海各潮汐测站的集合化预报精度平均提高 1～9cm，南海各潮汐测站平均提高 1～5cm，仅在少数站点中出现精度下降的情况，且下降值均不超过 2cm。由此可见，基于集合化的

风暴潮综合水位预报结果总体上要优于基于单一预报的预报结果。

表 4.21 东海和南海潮汐测站集合化预报精度较单一预报精度的总体提高水平 （单位：m）

东海测站	2013 24h	2013 48h	2013 72h	东海测站	2014 24h	2014 48h	2014 72h	南海测站	2013 24h	2013 48h	2013 72h
芦潮港	0.02	0.03	0.01	芦潮港	0.00	0.00	0.00	海口	−0.01	0.01	0.02
乍浦	0.03	0.08	—	乍浦	—	0.00	−0.01	清澜	0.01	0.02	0.03
镇海	0.02	0.05	−0.01	镇海	0.01	0.01	0.01	港北	0.01	0.01	0.01
定海	0.01	0.00	0.01	定海	0.01	0.01	0.01	湛江港	−0.01	0.01	0.01
健跳	0.05	0.02	−0.01	健跳	0.02	0.02	0.01	北津港	0.01	0.01	0.02
海门（浙江）	0.02	0.09	0.00	海门（浙江）	0.06	0.04	0.01	灯笼山	0.00	0.01	0.01
温州	0.05	0.01	—	温州	0.03	0.02	0.02	三灶	0.01	0.02	0.01
瑞安	0.03	0.00	0.00	瑞安	0.05	0.02	0.01	横门	0.00	0.05	0.01
鳌江	−0.01	−0.02	—	鳌江	−0.01	0.01	0.01	南沙	0.01	0.01	0.01
崇武	0.01	0.02	0.01	崇武	0.01	0.02	0.01	东溪口	−0.01	0.01	0.01
—				—				南渡	−0.02	−0.01	0.00

2. 最大综合水位预报平均绝对误差统计

表 4.22～表 4.27 分别为各预报时效下东海 2013 年和 2014 年各潮汐测站的集合化预报、单一预报分别与实测资料的对比结果，表 4.28～表 4.30 为各预报时效下南海 2013 年各潮汐测站的集合化预报、单一预报分别与实测资料的对比结果。表中"集－实"为集合化预报结果与实测结果的平均绝对误差，"单－实"为单一预报结果与实测结果的平均绝对误差。

表 4.22 东海 2013 年潮汐测站风暴潮最大综合水位集合化预报与单一预报平均绝对误差

（24h 预报时效，单位：m）

站名	误差计算方式	1304	1307	1312	1315	1317	1323	1324	1327
芦潮港	单－实	0.04	0.31	−0.09	0.23	−0.09	0.30	−0.17	−0.15
芦潮港	集－实	0.03	0.31	−0.10	0.23	−0.09	0.21	−0.17	−0.15
乍浦	单－实	−0.30	0.07	−0.51	0.15	−0.36	0.40	−0.56	−0.43
乍浦	集－实	−0.30	0.06	−0.53	0.14	−0.36	0.12	−0.56	−0.43
镇海	单－实	−0.30	0.06	−0.28	0.24	−1.47	0.09	−0.42	−0.48
镇海	集－实	−0.32	0.06	−0.29	0.24	−0.01	0.05	−0.42	−0.48

续表

站名	误差计算方式	1304	1307	1312	1315	1317	1323	1324	1327
定海	单一实	−0.33	0.02	−0.33	0.13	—	0.22	−0.19	—
	集一实	−0.31	0.02	−0.34	0.12	—	0.13	−0.19	—
健跳	单一实	−0.09	0.36	−0.27	0.36	−0.08	0.89	−0.26	−0.16
	集一实	−0.08	0.35	−0.30	0.36	−0.08	0.59	−0.26	−0.16
海门（浙江）	单一实	−0.03	0.49	−0.15	0.44	0.03	1.37	−0.16	−0.17
	集一实	−0.01	0.49	−0.18	0.44	0.03	0.93	−0.16	−0.17
温州	单一实	−0.17	0.22	−0.11	0.04	−0.32	−1.12	−1.06	−0.46
	集一实	−0.15	0.22	−0.20	0.05	−0.32	−0.86	−1.06	−0.46
瑞安	单一实	−0.04	0.38	−0.11	0.26	−0.08	−0.59	−0.19	−0.16
	集一实	−0.03	0.38	−0.18	0.27	−0.08	−0.48	−0.19	−0.16
鳌江	单一实	0.02	−0.28	−0.83	0.31	−0.10	−1.19	−1.13	−0.09
	集一实	0.01	−0.28	−0.83	0.31	−0.10	−1.22	−1.13	−0.09
崇武	单一实	−0.16	—	−0.22	0.23	−0.04	−0.13	0.04	−0.19
	集一实	−0.17	—	−0.19	0.24	−0.04	−0.10	0.04	−0.19

表 4.23 东海 2013 年潮汐测站风暴潮最大综合水位集合化预报与单一预报平均绝对误差

(48h 预报时效,单位:m)

站名	误差计算方式	1304	1307	1312	1315	1317	1323	1324	1327
芦潮港	单一实	0.01	0.31	−0.09	0.05	−0.05	0.25	−0.13	−0.15
	集一实	0.00	0.31	−0.10	0.05	−0.05	0.16	−0.15	−0.15
乍浦	单一实	−0.23	0.07	−0.51	0.15	−0.22	0.25	−0.65	−0.46
	集一实	−0.24	0.06	−0.53	0.14	−0.22	−0.03	−0.68	−0.46
镇海	单一实	−0.33	0.06	−0.28	−0.11	−0.35	0.01	−0.41	−0.61
	集一实	−0.35	0.06	−0.29	−0.10	−0.35	−0.03	−0.43	−0.61
定海	单一实	−0.21	0.02	−0.33	−0.20	—	0.22	−0.12	—
	集一实	−0.21	0.02	−0.34	−0.21	—	0.13	−0.17	—
健跳	单一实	−0.15	0.36	−0.27	0.32	−0.14	0.89	−0.24	−0.16
	集一实	−0.14	0.35	−0.30	0.32	−0.15	0.59	−0.26	−0.16
海门（浙江）	单一实	−0.14	0.49	−0.15	0.40	0.01	1.37	−0.12	−0.17
	集一实	−0.13	0.49	−0.18	0.40	0.00	0.93	−0.16	−0.17
温州	单一实	−0.31	0.22	−0.11	0.04	−0.31	−0.55	−0.98	−0.48
	集一实	−0.29	0.22	−0.20	0.05	−0.32	−0.75	−1.04	−0.48

站名	误差计算方式	1304	1307	1312	1315	1317	1323	1324	1327
瑞安	单一实	−0.01	0.38	−0.11	0.26	0.02	−0.13	−0.19	−0.16
	集一实	0.00	0.38	−0.18	0.27	0.01	−0.29	−0.19	−0.16
鳌江	单一实	0.01	−0.28	−0.83	0.31	−0.07	−1.01	−2.11	−0.11
	集一实	−0.01	−0.28	−0.83	0.31	−0.07	−1.13	−2.12	−0.11
崇武	单一实	−0.12	—	−0.22	0.20	−0.07	−0.13	0.04	−0.19
	集一实	−0.09	—	−0.19	0.21	−0.07	−0.10	0.04	−0.19

表 4.24　东海 2013 年潮汐测站风暴潮最大综合水位集合化预报与单一预报平均绝对误差

（72h 预报时效，单位：m）

站名	误差计算方式	1304	1307	1312	1315	1317	1323	1324	1327
芦潮港	单一实	−0.04	—	—	−0.05	0.09	—	−0.13	−0.15
	集一实	−0.03	—	—	−0.05	0.09	—	−0.15	−0.15
乍浦	单一实	−0.26	—	—	0.04	−0.11	—	−0.65	−0.46
	集一实	−0.25	—	—	0.03	−0.11	—	−0.68	−0.46
镇海	单一实	−0.37	—	—	−0.21	−0.32	—	−0.41	−0.61
	集一实	−0.37	—	—	−0.21	−0.31	—	−0.43	−0.61
定海	单一实	−0.31	—	—	−0.22	—	—	−0.12	—
	集一实	−0.31	—	—	−0.21	—	—	−0.17	—
健跳	单一实	−0.13	—	—	−0.03	0.12	—	−0.24	−0.16
	集一实	−0.14	—	—	−0.03	0.10	—	−0.26	−0.16
海门（浙江）	单一实	−0.12	—	—	0.13	0.21	—	−0.12	−0.17
	集一实	−0.12	—	—	0.13	0.19	—	−0.16	−0.17
温州	单一实	−0.22	—	—	−0.49	−0.10	—	−0.98	−0.48
	集一实	−0.20	—	—	−0.48	−0.12	—	−1.04	−0.48
瑞安	单一实	−0.01	—	—	−0.22	0.17	—	−0.19	−0.16
	集一实	0.00	—	—	−0.21	0.15	—	−0.19	−0.16
鳌江	单一实	0.01	—	—	−0.11	0.18	—	−2.11	−0.11
	集一实	0.01	—	—	−0.11	0.19	—	−2.12	−0.11
崇武	单一实	−0.25	—	—	−0.12	−0.01	—	0.04	−0.19
	集一实	−0.23	—	—	−0.11	−0.02	—	0.04	−0.19

表 4.25　东海 2014 年潮汐测站风暴潮最大综合水位集合化预报与单一预报平均绝对误差

(24h 预报时效,单位:m)

站名	误差计算方式	1408	1410	1411	1412	1416	1418	1419
芦潮港	单一实	0.42	0.23	0.03	−0.18	−0.11	−0.06	−0.52
	集一实	0.41	0.23	0.01	−0.18	−0.11	−0.06	−0.53
乍浦	单一实	—	—	−0.47	−0.70	−0.38	−0.38	−0.80
	集一实	—	—	−0.47	−0.69	−0.38	−0.39	−0.81
镇海	单一实	0.31	−0.02	−0.36	−0.61	−0.35	−0.26	−0.70
	集一实	0.25	−0.02	−0.36	−0.62	−0.35	−0.26	−0.71
定海	单一实	−0.06	0.16	−0.11	−0.58	−0.07	−0.25	−0.75
	集一实	−0.05	0.17	−0.12	−0.58	−0.05	−0.25	−0.75
健跳	单一实	0.02	0.08	−0.24	−0.51	0.47	−0.21	−0.54
	集一实	0.06	0.10	−0.25	−0.50	0.29	−0.21	−0.54
海门（浙江）	单一实	—	0.18	−0.21	−0.37	0.74	0.04	−0.38
	集一实	—	0.20	−0.23	−0.36	0.50	0.04	−0.38
温州	单一实	−0.42	−0.25	−0.57	−0.53	−0.32	−0.43	−0.80
	集一实	−0.42	−0.22	−0.58	−0.52	−0.45	−0.43	−0.80
瑞安	单一实	−0.32	−0.03	−0.22	−0.32	0.04	−0.17	−0.43
	集一实	−0.32	0.00	−0.23	−0.31	−0.05	−0.17	−0.42
鳌江	单一实	−0.36	−0.32	−0.28	−0.19	0.05	−0.13	−0.56
	集一实	−0.36	−0.32	−0.29	−0.19	0.05	−0.13	−0.56
崇武	单一实	0.20	0.16	−0.26	−0.21	−0.22	−0.18	−0.40
	集一实	0.20	0.13	−0.27	−0.20	−0.23	−0.18	−0.40

表 4.26　东海 2014 年潮汐测站风暴潮最大综合水位集合化预报与单一预报平均绝对误差

(48h 预报时效,单位:m)

站名	误差计算方式	1408	1410	1411	1412	1416	1418	1419
芦潮港	单一实	−0.02	0.23	−0.01	−0.18	−0.05	−0.27	−0.52
	集一实	0.03	0.23	−0.03	−0.18	−0.03	−0.27	−0.53
乍浦	单一实	—	—	−0.47	−0.70	−0.10	−0.65	−0.80
	集一实	—	—	−0.49	−0.69	−0.15	−0.65	−0.81
镇海	单一实	0.11	−0.11	−0.36	−0.61	−0.55	−0.62	−0.70
	集一实	0.05	−0.10	−0.39	−0.62	−0.46	−0.62	−0.71

续表

站名	误差计算方式	1408	1410	1411	1412	1416	1418	1419
定海	单一实	−0.27	0.06	−0.31	−0.58	−0.50	−0.51	−0.75
	集一实	−0.26	0.07	−0.32	−0.58	−0.47	−0.51	−0.75
健跳	单一实	−0.33	0.10	−0.35	−0.51	0.43	−0.38	−0.54
	集一实	−0.31	0.09	−0.37	−0.50	0.25	−0.39	−0.54
海门（浙江）	单一实	—	0.31	−0.22	−0.37	0.74	−0.24	−0.38
	集一实	—	0.31	−0.24	−0.36	0.50	−0.25	−0.38
温州	单一实	−0.37	−0.25	−0.47	−0.53	−0.32	−0.64	−0.80
	集一实	−0.35	−0.22	−0.48	−0.52	−0.45	−0.64	−0.80
瑞安	单一实	−0.27	−0.03	−0.33	−0.32	0.04	−0.35	−0.43
	集一实	−0.24	0.00	−0.35	−0.31	−0.05	−0.35	−0.42
鳌江	单一实	0.03	−0.16	−0.22	−0.19	0.22	−0.39	−0.56
	集一实	0.07	−0.15	−0.23	−0.19	0.19	−0.39	−0.56
崇武	单一实	0.13	0.16	−0.20	−0.21	−0.19	−0.31	−0.40
	集一实	0.13	0.13	−0.23	−0.20	−0.22	−0.32	−0.40

表 4.27 东海2014年潮汐测站风暴潮最大综合水位集合化预报与单一预报平均绝对误差
（72h预报时效，单位：m）

站名	误差计算方式	1408	1410	1411	1412	1416	1418	1419
芦潮港	单一实	0.05	0.20	−0.06	−0.18	−0.05	−0.19	−0.52
	集一实	0.06	0.20	−0.08	−0.18	−0.03	−0.19	−0.53
乍浦	单一实	—	—	−0.53	−0.70	−0.10	−0.43	−0.80
	集一实	—	—	−0.55	−0.69	−0.15	−0.43	−0.81
镇海	单一实	0.00	−0.09	−0.45	−0.61	−0.55	−0.62	−0.70
	集一实	−0.06	−0.10	−0.47	−0.62	−0.46	−0.62	−0.71
定海	单一实	−0.12	0.11	−0.30	−0.58	−0.50	−0.51	−0.75
	集一实	−0.12	0.11	−0.31	−0.58	−0.47	−0.51	−0.75
健跳	单一实	−0.23	0.11	−0.35	−0.51	0.43	−0.23	−0.54
	集一实	−0.24	0.11	−0.37	−0.50	0.25	−0.23	−0.54
海门（浙江）	单一实	—	0.31	−0.22	−0.37	0.74	−0.06	−0.38
	集一实	—	0.31	−0.24	−0.36	0.50	−0.06	−0.38
温州	单一实	−0.27	−0.23	−0.62	−0.53	−0.23	−0.58	−0.80
	集一实	−0.28	−0.22	−0.64	−0.52	−0.23	−0.58	−0.80

续表

站名	误差计算方式	1408	1410	1411	1412	1416	1418	1419
瑞安	单一实	−0.06	−0.03	−0.28	−0.32	0.07	−0.33	−0.43
	集一实	−0.06	0.00	−0.29	−0.31	0.07	−0.33	−0.42
鳌江	单一实	0.01	−0.16	−0.32	−0.19	0.62	−0.33	−0.56
	集一实	0.00	−0.15	−0.33	−0.19	0.47	−0.33	−0.56
崇武	单一实	0.12	0.16	−0.24	−0.21	−0.14	−0.59	−0.40
	集一实	0.11	0.13	−0.26	−0.20	−0.14	−0.59	−0.40

表 4.28 南海 2013 年潮汐测站风暴潮最大综合水位集合化预报与单一预报平均绝对误差
(24h 预报时效,单位:m)

站名	误差计算方式	1305	1306	1308	1309	1311	1319	1321	1325	1329	1330
海口	单一实	—	0.12	—	—	0.16	−0.14	−0.17	−0.16	−0.17	0.09
	集一实	—	0.12	—	—	0.19	−0.14	−0.17	−0.16	−0.13	0.09
清澜	单一实	—	−0.02	—	—	−0.52	−0.07	0.21	−0.10	−0.42	0.10
	集一实	—	−0.02	—	—	−0.51	−0.07	0.22	−0.08	−0.42	0.05
港北	单一实	—	−0.10	—	—	—	−0.16	−0.29	−0.86	−0.74	−0.55
	集一实	—	−0.10	—	—	—	−0.16	−0.31	−0.84	−0.73	−0.61
湛江港	单一实	—	−1.53	0.10	−0.25	−0.43	−0.09	0.42	0.21	−0.61	0.60
	集一实	—	−1.46	0.10	−0.26	−0.42	−0.09	0.48	0.24	−0.56	0.39
北津港	单一实	−0.33	−0.03	−0.05	−0.35	−0.01	−0.16	0.23	0.01	−0.98	0.32
	集一实	−0.33	−0.17	−0.05	−0.35	−0.47	−0.16	0.24	0.02	−0.91	0.18
灯笼山	单一实	−0.08	−0.12	0.07	−0.10	0.20	−0.30	0.11	0.00	0.04	0.23
	集一实	−0.07	−0.13	0.07	−0.10	0.18	−0.29	0.11	0.01	0.14	0.07
三灶	单一实	−0.26	−0.17	0.05	−0.26	−0.02	−0.34	0.08	−0.08	−0.04	0.10
	集一实	−0.25	−0.18	0.05	−0.26	−0.04	−0.33	0.07	−0.07	0.05	0.07
横门	单一实	−0.16	0.18	0.28	−0.06	0.43	−0.34	0.12	0.06	0.24	0.17
	集一实	−0.14	0.17	0.28	−0.07	0.37	−0.34	0.13	0.06	0.32	0.06
南沙	单一实	−0.13	−0.14	−0.02	−0.16	0.21	−0.35	0.17	0.05	−0.11	0.08
	集一实	−0.11	−0.14	−0.03	−0.16	0.18	−0.35	0.15	0.05	−0.01	−0.01
东溪口	单一实	−0.16	0.06	−0.37	−0.17	−0.25	−0.84	−0.02	0.04	0.44	0.08
	集一实	−0.17	0.06	−0.37	−0.17	−0.28	−0.98	−0.03	0.05	0.43	0.11
南渡	单一实	−0.78	−0.64	0.00	−0.23	−0.50	−0.03	0.47	0.26	−0.65	0.67
	集一实	−0.80	−0.46	0.00	−0.24	−0.47	−0.03	0.54	0.29	−0.61	0.47

表 4.29 南海 2013 年潮汐测站风暴潮最大综合水位集合化预报与单一预报平均绝对误差

(48h 预报时效,单位:m)

站名	误差计算方式	1305	1306	1308	1309	1311	1319	1321	1325	1329	1330
海口	单一实	—	0.19	—	—	−0.27	−0.18	−0.17	−0.16	0.04	0.06
	集一实	—	0.20	—	—	−0.25	−0.18	−0.17	−0.16	−0.02	0.06
清澜	单一实	—	−0.06	—	—	−0.40	−0.22	0.21	0.01	−0.08	0.10
	集一实	—	−0.06	—	—	−0.39	−0.22	0.22	−0.05	0.03	0.05
港北	单一实	—	−0.04	—	—	—	−0.28	−0.29	−0.80	−0.43	−0.55
	集一实	—	−0.04	—	—	—	−0.28	−0.31	−0.82	−0.33	−0.61
湛江港	单一实	—	−1.53	—	−0.40	−0.43	−0.28	0.29	0.55	0.67	0.60
	集一实	—	−1.46	—	−0.38	−0.42	−0.28	0.35	0.45	0.73	0.39
北津港	单一实	−0.29	−0.03	—	−0.47	−0.01	−0.42	0.09	0.04	0.46	0.20
	集一实	−0.28	−0.17	—	−0.45	−0.42	−0.42	0.10	0.02	0.50	0.06
灯笼山	单一实	−0.08	−0.12	—	−0.18	0.20	−0.39	0.06	0.00	0.55	−0.01
	集一实	−0.07	−0.13	—	−0.18	0.18	−0.40	0.06	0.01	0.47	−0.17
三灶	单一实	−0.26	−0.17	—	−0.26	−0.02	−0.34	0.04	−0.08	0.54	−0.06
	集一实	−0.25	−0.18	—	−0.25	0.04	−0.40	0.03	−0.07	0.46	−0.09
横门	单一实	−0.11	0.18	—	−0.27	0.43	−0.05	0.01	0.06	0.52	−0.08
	集一实	−0.11	0.17	—	−0.27	0.37	−0.07	0.02	0.06	0.45	−0.19
南沙	单一实	−0.06	−0.14	—	−0.33	0.19	0.00	0.05	0.05	0.46	−0.14
	集一实	−0.06	−0.14	—	−0.32	0.16	−0.13	0.03	0.05	0.41	−0.23
东溪口	单一实	−0.22	0.02	—	−0.17	−0.25	−0.84	−0.22	−0.24	0.39	−0.16
	集一实	−0.22	0.00	—	—	−0.17	−0.98	−0.23	−0.23	0.38	−0.13
南渡	单一实	−0.60	−0.54	—	−0.75	−0.50	−0.19	0.47	0.62	0.63	0.67
	集一实	−0.60	−0.46	—	−0.66	−0.47	−0.19	0.54	0.55	0.71	0.47

表 4.30 南海 2013 年潮汐测站风暴潮最大综合水位集合化预报与单一预报平均绝对误差

(72h 预报时效,单位:m)

站名	误差计算方式	1305	1306	1308	1309	1311	1319	1321	1325	1329	1330
海口	单一实	—	—	—	—	—	−0.18	−0.16	−0.16	−0.06	—
	集一实	—	—	—	—	—	−0.18	−0.17	−0.16	−0.12	—
清澜	单一实	—	—	—	—	—	−0.22	0.21	0.01	−0.17	—
	集一实	—	—	—	—	—	−0.22	0.22	−0.05	−0.08	—

续表

站名	误差计算方式	1305	1306	1308	1309	1311	1319	1321	1325	1329	1330
港北	单—实	—	—	—	—	—	−0.28	−0.29	−0.80	−0.61	—
	集—实	—	—	—	—	—	−0.28	−0.31	−0.82	−0.63	—
湛江港	单—实	—	—	—	—	—	−0.28	0.27	0.52	0.42	—
	集—实	—	—	—	—	—	−0.28	0.33	0.42	0.48	—
北津港	单—实	−0.25	—	—	—	—	−0.26	0.09	0.04	0.34	—
	集—实	−0.25	—	—	—	—	−0.19	0.10	0.02	0.38	—
灯笼山	单—实	−0.06	—	—	—	—	−0.30	0.06	0.06	0.39	—
	集—实	−0.06	—	—	—	—	−0.24	0.06	0.01	0.31	—
三灶	单—实	−0.17	—	—	—	—	−0.21	0.04	−0.08	0.44	—
	集—实	−0.17	—	—	—	—	−0.19	0.03	−0.07	0.36	—
横门	单—实	−0.09	—	—	—	—	−0.05	0.01	−0.01	0.37	—
	集—实	−0.10	—	—	—	—	−0.01	0.02	−0.01	0.30	—
南沙	单—实	−0.06	—	—	—	—	0.00	0.09	−0.06	0.31	—
	集—实	−0.06	—	—	—	—	−0.03	0.02	−0.06	0.26	—
东溪口	单—实	−0.25	—	—	—	—	−0.84	−0.22	−0.36	0.23	—
	集—实	−0.26	—	—	—	—	−0.98	−0.23	−0.35	0.22	—
南渡	单—实	−0.60	—	—	—	—	−0.19	0.44	0.57	0.29	—
	集—实	−0.60	—	—	—	—	−0.19	0.51	0.50	0.37	—

通过与实测资料比较的误差可以发现，整体上风暴潮最大综合水位的集合化预报精度要高于单一预报精度。表4.31为2013年和2014年东海和南海各潮汐测站的集合化预报精度相较于单一预报精度的总体提高水平。从表中可以看出，与实测资料相比，东海各潮汐测站的集合化预报精度平均提高1～14cm，南海各潮汐测站平均提高1～4cm。总体而言，基于集合化预报的风暴潮最大综合水位预报结果总体上要优于基于单一预报的预报结果。

表4.31 东海和南海潮汐测站集合化预报精度较单一预报精度的总体提高水平

（单位：m）

东海测站	2013			东海测站	2014			南海测站	2013		
	24h	48h	72h		24h	48h	72h		24h	48h	72h
芦潮港	0.03	0.02	−0.01	芦潮港	0.01	0.00	0.00	海口	0.01	0.01	−0.04
乍浦	0.09	0.03	0.00	乍浦	0.00	−0.02	−0.02	清澜	0.02	0.01	0.01
镇海	0.00	−0.01	−0.01	镇海	0.01	0.01	0.00	港北	−0.01	0.00	−0.02

续表

东海测站	2013 24h	2013 48h	2013 72h	东海测站	2014 24h	2014 48h	2014 72h	南海测站	2013 24h	2013 48h	2013 72h
定海	0.03	0.01	−0.02	定海	0.01	0.00	0.01	湛江港	0.04	0.04	−0.01
健跳	0.07	0.04	0.00	健跳	−0.01	0.03	0.04	北津港	−0.07	−0.07	0.01
海门（浙江）	0.14	0.08	−0.01	海门（浙江）	0.06	0.05	0.08	灯笼山	0.01	−0.01	0.04
温州	0.05	−0.06	−0.01	温州	−0.03	−0.02	−0.01	三灶	0.00	0.00	0.03
瑞安	0.01	0.01	0.01	瑞安	0.01	0.01	0.01	横门	0.02	0.01	0.01
鳌江	−0.01	−0.07	−0.01	鳌江	−0.01	−0.01	0.04	南沙	0.04	−0.10	0.03
崇武	0.01	0.02	0.01	崇武	0.01	0.01	0.01	东溪口	−0.03	0.02	−0.03
—	—	—	—	—	—	—	—	南渡	0.04	0.04	−0.03

4.4 小　　结

本章对风暴潮业务化和集合化预报成果分别进行了介绍。

业务化预报方面，在 2013～2014 年期间，使用传统的风暴增水预报模型进行了 18 场台风、累计 37 次风暴潮业务预报，涉及各级水文站点约 40 个，预见期分别为 24h、48h 和 72h。总体而言，预见期为 24h 的结果较为理想，预报合格率为 80% 左右，而 48h 和 72h 预报结果的表现相对较差，这与预报的台风路径偏差较大有直接关系。

在集合化预报方面，采用第 3 章建立的风暴潮集合化预报模式，对 2013～2014 年影响我国东南和南部沿海的风暴潮进行了集合化数值预报，对基于集合化的预报结果和基于单站的预报结果进行了比较分析，结果表明：

(1) 风暴潮综合水位的集合化预报精度总体上高于单一预报精度，其中东海各潮汐测站的集合化预报精度平均提高 1～9cm，南海各潮汐测站平均提高 1～5cm。基于集合平均的风暴潮综合水位预报结果优于基于单站台风资料的单一预报结果。

(2) 风暴潮最大综合水位的集合化预报精度总体上高于单一预报精度，其中东海各潮汐测站的集合化预报精度平均提高 1～14cm，南海各潮汐测站平均提高 1～4cm。基于集合平均的风暴潮最大综合水位预报结果优于基于单站台风资料的单一预报结果。

第5章 风暴潮和台风浪共同作用下海堤破坏机制

随着全球气候变暖,海平面上升,超过海堤防御标准的风暴潮和台风浪发生的频率和强度有所增加,对海堤安全以及沿岸生命财产的威胁日益增大。本章在对遭受超强台风"天兔"破坏的广东省饶平县和陆丰市碣石镇海堤进行现场调研的基础上,通过物理模型试验和数值仿真,研究波浪溢流的水动力特征;基于流体体积(volume of fluid,VOF)自由表面追踪技术及简化标记与单元(simplified marker and cell,SMAC)数值模拟技术,探讨在风暴潮和台风浪共同作用下海堤的破坏原因,从而为科学评估超标准风暴潮和台风浪条件下海堤的抵御能力提供科学依据和技术支撑。

5.1 海堤破坏现场调研

2013年,"天兔"在广东沿岸登陆,多个地区出现了超过海堤防御标准的风暴潮和台风浪现象,沿海地区的海堤遭受了不同程度的破坏,造成了巨大的经济损失。为了把握超标准条件下海堤破坏的动力机制,在"天兔"过境之后,以广东省饶平县及陆丰市碣石镇的土石海堤为例,对广东沿海海堤的破坏情况进行了调研。通过现场调查、资料收集以及对当地技术人员的采访,掌握了"天兔"引起的超标准风暴潮和台风浪对当地海堤(土石堤)的破坏过程,并由此分析了造成海堤破坏的主要原因。

5.1.1 "天兔"过境时饶平县海堤破坏过程

1. 饶平县海堤现状

饶平县位于广东省最东部,状如芭蕉叶,山地、丘陵、平原皆有。东部与福建省交界,南临南海,隔海与南澳县相望,全县总面积2227km^2。饶平县地处亚热带,雨量充沛,是洪涝、热带气旋、风暴潮等自然灾害频发的地区。饶平县春夏盛行东南风,秋冬盛行西北风。主导风向为东向和东南偏东向。4~8月以东风和东南风为主;9月~次年3月以北风和东北风为多。县内年平均风速为3.15m/s。6~9月常遭热带气旋袭击,最大风力11级,阵风12级以上。根据当地气象站的统计资料,影响饶平县风力6级以上的热带气旋每年有1~3次,热带气旋到来时伴有一次强降水过程。当地海堤除受热带气旋的影响,还会遭受暴雨与风暴潮的侵袭。

第5章　风暴潮和台风浪共同作用下海堤破坏机制

资料显示,饶平县海堤主要包括两大类:第一类是兴建于20世纪60~70年代的土堤,如图5.1所示的黄冈镇小红山段海堤。由镇级单位管理,县内大部分海堤属于这一类。第二类是1998年后重新修建的条石堤,如图5.2所示的东风埭海堤。第二类海堤的数量较少,由县级主管部门直接管理。

图5.1　小红山段海堤 　　　　　图5.2　东风埭海堤

图5.3(a)为黄冈镇小红山段海堤的结构断面图。其整体结构为土石堤型式,施工方法为:首先沿堤轴线两侧抛石,露出水面之后向中间填土。迎海面地基使用干砌块石,顶部用浆砌块石作为挡浪墙。背水一侧回填土,形成4m左右的堤顶道路和坡度较大的后坡。堤后原为盐碱地,现为水产养殖池。

图5.3(b)为东风埭海堤的结构断面图。东风埭海堤为条石堤结构,兴建于1998年,设计标准为30年一遇,保护着堤后2万多亩养殖池以及背后的县城平地。海堤迎浪面堤脚外放置堆石,堤脚由8层条石紧密垒成,消浪平台后侧以及防浪墙采用浆砌块石。防浪墙后为4m左右的堤顶道路以及坡度较大的后坡。目前后坡上植被茂盛,在减少越浪流对后坡冲刷方面起到一定作用。

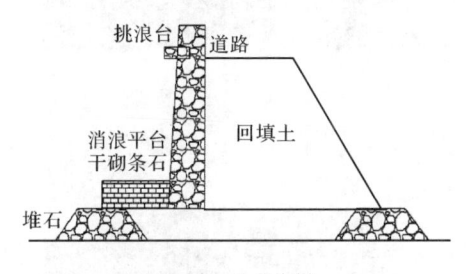

(a) 小红山段海堤 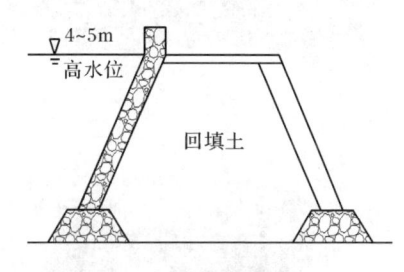　　　　　(b) 东风埭海堤

图5.3　饶平县海堤结构断面图

修建于20世纪60~70年代的土堤是当地群众为了围海造田,自发修筑的防潮工程。限于当时的历史背景和技术水平,工程原有设计及建设标准低,为10~20年一遇,堤身单薄,筑堤质量和稳定性差。加上饶平县是洪涝、热带气旋、风暴潮等自然灾害十分频繁的地区,海堤工程经常崩堤或漫顶。同时,由于现有小型

涵闸设计标准低,许多工程部位损坏严重,部分工程设施严重老化,启闭设施简陋,隐患增多,以至于大部分建筑物带病运行。加之常年失修,经过多年运行,防御风暴潮能力低,存在安全隐患,影响堤后社会经济发展和人民生命财产安全。

2. 饶平县海堤破坏情况

"天兔"于2013年9月22日19:40在广东省汕尾市沿海登陆,登陆时中心附近最大风力有14级(45m/s)。饶平县可感风力达到了13级。"天兔"登陆时恰逢农历八月十八的年度天文高潮,风暴潮与天文潮叠加,造成了自7208台风以来的最大潮位。

在此次台风中,长4km的小红山段海堤总共发生了4处大的缺口。根据资料其破坏进程大致为:风暴潮与天文高潮相遇,造成高潮位,接近土堤顶高程。由于堤脚与迎浪墙面交接处的浆砌块石存在裂缝,海水渗透到堤心土体。同时,受强风的影响,堤顶越浪流。在越浪流的持续作用下,受渗透的土体被冲刷侵蚀。当土体被侵蚀降到一定高度后,直接迎浪的防浪墙失去土体的支撑,无法承受海浪的冲击,层层塌落,直至削平堤体。崩溃决口后,受海水冲刷缺口不断增大。破坏情况及其修复工作如图5.4所示。

图5.4 小红山段海堤破坏及修复情况

而东风埭海堤由于防御标准较高,在本次台风过程中没有出现决口现象。特别是采用条石的消浪平台以及使用带挑浪功能的防浪墙,大大提高了海堤在高潮高浪海况下的防御能力。但是堤体仍然出现了一定的破坏,如消浪平台最上层的条石被掀起，防浪墙后侧被高高跃起的水体砸出深沟。具体破坏情况如图5.5所示。

图5.5 东风埭海堤破坏情况

5.1.2 "天兔"过境时陆丰市碣石镇海堤破坏过程

碣石镇海堤位于陆丰市。陆丰市地处广东省东南部碣石湾畔，1995年撤县建市（县级市），隶属汕尾市，北和陆河县、普宁市交界；东与惠来县接壤；西与海丰县和汕尾市城区为邻，南濒南海。海岸线长116.5km，海域面积1.256万km²。沿海有乌坎、甲子、碣石、湖东、金厢5个港口。陆丰市属南亚热带季风气候，海洋气候明显，气候温和，雨量充沛，汛期降雨较为集中。

陆丰市碣石镇，全镇总面积120km²，海岸线40.3km，其海堤全长16km。镇级分管的海堤绝大部分是20世纪60～70年代围海造田时建造的土堤。碣石镇海堤断面型式如图5.6所示。

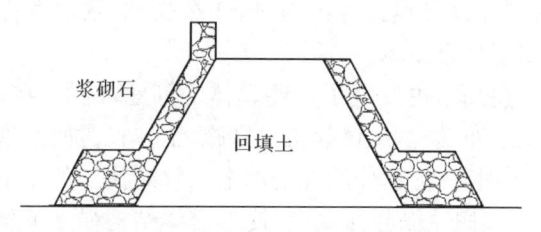

图5.6 陆丰市碣石镇海堤断面型式

"天兔"过境时,碣石镇海堤附近出现14级大风,最大浪高达到2.7m,远远超过了通常情况下1.0m左右的浪高。台风造成海堤多处出现缺口,最大的缺口达到50m。

碣石镇海堤的破坏情况如图5.7所示。根据收集到的资料,海堤主要破坏过程如下:当高潮位接近堤顶高程时,海水通过浆砌块石表面的缝隙进入土体。在波浪的作用下,土体承受着瞬时往返的压力与吸力。土体松动之后,迎浪面的防浪墙出现大的裂缝,土体被渐渐掏空。当堤心回填土大量流失后,海堤外部的浆砌块石崩坍,之后被波浪冲出决口。从其破坏过程可以发现,土体的掏空是造成海堤溃决的主要原因,因而对于这一类的海堤,防渗工作十分重要。

图5.7 碣石镇海堤破坏情况

5.1.3 超标准风暴潮和台风浪作用下海堤现场破坏特征

根据现场调研的结果,20世纪60~70年代建成的大部分土堤在这次台风中损坏比较严重。主要原因是设计标准偏低,年久失修,致使海堤抵抗不了超标准风暴潮的侵袭,遭受了严重损坏。

从海堤破坏的过程看,也发现了一些具体的问题,例如,在潮高、浪大的条件下,因为海堤缺乏土工布、防渗土体等防渗措施,土体长时间浸泡在与堤顶齐平的海水里变得松软。这时,一方面作用在前坡上的瞬时往复的波浪力将原本浆砌块石墙面上的缝隙扩大,掏蚀堤心回填土,使得堤体结构强度下降;另一方面,原本只能拍击到防浪墙的波浪,在高潮位的作用下,越上堤顶,形成冲刷堤顶及后坡的越浪流,从而造成堤体层层脱落,最终使没有土体支撑的防浪墙倾倒,海堤溃决。

由此可以看出,在抵抗超标准风暴潮的侵袭中,土堤前坡的防渗工作十分重要,而且应该对堤顶及后坡做一定的防护,如增加护面块体等。

东风埭条石堤在"天兔"中虽然遭受一定破坏,但是堤体完整,没有造成功能性破坏。从海堤结构来看,由条石垒成的消浪平台以及防浪墙上挑浪板的应用至关重要。消浪平台减小了冲击防浪墙波浪的能量,挑浪板则大大减少了越过堤顶的水体,防止了越浪流对堤顶以及后坡的冲刷。

总体而言,针对超标准风暴潮发生时出现的高潮高浪,海堤堤脚镇压层的稳定性及堤体的防渗性十分重要。除此之外,增加一定宽度的消浪平台以及堤顶挑浪结构,都能有效地减少波浪对防浪墙的冲击以及越浪流对堤顶及后坡的冲刷作用。

5.2 海堤破坏机制的水槽试验研究

研究海堤在超标准风暴潮和台风浪作用下的破坏机制,首先要把握在该条件下通过海堤的波浪、越浪和越浪流等影响海堤安全稳定的主要水动力参数的变化特性。在此基础上,结合海堤的结构型式和材料特性,进一步研究两者的相互作用以探明海堤的侵蚀破坏机制。

本节基于现场调研的成果,选用现场调研中实际海堤的典型断面型式及超标准水动力条件,针对斜坡式海堤的断面型式对海堤的波浪变形、越浪和越浪流特性进行试验研究。分析海堤在超标准风暴潮和台风浪作用下的越浪流形态,以及平均越浪量、堤顶越浪流水舌厚度的定量变化规律。在此基础上,对超标准水动力条件下斜坡式海堤的破坏过程进行试验研究,探讨超标准风暴潮和台风浪作用下海堤的破坏机制。

5.2.1 超标准风暴潮和台风浪作用下海堤的水动力特性

1. 试验概况及试验条件

试验选取广东省饶平县海堤加固工程中典型斜坡堤断面,试验海堤断面的设计标准为 30 年一遇,试验中选取的潮位波浪条件分别为 30 年一遇、50 年一遇、100 年一遇及 200 年一遇,均属于超标准的水动力条件。试验内容包括不规则波与规则波作用下的平均越浪量、规则波作用下的堤顶越浪流水舌厚度以及规则波作用下的越浪流形态,着重研究防浪墙高度对这些物理量的影响。

1) 仪器设备

物理模型试验在河海大学海工实验室的波浪水槽中进行(图 5.8)。水槽长 80m、宽 1m、高 1.5m。水槽一端安装有不规则造波机,可根据需要产生规则波和不规则波，并由计算机自动控制所需要模拟的波浪要素；另一端设置了波浪消波装置。

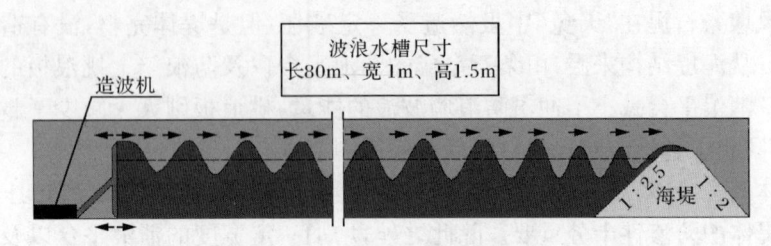

图 5.8 波浪水槽示意图

试验中用接水器测量平均越浪量。图 5.9 为越浪量测量方法示意图，其中接水板宽 10cm。计算单宽平均越浪量时，需要除以接水的时间以及导水槽的宽度。

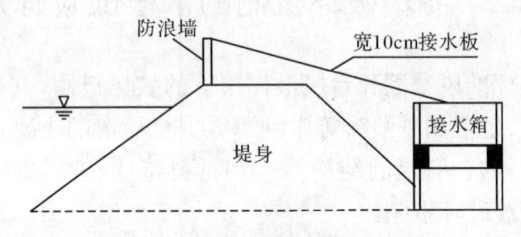

图 5.9 越浪量测量方法示意图

对越浪流的测试采用如图 5.10 所示的电容式波高仪，数据采集使用南京水利科学研究院生产的 DJ800 型波浪采集系统。试验中采样频率为 100Hz，采样时间为 60s。

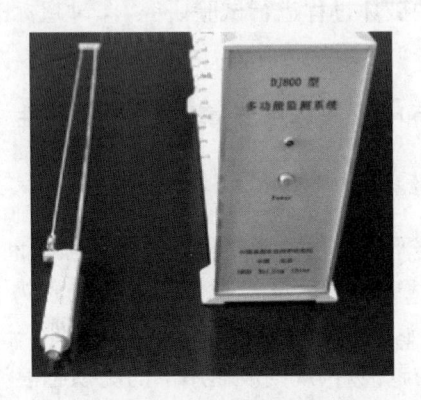

图 5.10 电容式波高仪

图 5.11 为进行越浪流测试时测点及浪高仪的位置示意图。在放置波高仪时，先在光滑木板上挖出与波高仪底部绝缘体相同尺寸的空隙，再将波高仪放入这

第5章 风暴潮和台风浪共同作用下海堤破坏机制

些空隙中,使得在波浪的冲击下波高仪不发生强烈的摆动,消除对数据采集的影响。

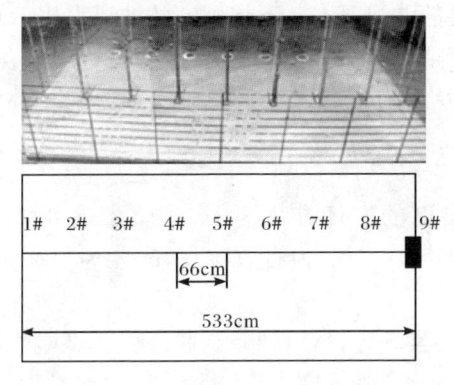

图5.11 测点及波高仪的位置示意图

此外,如图5.12所示,试验中还架设了一台摄像机,记录水流越过堤顶时的越流形态。一方面提供分析越浪流形态的影像数据;另一方面可以验证并分析波高仪记录的数据。

图5.12 摄像设备布置图

2) 试验方法

依据JTJ/T 234—2001《波浪模型试验规程》,考虑最高潮位值、波浪要素、试验断面及试验设备条件等因素,采用正态模型,并依照弗劳德(Froude)相似律设计。按1:15的模型几何比尺,各物理量的模型尺度分别如下。

几何比尺:
$$L_r = 15$$

时间比尺:
$$T_r = L_r^{1/2}$$

越浪量比尺:
$$Q_r = L_r^{2.5}$$

试验中采用规则波与不规则波进行。模型中的波高、波周期等物理量按重力相似准则确定,将换算后的各组试验波浪要素特征值输入计算机,由计算机自动迭代计算,产生所需要的波浪要素。不规则波的波谱采用 JONSWAP 谱。在校核条件下,不规则波连续造波个数不少于 1000 个。

JONSWAP 谱表达式为

$$S(f)=\alpha H_{1/3}^2 T^{-4} f^{-5} \exp\left[-1.25\left(\frac{f_0}{f}\right)^4\right] \gamma^{\exp[-(f/f_0)^2/(2\beta^2)]} \quad (5.1)$$

式中,γ 为控制谱峰尖度的谱峰升高因子,试验中取 3.3;β 为峰形参数;$T_0=1/f_0=2\pi/\sigma_0$ 为谱峰周期,s;$H_{1/3}$ 为有效波高,m;α 为与 γ 相关的经验系数;T 为周期;f 为频率。

试验先进行波浪要素率定,然后构建试验断面。试验时,先用小波作用,以使堤身密实,然后进行各项内容的试验。

测量数据时,为保证试验结果的可靠性,每组试验至少重复三次。对于规则波,每组波持续时间为 120s;对于不规则波,每组波的持续时间约为 300s。每组波结束后停机,待水面平静之后继续下一组试验,每组试验重复三次。越浪量测量采用接水箱称重,取三次结果的平均值。越浪流水舌厚度测量中也取三次测量的平均值作为最终结果。

3) 试验断面

采用广东省饶平县海堤修复加固工程中典型的斜坡堤断面作为试验断面,该海堤的设计标准为 30 年一遇。物理模型试验中前坡坡度 1∶2.5,后坡坡度 1∶2,堤顶宽度为 53.3cm(原型 8m),采用四种不同的堤前水深,为 34.9~41.7cm(原型 5.24~6.25m),直立式防浪墙采用三种不同的高度,为 3.3~10cm(原型 0.5~1.5m)。试验断面如图 5.13 所示。

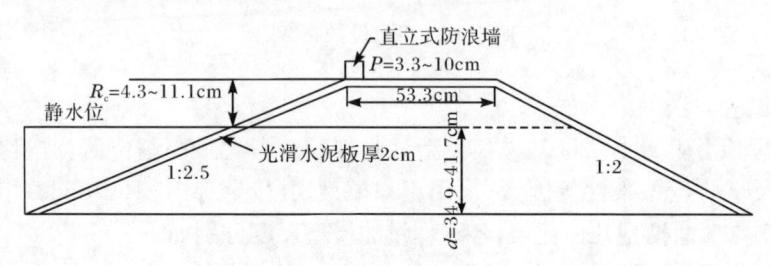

图 5.13 试验断面图

选取这种堤顶较宽的海堤断面作为研究对象,是为了延长越浪流在堤顶的运动过程,使得在前坡和堤顶交接点处发生射流后产生的紊动水体能够在流动中稳定下来,便于水舌厚度数据的分析。

4) 试验工况

试验选用广东省饶平县海堤修复加固工程中使用的不同重现期的潮位波浪

条件,其具体水位波浪要素值见表5.1。

表 5.1　各试验工况潮位及波浪条件

编号	工况	原型值 D/m	原型值 $H_{1/3}$/m	原型值 T_m/s	模型值 D/m	模型值 $H_{1/3}$/m	模型值 T_m/s
1	T30W30	5.24	1.608	4.581	0.349	0.107	1.18
2	T30W50	5.24	1.732	4.753	0.349	0.115	1.23
3	T30W100	5.24	1.939	5.029	0.349	0.129	1.30
4	T30W200	5.24	2.144	5.288	0.349	0.143	1.37
5	T50W30	5.44	1.608	4.581	0.363	0.107	1.18
6	T50W50	5.44	1.732	4.753	0.363	0.115	1.23
7	T50W100	5.44	1.939	5.029	0.363	0.129	1.30
8	T50W200	5.44	2.144	5.288	0.363	0.143	1.37
9	T100W30	5.84	1.608	4.581	0.389	0.107	1.18
10	T100W50	5.84	1.732	4.753	0.389	0.115	1.23
11	T100W100	5.84	1.939	5.029	0.389	0.129	1.30
12	T100W200	5.84	2.144	5.288	0.389	0.143	1.37
13	T200W30	6.25	1.608	4.581	0.417	0.107	1.18
14	T200W50	6.25	1.732	4.753	0.417	0.115	1.23
15	T200W100	6.25	1.939	5.029	0.417	0.129	1.30
16	T200W200	6.25	2.144	5.288	0.417	0.143	1.37

注:表中 T30W30 表示 30 年一遇潮位叠加 30 年一遇波浪条件,其他各工况以此类推;T_m 为平均周期。

关于越浪量试验,在不规则波条件下,仅进行模型防浪墙高度 $P=6.7$cm(原型 1m)工况下的试验,共计 16 组工况。规则波采用与不规则波相同的波浪要素,将有效波高 $H_{1/3}$ 视为规则波的波高,将平均周期 T_m 视为规则波的周期。在规则波条件下,分别对模型防浪墙高度 P 为 0cm、3.3cm、6.7cm、10cm(原型 0m、0.5m、1.0m、1.5m)的海堤断面进行越浪量试验,共计 64 组工况。

关于越浪流试验,采用规则波,水位波浪条件与越浪量试验相同。分别对原型防浪墙高度 P 为 0m、0.5m、1.0m、1.5m 的海堤断面进行越浪流试验,共计 64 组工况。

2. 斜坡式海堤越浪流形态及特性

本节选取不同的堤前水深、波高及防浪墙高度组合,考察了这三个主要影响因素对波浪在堤前破碎、堤顶越浪以及堤顶越流特性的影响。

1）波浪的影响

以下为50年一遇潮位、不同入射波浪条件下，堤前波浪变形、堤顶越浪流的试验结果。

图5.14为堤顶不设防浪墙的工况下，潮位为50年一遇，波高分别为30年一遇、50年一遇、100年一遇和200年一遇的条件下波浪打击海堤前坡时的试验结果。从图5.14中可以看出，不同波浪条件下产生的破碎形式均为卷破波。但是随着波浪条件从30年一遇增加到200年一遇，波浪卷破的位置不断向下移动，波浪涡旋的范围也不断减小，但是卷破波冲击前坡的锋面与前坡的夹角大致相同。从海堤的角度分析，随着波浪强度的增大，前坡受波浪直接打击的位置不断下移，但是其表面上受最大扬压力与最大冲击压力点之间的距离不断减小。

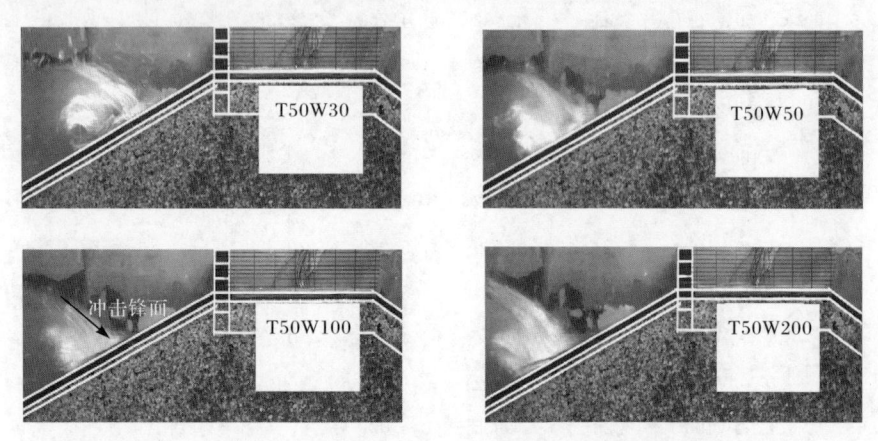

图5.14　不同波浪条件波浪冲击海堤前坡的试验结果（无防浪墙）

图5.15为堤顶防浪墙高度为$P=1.0$m的工况下，潮位为50年一遇，波高分别为30年一遇、50年一遇、100年一遇和200年一遇的条件下波浪打击海堤防浪墙后上升至最高点瞬间的试验结果。从试验结果可见，在30年一遇的波浪条件下，波浪撞击防浪墙后水体跃起的高度有限，并且水体下落的位置基本都在堤前，仅有零星的水体越过防浪墙顶。在50年一遇的波浪条件下，随着波能的增加，跃起水体的爬升高度增大。而且撞击产生的飞溅水花明显增多，越浪量也有所增加。在100年一遇的波浪条件下撞击防浪墙后跃起的水量明显增加，而且大部分下落的水体冲击防浪墙顶，越浪量明显增加。在200年一遇的波浪条件下，跃起的水体连续性较好。相较于其他三个较小的波浪条件，这里的水体在撞击防浪墙后仍然具有水平速度，下落后在堤顶的冲击面明显增大，越浪量也随之增加。

综上所述，随着波浪条件的增强，撞击防浪墙的水体能量增加，跃起的水量增大并且能达到更高的位置；水平方向上，水体具有更大的速度，使得下落水体的冲击点不断后移，从防浪墙前到墙顶，再到堤顶；与此同时，越过防浪墙水体的冲击面

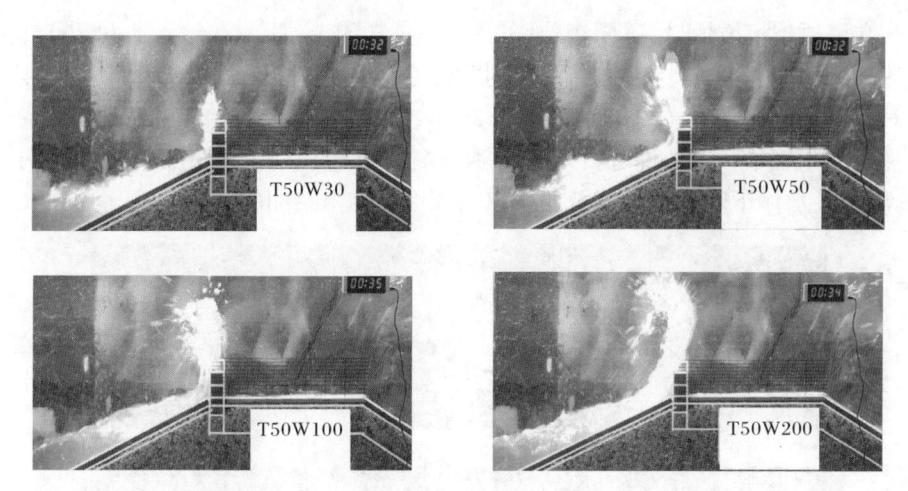

图 5.15　不同波浪条件波浪冲击海堤前坡的试验结果(防浪墙高度 $P=1.0$m)

也不断扩大。

2) 潮位的影响

试验表明,在相同的波浪条件下,不同的水深条件会改变波浪在堤前的破碎位置以及破碎形态。下面选取防浪墙高度 $P=1.0$m、100 年一遇波浪条件下的工况,说明堤前水深对越浪水体在堤前破碎及堤顶越流的影响。

图 5.16 为不同潮位(30 年一遇、50 年一遇、100 年一遇和 200 年一遇)条件下,波高为 100 年一遇的各种工况下,波浪在堤前破碎的试验结果。从图中可以看出,在相同的波高条件下,随着风暴潮位的增加,即堤前水深的增加,波浪发生卷破的位置向上推移,波浪对海堤冲击锋面与前坡的夹角不断减小,而且卷破过程中产生的浪花也随之减少。

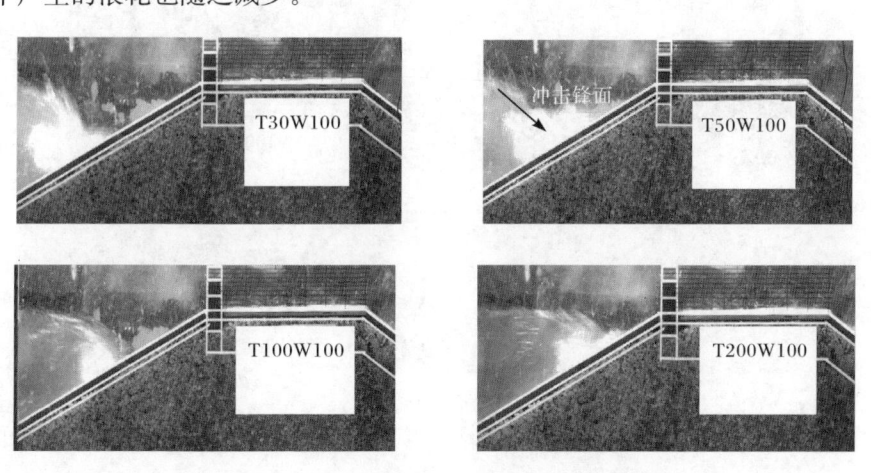

图 5.16　潮位对堤前波浪破碎影响试验结果

在堤顶越浪方面，以不同潮位(30年一遇、50年一遇、100年一遇和200年一遇)条件下，波高为100年一遇，海堤的防浪墙高度为1.0m的工况为例，研究了潮位对堤顶越浪的影响。图5.17～图5.20给出了潮位为30年一遇、50年一遇、100年一遇和200年一遇条件下，100年一遇波高的工况下，水体打击防浪墙后上升至最高点时、水体下降过程中以及冲击墙顶或堤顶各个瞬间的试验结果。

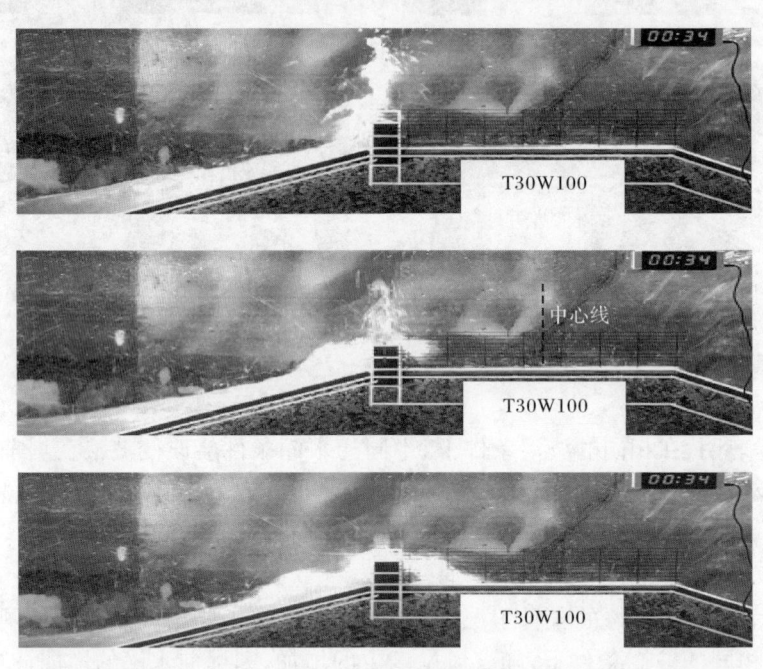

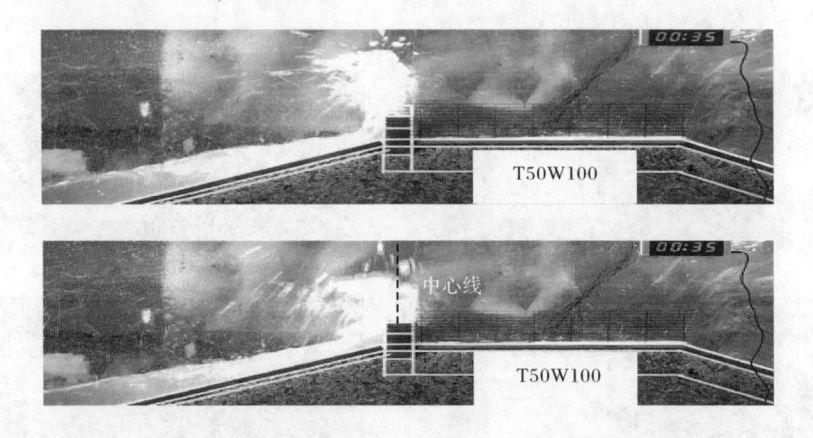

图5.17 T30W100工况下堤顶越浪各阶段的形态

第5章 风暴潮和台风浪共同作用下海堤破坏机制

图 5.18 T50W100 工况下堤顶越浪各阶段的形态

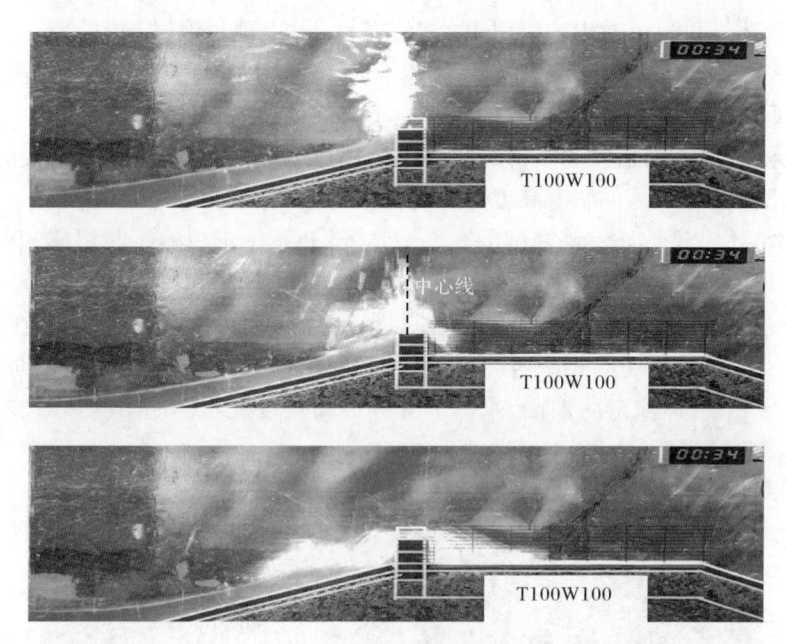

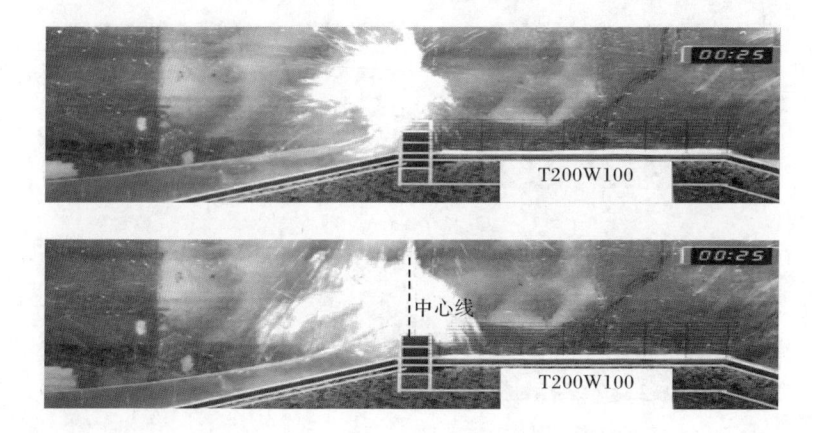

图 5.19 T100W100 工况下堤顶越浪各阶段的形态

图 5.20　T200W100 工况下堤顶越浪各阶段的形态

从上述结果可以看出，在相同的波浪条件下，堤顶越浪过程中的形态基本相同。首先，在受到防浪墙阻挡之后，水体上升轨迹基本是垂直的；随后，在受自重影响的垂直下落过程中，水体的中心线位于防浪墙位置；最后下落水体一分为二，一部分水体沿前坡回流，另一部分水体越过堤顶。但是，随着风暴潮水位的提高，波浪撞击防浪墙以后的爬升高度略有提高。

此外，本节选取防浪墙高度为 0.5m、1.0m 和 1.5m，考察了防浪墙相对较低、高度适中以及相对较高的三种情况下，海堤在不同潮位和浪高组合的水动力作用下波浪变形及堤顶越浪流的变化特性。图 5.21～图 5.23 分别给出了在潮位为 200 年一遇、波浪为 100 年一遇（T200W100）的水动力条件下，三种不同防浪墙高度的工况下，水体撞击防浪墙、水体上升到最高点以及水体冲击堤顶时刻的波浪变形的试验结果。

(a) $P=0.5m$

(b) $P=1.0m$

(c) $P=1.5m$

图 5.21　不同防浪墙高度下水体撞击防浪墙瞬间的波浪变形情况

第5章 风暴潮和台风浪共同作用下海堤破坏机制

(a) $P=0.5$m

(b) $P=1.0$m

(c) $P=1.5$m

图5.22 不同防浪墙高度下水体达到最高点瞬间的波浪变形情况

(a) $P=0.5$m

(b) $P=1.0$m

(c) $P=1.5$m

图 5.23　不同防浪墙高度下水体冲击堤顶瞬间的波浪变形情况

(1) 水体撞击防浪墙。图 5.21 给出了水体撞击防浪墙时的运动情况。从上述结果可以看出,随着防浪墙高度的增加,水体与墙体碰撞后的运动方向与水平方向的夹角不断增大,碰撞后水体的水平方向速度也不断减小。在防浪墙高度为 1.5m 的工况下,水体的运动轨迹近乎垂直于堤顶,意味着上升水体的水平方向上的速度随防浪墙高度的增加而减弱。

(2) 水体上升到最高点。图 5.22 给出了当水体上升到最高点时,不同防浪墙高度条件下波浪水体的运动状态试验结果。由于 $P=0.5$m 工况下跃起的水体具有较大的水平速度,因此当其达到最高点时,大部分水体已经越过了防浪墙的中心线,而且可以看到跃起水体的中间部分水平速度最大,水体呈现出">"的形态,后面将具体说明。在 $P=1.0$m 的工况下,只有不到一半的水体越过了防浪墙的中心线。水体呈裂开状,并且向两侧运动的水平速度相当。在 $P=1.5$m 工况下,跃起的水体基本都在中心线的左侧,并且只表现出垂直方向上的速度。当水体在自重作用下降落后,越过墙顶的水体将冲击堤顶,造成破坏。因此,冲击点与冲击覆盖面的确定对海堤安全非常重要。

(3) 水体冲击堤顶。图 5.23 给出了不同防浪墙高度下水体冲击堤顶的瞬间。从上述试验结果可以看出,防浪墙高度 $P=0.5$m 时,下落水体的冲击面较大,达到了堤顶中部。同时还有连续性水体越过墙顶,与下落水体一起形成越浪流。防浪墙高度 $P=1.0$m 时,下落水体的冲击范围较小,并且受防浪墙的作用,呈斜向下 45°方向作用于堤顶。

防浪墙高度 $P=1.5$m 时,越过墙顶的水量较少,而且大部分水体呈水花状飞溅下落。总体来说,堤顶增加防浪墙后,水体受墙体的阻挡,越浪量会大大减小,而且通过墙顶的水体水平速度也明显减小,降低了水体切应力的作用。但是越过墙顶的水体下落后会带有一定的垂向速度,冲击堤顶并造成破坏。

通过对影响海堤波浪变形、越浪流形态的三个控制因素的试验结果进行分析,可以看出:

(1) 随着波浪强度的增大,堤前波浪破碎位置下移,涡旋的范围减小,越顶水量增加,冲击位置后移,冲击面积增大。

(2) 随着堤前水深的增加,卷破波的破碎位置上移,冲击锋面与前坡的夹角减小,但是越浪过程中的形态基本相同。

(3) 随着防浪墙高度的增加,水体撞击防浪墙后上升运动的方向更偏向于垂直方向,其具有的水平速度也不断减小;达到最高点时,跃起水体的整体位置不断向防浪墙前移动;水体的下落冲击点也更靠近墙角处,并且冲击面积减小。

(4) 当堤顶防浪墙高度相对较低,而越浪量值又相对较大时,堤顶越浪流就会出现">"形越浪流,其双重冲击的作用会对堤顶造成较大的破坏,在海堤设计中应该予以重视。

3. 斜坡式海堤越浪量试验结果及分析

波浪传播到斜坡堤时,受斜坡堤底坡的影响,波浪坡面变陡,波峰质点速度增加,致使波浪发生破碎并沿斜坡爬升。当波浪的上爬高度超过堤顶时,即产生越浪现象,形成一定的越浪量。大量的海堤失事案例表明,在高潮高浪的海况下,越浪是造成海堤破坏的主要原因。

1) 现有平均越浪量计算公式的适用性分析

影响越浪量值的因素众多,主要包括波浪要素(波高、周期、波向)、海堤结构型式(堤顶超高、防浪墙型式、护面结构、平台高程及宽度等)、堤前地形及水位、风力等。在运用海堤平均越浪量公式进行海堤设计和安全性评估时,应特别注意公式的适用条件,以免盲目套用造成错误。因此,本节基于超标准风暴潮条件下得出的越浪量试验数据,对现有平均越浪量计算公式在超标准风暴潮和台风浪条件下的适用性进行初步分析。

(1) 无防浪墙斜坡堤。

如图 5.24 所示,针对无防浪墙的情况,将表 5.1 列出的 16 组工况下测得的平均越浪量值与采用海港水文规范公式、Owen 公式[67]、van der Meer 公式[68]、周益人提出的公式(以下简称周益人公式[69])和陈国平等提出的公式(以下简称陈国平公式[70])得出的平均越浪量计算结果进行了比较。其中,x 轴为堤顶相对超高 R_c/H_s,即堤顶超高与有效波高的比值,y 轴为平均越浪量 Q。

图 5.25 给出了不同潮位条件下由不同公式计算得出的平均越浪量计算结果。从图 5.24 和图 5.25 可见,Owen、van der Meer 以及陈国平的理论公式得到的平均越浪量值的大小及变化趋势基本一致,而海港水文规范公式的计算值在 $T=30s$、$50s$、$100s$ 工况下较上述公式得到的值略小,而当 $T=200s$ 时,海港水文规范公式得到的值在堤顶相对超高小于 0.4 时突然增大,与上述三个公式得到的值相当。周益人公式的计算值略小于其他四个计算公式的计算结果。

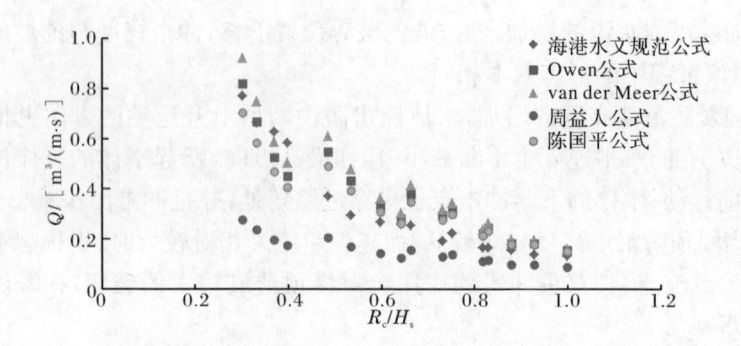

图 5.24　无防浪墙工况下平均越浪量计算公式比较

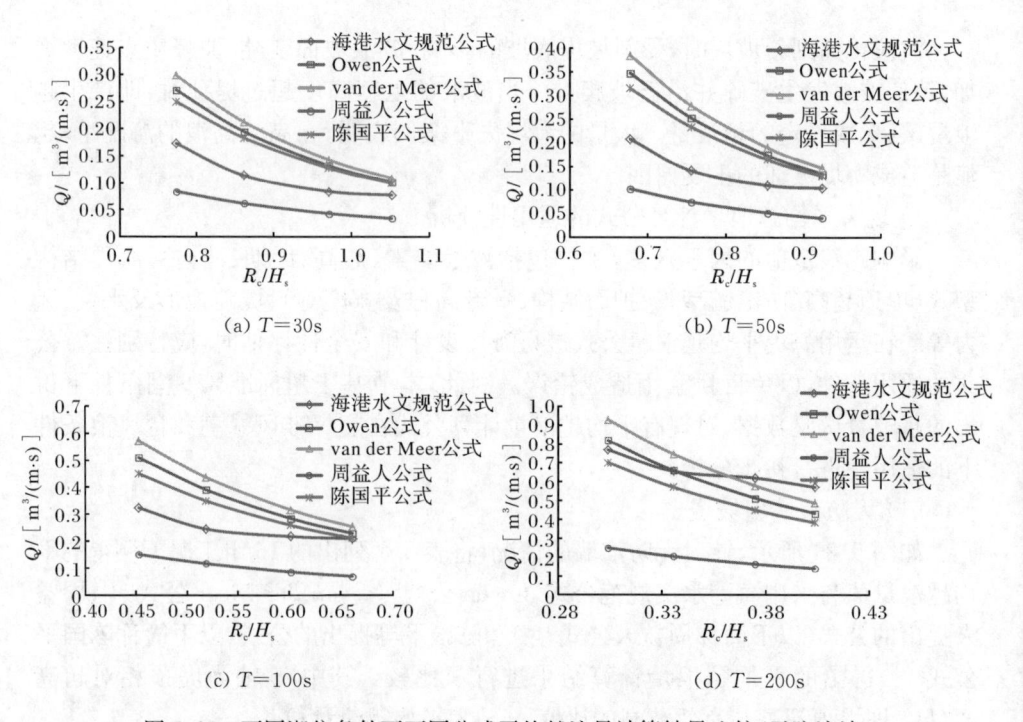

(a) $T=30s$
(b) $T=50s$
(c) $T=100s$
(d) $T=200s$

图 5.25　不同潮位条件下不同公式平均越浪量计算结果比较（无防浪墙）

(2) 带防浪墙斜坡堤。

针对防浪墙高度为 1.0m 的情况，图 5.26 给出了 16 组工况下测得的平均越浪量值与采用海港水文规范公式、van der Meer 公式、周益人公式和陈国平公式、贺朝敖公式得出的平均越浪量计算结果的比较。图 5.27 给出了不同潮位条件下不同公式计算得到的平均越浪量计算结果。

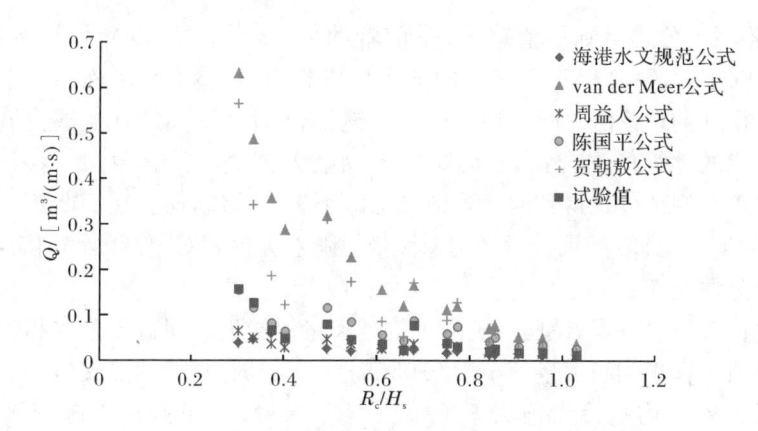

图 5.26　带防浪墙工况下平均越浪量计算公式比较

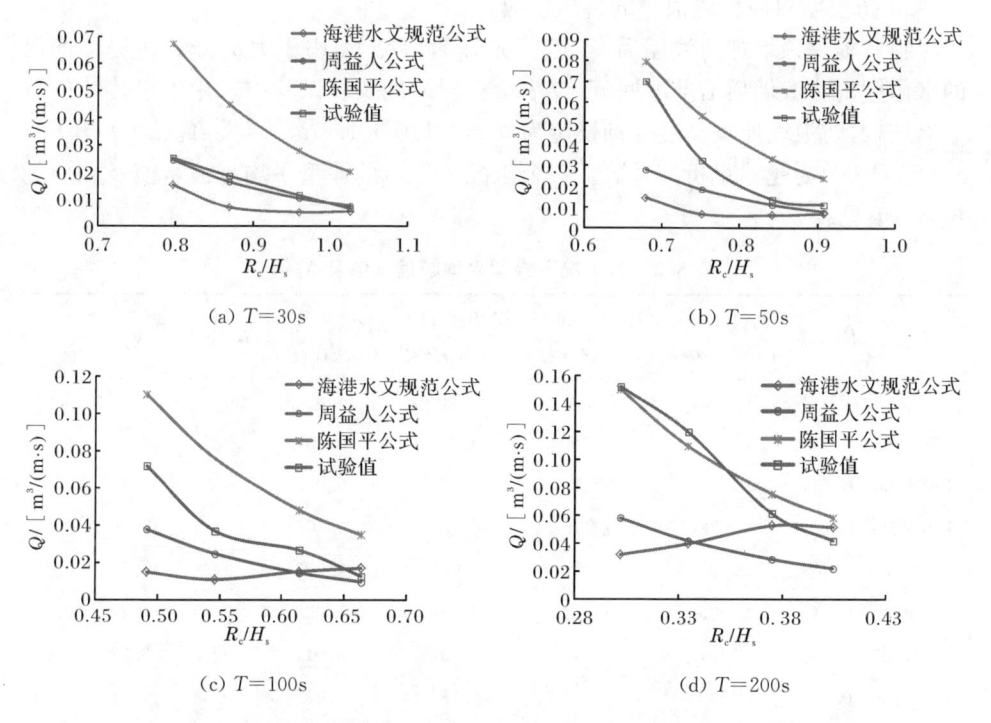

图 5.27　不同潮位条件下不同公式平均越浪量计算结果比较（带防浪墙）

由图 5.26 可见，van der Meer 公式得到的平均越浪量值大于其他公式以及试验值，这可能是由于欧洲海堤设置的防浪墙都较矮小并且海堤的安全控制标准较高。贺朝敖等[71]提出的理论公式得到的值在波高相对较小时接近于试验值，而当波高增大后，接近于 van der Meer 的计算值。由图 5.27 的 30 年一遇潮位（$T=30s$）条件下的公式比较可以看出，试验结果与周益人公式得到的平均越浪量值吻合良好,陈国平公式得到的值略大,是前者的2～3倍。从50年一遇潮位($T=$ 50s)和100年一遇潮位($T=$100s)的图中可以看出,试验值介于陈国平公式与周益人公式得到的理论值之间。在200年一遇潮位($T=$200s)图中,试验值与陈国平理论公式的计算值吻合良好,而略大于周益人公式的计算值,是后者的2～3倍。海港水文规范公式得到的计算结果总体小于试验值,而且在200年一遇潮位($T=$200s)时,其计算结果显示平均越浪量值随着堤顶相对超高的增加而增加,不太符合实际情况。

通过比较可以发现,试验得到的平均越浪量值接近于周益人公式和陈国平公式的计算值。在平均越浪量值小于0.05m³/(m·s)时,试验值更接近于周益人公式的结果。当平均越浪量值大于0.05m³/(m·s)时,更接近于陈国平公式的结果。

2) 防浪墙对海堤越浪量的折减效应

斜坡堤堤顶增加防浪墙后,在墙体完好的情况下,由于大部分到达堤顶前沿的水体撞击防浪墙后沿前坡回流,越浪量将明显减少。试验中采用了最传统的直立墙结构,防浪墙原型高度分别设定为0.5m、1.0m、1.5m。定义$K_p(x)=Q(P=x)/Q(P=0)$为越浪量折减系数。各个工况下对应的原型平均越浪量值及相应的$K_p(x)$值见表5.2。

表5.2 各工况下原型平均越浪量值及K_p值

工况	R_c/H_s	$Q(P=0)$ /[m³/(m·s)]	$Q(P=0.5)$ /[m³/(m·s)]	$Q(P=1.0)$ /[m³/(m·s)]	$Q(P=1.5)$ /[m³/(m·s)]	$K_p(0.5)$	$K_p(1.0)$	$K_p(1.5)$
T30W30	1.032	0.205	0.030	0.010	0.001	0.15	0.05	0.01
T30W50	0.958	0.287	0.108	0.039	0.007	0.38	0.14	0.02
T30W100	0.856	0.400	0.150	0.057	0.007	0.37	0.14	0.02
T30W200	0.774	0.458	0.231	0.127	0.106	0.50	0.28	0.23
T50W30	0.908	0.307	0.087	0.031	0.003	0.28	0.10	0.01
T50W50	0.843	0.375	0.162	0.081	0.023	0.43	0.22	0.06
T50W100	0.753	0.451	0.207	0.097	0.011	0.46	0.22	0.02
T50W200	0.681	0.582	0.319	0.181	0.022	0.55	0.31	0.04
T100W30	0.659	0.279	0.118	0.012	0.002	0.42	0.04	0.01
T100W50	0.612	0.418	0.236	0.124	0.030	0.56	0.30	0.07
T100W100	0.547	0.489	0.239	0.091	0.016	0.49	0.19	0.03
T100W200	0.494	0.720	0.398	0.240	0.091	0.55	0.33	0.13
T200W30	0.404	0.476	0.244	0.066	0.007	0.51	0.14	0.01
T200W50	0.375	0.530	0.281	0.109	0.015	0.53	0.21	0.03

续表

工况	R_c/H_s	$Q(P=0)$ /[m³/(m·s)]	$Q(P=0.5)$ /[m³/(m·s)]	$Q(P=1.0)$ /[m³/(m·s)]	$Q(P=1.5)$ /[m³/(m·s)]	$K_p(0.5)$	$K_p(1.0)$	$K_p(1.5)$
T200W100	0.335	0.584	0.353	0.151	0.036	0.60	0.26	0.06
T200W200	0.303	0.820	0.478	0.234	0.105	0.58	0.29	0.13

基于表5.2的测量结果，图5.28给出了试验得出的堤顶相对超高与越浪量折减系数的关系，图中以堤顶相对超高作为横坐标，越浪量折减系数K_p作为纵坐标。

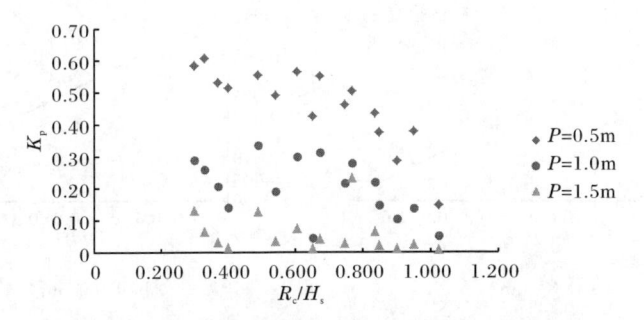

图5.28 堤顶相对超高与越浪量折减系数的关系

从图5.28可以看出，平均越浪量随着防浪墙高度的增加而减少。当防浪墙高度为0.5m时，平均越浪量值为无防浪墙情况下的30%~50%；当防浪墙高度为1.0m时，越浪量折减系数K_p降为0.1~0.3；当防浪墙高度为1.5m时，越浪量折减系数K_p基本小于0.1。可见，海堤防浪墙对控制越浪的发生是非常有效的。

3) 影响海堤越浪量的主要参数及越浪量公式

综合现有平均越浪量的计算公式，对于一般的斜坡堤，可以得到平均越浪量与主要影响因素之间的关系式如下：

$$Q = f(H_s, T, H_c, R_c, P, B, d, m, m_b, k_\Delta) \tag{5.2}$$

式中，H_s为堤前有效波高，m；T为波周期，s；H_c为防浪墙顶到静水面的距离，m；R_c为堤顶到静水面的距离，m；P为防浪墙高度，m；B为堤顶宽度，m；d为堤前静水深，m；m为海堤前坡坡度；m_b为堤前底坡坡度；k_Δ为糙渗系数。

试验中，$B=8$m，$m=2.5$、$m_b=0$、$k_\Delta=1$、$H_s/L=0.49$均为恒定值(L指波长)，且各工况下的波陡基本相同。为考察与防浪墙相关的参数对越浪量的影响，建立如下关系：

$$Q = f(H_s, H_c, R_c, P) \tag{5.3}$$

将H_s作为基本变量，由于$H_c=R_c+P$，三者之间存在一定的关系。因此，本节采用式(5.4)中的三个无因次关系式，重点研究堤顶超高、墙顶超高以及防浪墙高度对越浪量的影响。

$$\frac{Q}{\sqrt{gH_s^3}}=f\left(\frac{R_c}{H_s}\right), \quad \frac{Q}{\sqrt{gH_s^3}}=f\left(\frac{H_c}{H_s}\right), \quad \frac{Q}{\sqrt{gH_s^3}}=f\left(\frac{P}{H_s}\right) \quad (5.4)$$

式中,R_c/H_s 为堤顶相对超高;H_c/H_s 为墙顶相对超高;P/H_s 为防浪墙相对高度。

对于无防浪墙的斜坡堤,计算越浪量中的主要参数是堤顶相对超高 R_c/H_s。在堤顶设有不同高度防浪墙的情况下,堤顶相对超高与相对越浪量的关系如图5.29所示。

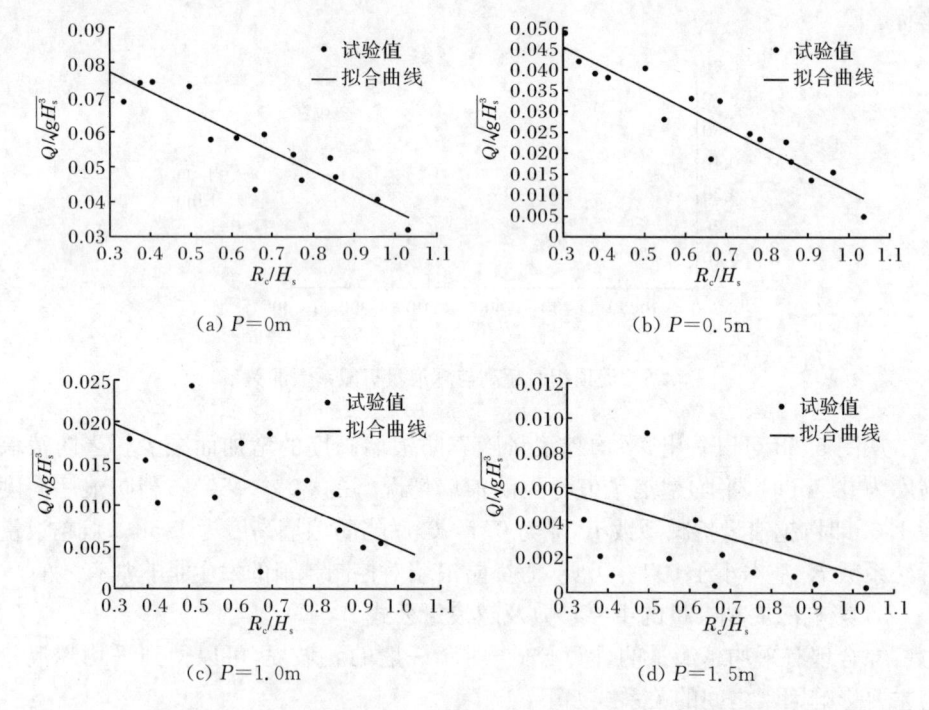

(a) $P=0$m

(b) $P=0.5$m

(c) $P=1.0$m

(d) $P=1.5$m

图 5.29 堤顶相对超高 R_c/H_s 与相对越浪量 $Q/\sqrt{gH_s^3}$ 的关系

从图5.29可以发现,对于防浪墙高度 $P=0$m 及 $P=0.5$m 的工况,堤顶相对超高与相对越浪量的线性关系良好,通过对试验数据的回归分析得到置信度为95%的拟合曲线如下。

当 $P=0$m 时,有

$$\frac{Q}{\sqrt{gH_s^3}}=-0.0574\frac{R_c}{H_s}+0.09491 \quad (5.5)$$

当 $P=0.5$m 时,有

$$\frac{Q}{\sqrt{gH_s^3}}=-0.04945\frac{R_c}{H_s}+0.06021 \quad (5.6)$$

第 5 章 风暴潮和台风浪共同作用下海堤破坏机制

对于防浪墙高度 $P=1.0\mathrm{m}$ 和 $P=1.5\mathrm{m}$ 的情况，由于波浪与防浪墙作用更加剧烈，堤顶相对超高与相对越浪量的关系规律性较差。所对应的经验关系式如下。

当 $P=1.0\mathrm{m}$ 时，有

$$\frac{Q}{\sqrt{gH_s^3}}=-0.02155\frac{R_c}{H_s}+0.02635 \tag{5.7}$$

当 $P=1.5\mathrm{m}$ 时，有

$$\frac{Q}{\sqrt{gH_s^3}}=-0.00657\frac{R_c}{H_s}+0.007683 \tag{5.8}$$

经过比较，可以发现随着防浪墙的增高，堤顶相对超高与相对越浪量的线性关系逐渐模糊，而且线性斜率不断增大。

通过对平均越浪量试验结果的拟合分析，建立了如图 5.30 所示的墙顶相对超高 H_c/H_s 与相对越浪量 $Q/(gH_s^3)^{0.5}$ 之间的关系。

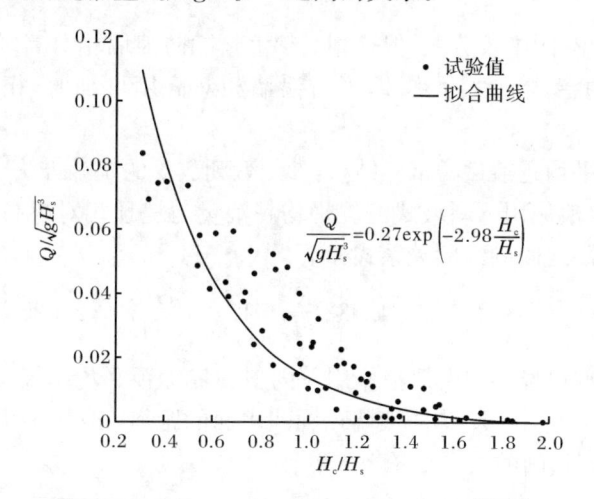

图 5.30 墙顶相对超高 H_c/H_s 与相对越浪量 $Q/\sqrt{gH_s^3}$ 之间的关系

采用置信度为 95% 拟合得到的曲线表达式为

$$\frac{Q}{\sqrt{gH_s^3}}=0.27\exp\left(-2.98\frac{H_c}{H_s}\right) \tag{5.9}$$

可见，在仅考虑墙顶相对超高对越浪量的影响时，墙顶相对超高与相对越浪量之间具有明显的指数关系。

将试验中防浪墙高度 $P>0\mathrm{m}$ 工况下的所有试验数据进行处理，得到了防浪墙相对高度与相对越浪量的关系，如图 5.31 所示，并得到了以下指数拟合公式：

$$\frac{Q}{\sqrt{gH_s^3}}=0.076\exp\left(-3.62\frac{P}{H_s}\right) \tag{5.10}$$

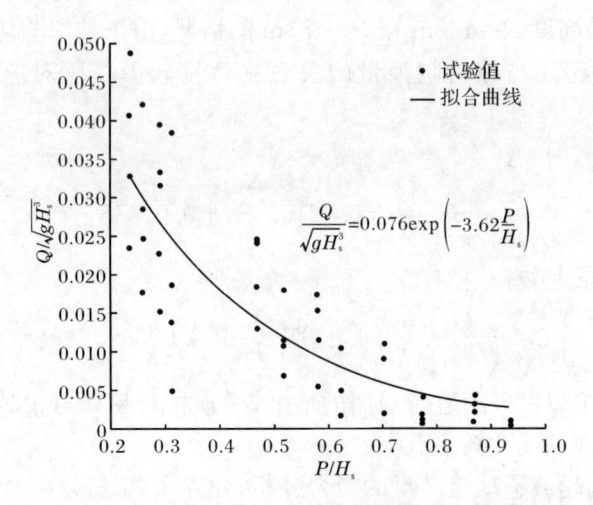

图 5.31 防浪墙相对高度 P/H_s 与相对越浪量 $Q/\sqrt{gH_s^3}$ 之间的关系

虽然试验值在图中较分散,但是相对越浪量随防浪墙相对高度的变化总体趋势与拟合得到的指数曲线一致,即当防浪墙相对高度增加时,相对越浪量随之减少。

最后,基于平均越浪量的试验结果,参照贺朝敖等的统计方法[71],建立了超标准风暴潮和台风浪作用下斜坡式海堤平均越浪量与堤顶相对超高 R_c/H_s 与墙顶相对超高 H_c/H_s 之间的经验关系式如下:

$$\frac{Q}{\sqrt{gH_s^3}} = 0.0286\exp\left(4.082\frac{R_c}{H_s} - 1.499\frac{H_c R_c}{H_s^2} - 2.025\frac{H_c}{H_s}\right) \quad (5.11)$$

式中,Q 为超标准风暴潮和台风浪作用下的斜坡堤堤顶平均越浪量,m³/(m·s);H_s 为堤前有效波高,m;H_c 为防浪墙顶到静水面的距离,m;R_c 为堤顶到静水面的距离,m。各物理量间的关系如图 5.32 所示。

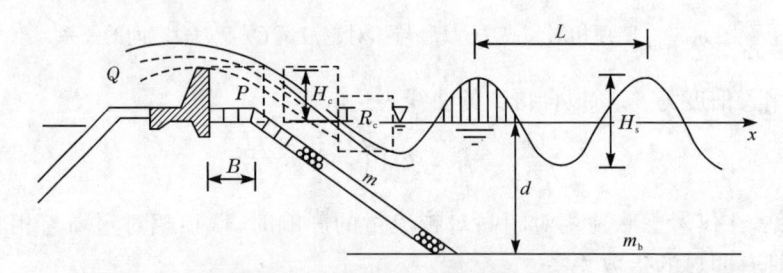

图 5.32 各物理量之间关系的示意图

图 5.33 给出了由该经验公式得出的平均越浪量计算值与试验值的比较。由图可见,该经验公式计算值与试验结果总体吻合良好,但也存在部分数据离散的现象。$P=0m$ 的各工况下,公式计算值与试验值的平均误差是 22%;$P=0.5m$

时,平均误差为39%;$P=1.0$m时,平均误差为60%;$P=1.5$m时,平均误差为250%。误差随防浪墙高度的增加而增大的原因主要是当防浪墙高度增加时,波浪与防浪墙的作用不断加强,产生复杂的水体变形与破碎,使得越浪量的离散性不断增加。而且防浪墙越高,越浪量越小,产生的误差也就相对较大。

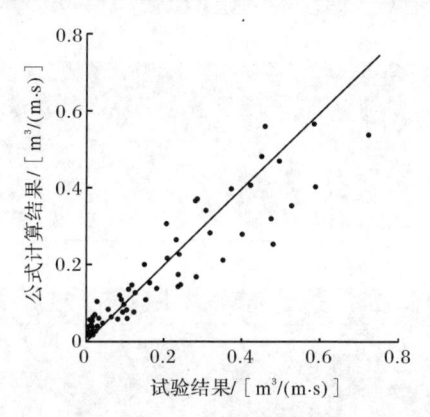

图5.33 拟合公式的平均越浪量计算值与试验值的比较

4. 斜坡式海堤越浪流试验结果及分析

在超标准风暴潮和台风浪的条件下,由于风暴潮引起的水位抬高,加上台风过境时产生的大浪,通常会造成海堤的越浪现象。海堤越浪会在堤顶及后坡形成连续的水流,即越浪流。研究表明,堤顶越浪流是引起海堤侵蚀、淘刷,乃至破坏的主要因素之一。因此,本节基于无防浪墙斜坡式海堤的越浪流试验结果,探讨越浪流沿堤顶及后坡的变化特性,并初步建立越浪流水舌厚度沿程变化的定量分析公式。

1) 堤顶越浪流沿程变化特性

图5.34给出了30年一遇潮位、50年一遇波浪叠加(T30W50)的条件下得出的不同时刻越浪流沿堤顶及后坡传播过程的试验结果。图5.35对应于200年一遇潮位、200年一遇波浪叠加(T200W200)条件下的试验结果。

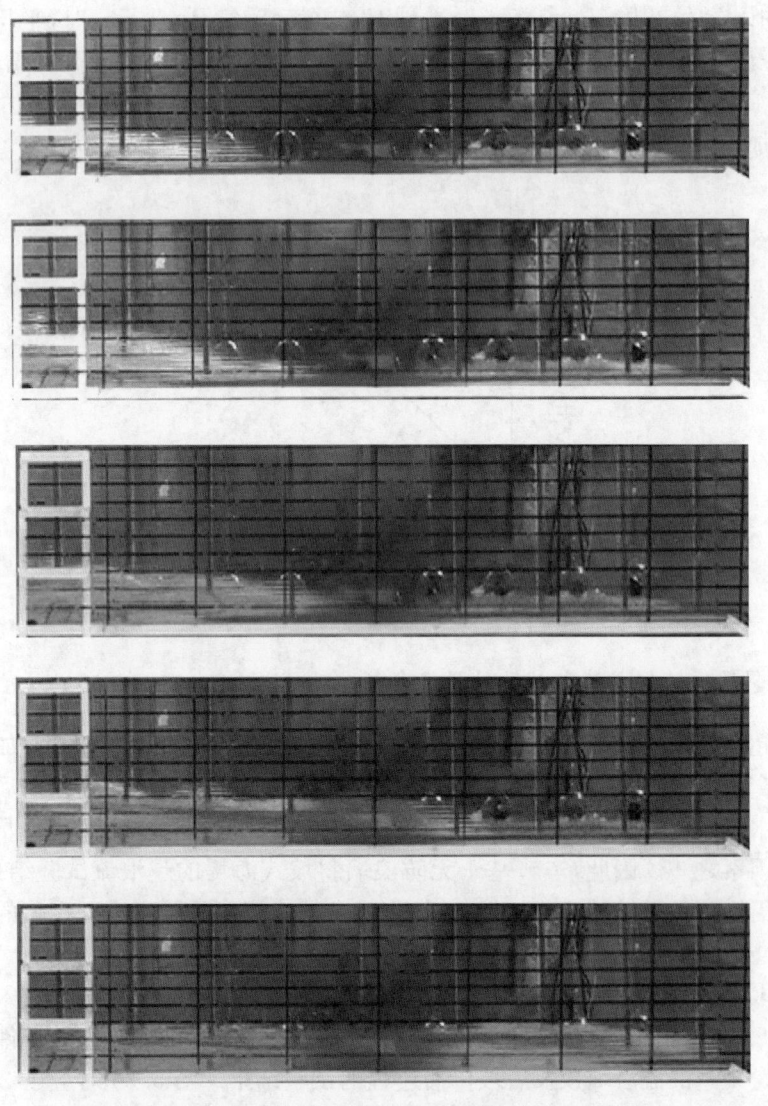

图 5.34　堤顶越浪流沿程变化过程试验结果(T30W50)

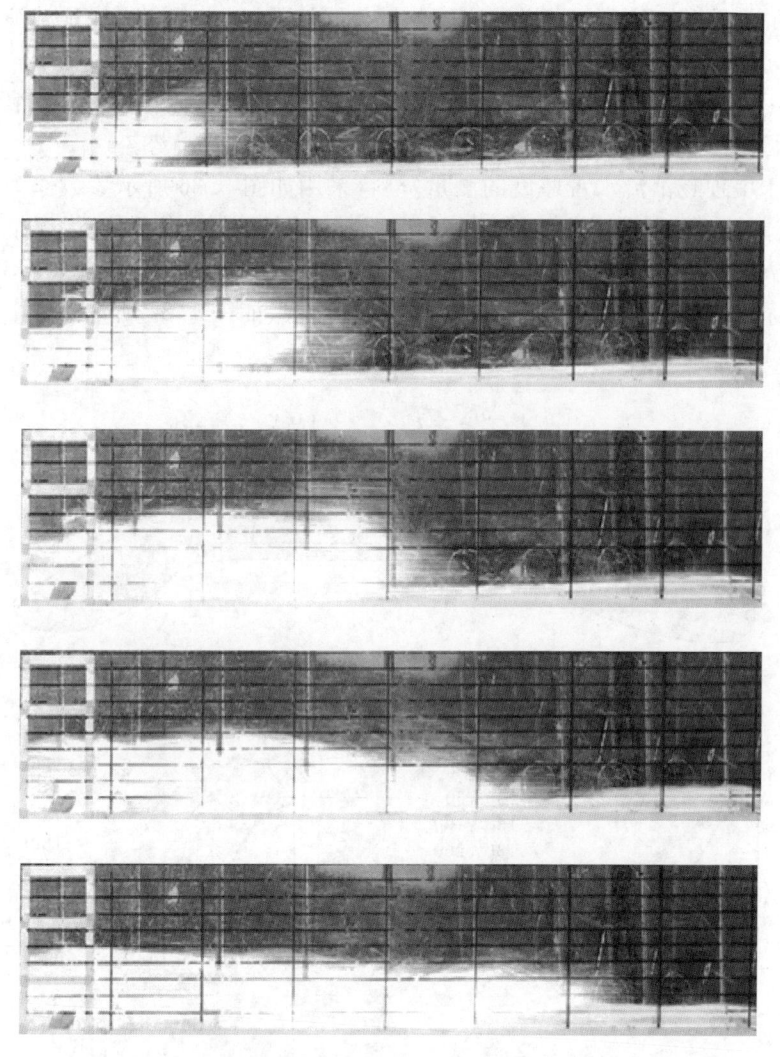

图 5.35　堤顶越浪流沿程变化过程试验结果(T200W200)

从试验结果可见,在 30 年一遇潮位和 50 年一遇波浪组合(T30W50)的试验条件下,由于堤顶相对较大,波浪卷破位置较低,水体沿前坡上爬后,在前坡和堤顶的交接处并未发生明显的射流现象,水体前部水花较少,水体经过堤顶时较平稳。在 200 年一遇潮位和 200 年一遇波浪组合(T200W200)的条件下,波浪卷破位置更靠近堤顶,拍击前坡后形成的反弹水流在堤顶与前坡交接处出现明显的射流现象,水舌的前部也充满了水花,射流冲击堤顶后,开始平稳下来,继而流向后坡。

2) 堤顶越浪流水舌厚度的沿程变化

堤顶越浪流水舌厚度和越浪流流速是描述堤顶越浪流特性的两个重要指标,

与海堤的侵蚀和淘刷密切相关。由于测量仪器的限制,本节测得堤顶越浪流的流速变化,仅对越浪流水舌厚度的沿程变化特性做了初步探索。

采用设置于堤顶不同位置的浪高仪对不同潮位和波浪组合下的越浪流水舌厚度进行了测量,并初步分析了堤顶水舌厚度的沿程变化趋势。

基于堤顶越浪流水舌厚度的测量资料,采用如图 5.36 所示参数作为描述堤顶越浪流的参数,选取无量纲参数 x_c/L_0(L_0 为波长)描述堤顶位置,无量纲参数 $h_c(x_c)/h_c(x_c=0)$ 作为相对水舌厚度,并按不同重现期潮位进行分类,得出了不同水动力条件下堤顶相对水舌厚度的沿程变化曲线,如图 5.37 所示。其中不同线型的曲线代表不同重现期的波浪条件。

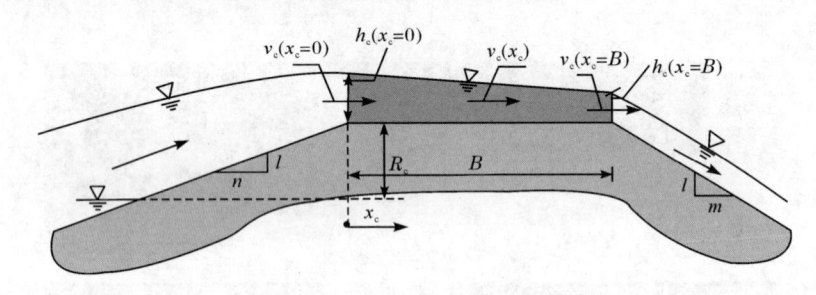

图 5.36 堤顶越浪流参数示意图

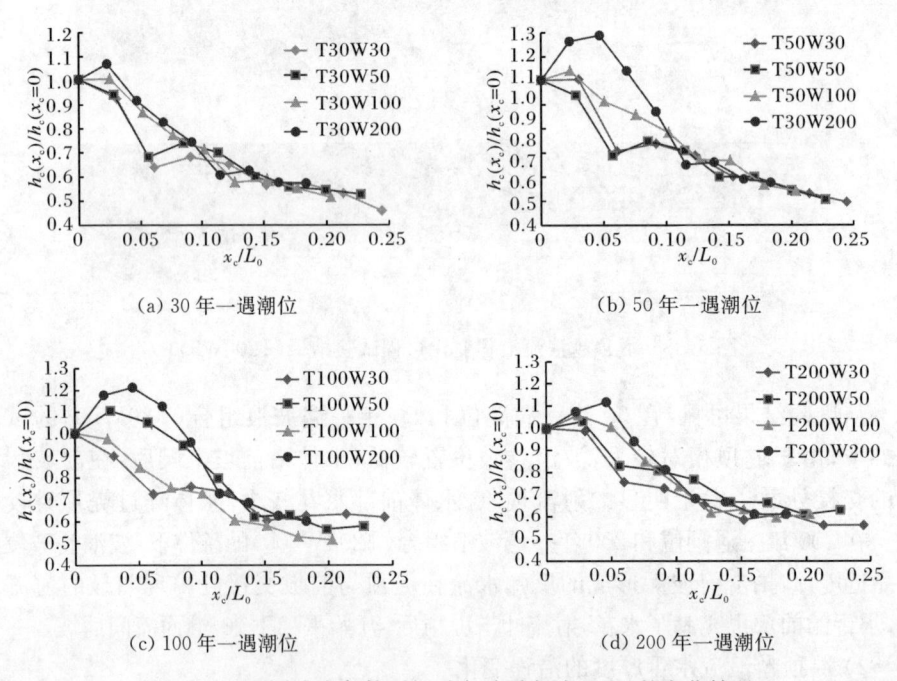

(a) 30 年一遇潮位

(b) 50 年一遇潮位

(c) 100 年一遇潮位

(d) 200 年一遇潮位

图 5.37 不同波浪条件下相对水舌厚度随 x_c/L_0 的变化情况

由图可见，受堤顶与前坡交接点转折处水流紊动的影响，堤顶前部的水舌厚度变化趋势存在一定波动。在堤顶中后部水舌趋于稳定，不同波高的条件下水舌厚度具有一定的规律性。

对试验数据进行回归分析，得到越浪流相对水舌厚度沿程变化的经验公式如下：

$$\frac{h_c(x_c)}{h_c(x_c=0)}=0.89\left[\exp\left(-2.52\frac{x_c}{L_0}\right)\right] \tag{5.12}$$

式中，$h_c(x_c)/h_c(x_c=0)$ 为相对水舌厚度；x_c/L_0 为堤顶位置无因次参数；L_0 为波长，m。

5.2.2 超标准风暴潮和台风浪作用下海堤的破坏特性

为了探明超标准风暴潮和台风浪作用下海堤的破坏机理，选取饶平县海堤修复加固工程典型断面及结构型式，对不同超标准潮位和波浪组合条件下斜坡式土堤的破坏特性进行了试验研究，并对海堤在超过其设计标准的水动力条件下的破坏机理进行了初步分析。

1. 试验概况及试验条件

试验选取广东省饶平县海堤修复加固工程中典型的斜坡式土堤断面，试验海堤断面的设计标准为30年一遇，而试验中选取的潮位波浪条件分别为30年一遇、50年一遇、100年一遇及200年一遇，均属于超标准的水动力条件。试验主要内容是记录和观察不同潮位和波高组合下，海堤的破坏过程，进而分析超标准台风浪条件下海堤的破坏机制。

依据JTJ/T 234—2001《波浪模型试验规程》，考虑最高潮位值、波浪要素、试验断面及试验设备条件等因素，采用正态模型，并按照弗劳德相似律设计。模型比例为1∶15。

海堤的试验断面如图5.38所示。试验用材料包括普通黄细沙、1200目高岭土、堤心石、土工织物、水泥盖板等。为使模型土堤接近实际土堤的情况，模型土堤采用黄沙、高岭土和水按5∶1∶0.4的比例配置的混合砂制作。

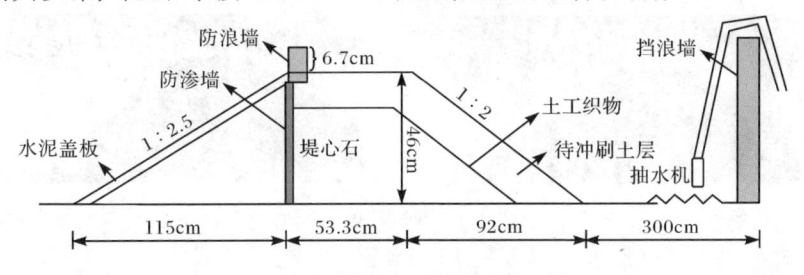

图5.38 斜坡式土堤试验断面图

试验采用不规则波进行。模型中的波高、波周期等物理量按重力相似准则确定,将换算后的各组试验波浪要素特征值输入计算机,由计算机自动迭代计算,产生所需要的波浪要素。不规则波的波谱采用 JONSWAP 谱。

试验先进行波浪要素率定,然后构建试验断面,待土堤固结密实一段时间以后,再进行不同潮位和波高组合下土堤的破坏试验。为保证试验结果的可靠性,每组试验重复进行 2~3 次。

试验分别对无防浪墙和带防浪墙的斜坡式海堤在不同的超标准潮位和波高组合下的破坏过程进行观察和记录,并对其破坏特点进行了分析,见表 5.3。

表 5.3 斜坡式土堤破坏试验条件

海堤类型	试验工况	潮位/cm	有效波高/cm	平均周期/s	重复试验次数
无防浪墙	T50W50	36.3	11.5	1.23	3
	T50W100	36.3	12.9	1.30	3
	T100W50	38.9	11.5	1.23	3
	T100W100	38.9	12.9	1.30	2
带防浪墙	T100W50	38.9	11.5	1.23	4

注:表中 T50W100 代表 50 年一遇潮位叠加 100 年一遇波浪,其他工况以此类推。

2. 斜坡式土堤的破坏过程及其特性

1) 无防浪墙斜坡式土堤的破坏特点

图 5.39 为不同潮位和波浪组合(T50W50、T50W100、T100W50 和 T100W100)条件下,不带防浪墙的斜坡式土堤越浪流以及土堤破坏情况的断面试验结果。

(a) T50W50

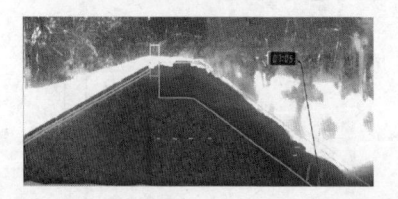

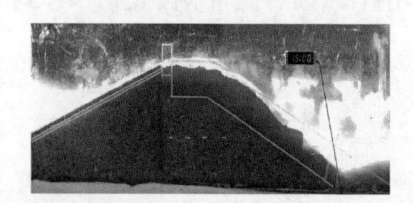

(b) T50W100

第5章 风暴潮和台风浪共同作用下海堤破坏机制 · 111 ·

(c) T100W50

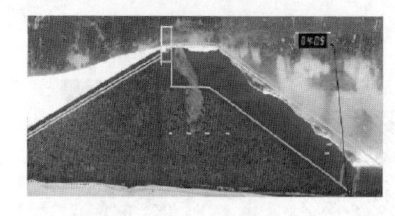

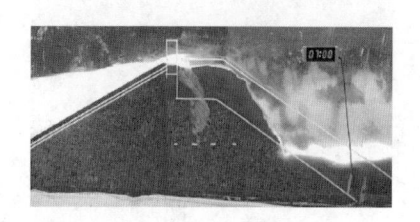

(d) T100W100

图 5.39 土堤破坏试验结果（断面、无防浪墙）

图 5.40 为 T50W50、T50W100、T100W50 和 T100W100 工况下，斜坡式土堤在波浪作用 300s 时土堤坡面破坏情况的试验结果。从试验结果可以看出，在 50 年一遇潮位和 50 年一遇波浪（T50W50）组合的条件下，由于海堤的越浪量较小，波浪的能量在爬升过程中损失明显，多以较薄的层流水舌越过堤顶，因此海堤堤顶及后坡土体的冲刷速度相对较慢。波浪作用 800s 后，后坡及堤顶依然保持较厚的土层。从土层的破坏形式来看，破坏最明显的区域集中在后坡中下部，以及越过堤顶的波浪下落后的冲击点处，堤顶破坏多以在波浪作用下逐步形成冲刷沟槽的形式发生。在海堤堤顶，除了末端出现了一定程度的削角外，几乎未发生明显的破坏。

在 50 年一遇潮位和 100 年一遇波浪（T50W100）组合的条件下，由于入射波高的增大，波浪在堤前发生卷破和崩破的概率明显增加，堤顶越浪流水舌厚度及其速度均有明显的加大，堤顶越浪量和海堤土体的冲刷速度明显大于 T50W50 工况的结果。波浪作用 400s 后海堤土层保持相对完好，但当波浪作用 800s 后海堤堤角处的土体基本冲刷殆尽。此外，在波浪冲击堤身的区域形成较显著的地形改

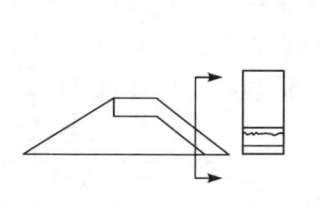

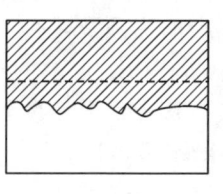

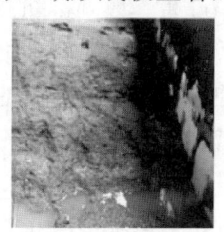

(a) T50W50

(b) T50W100

(c) T100W50

(d) T100W100

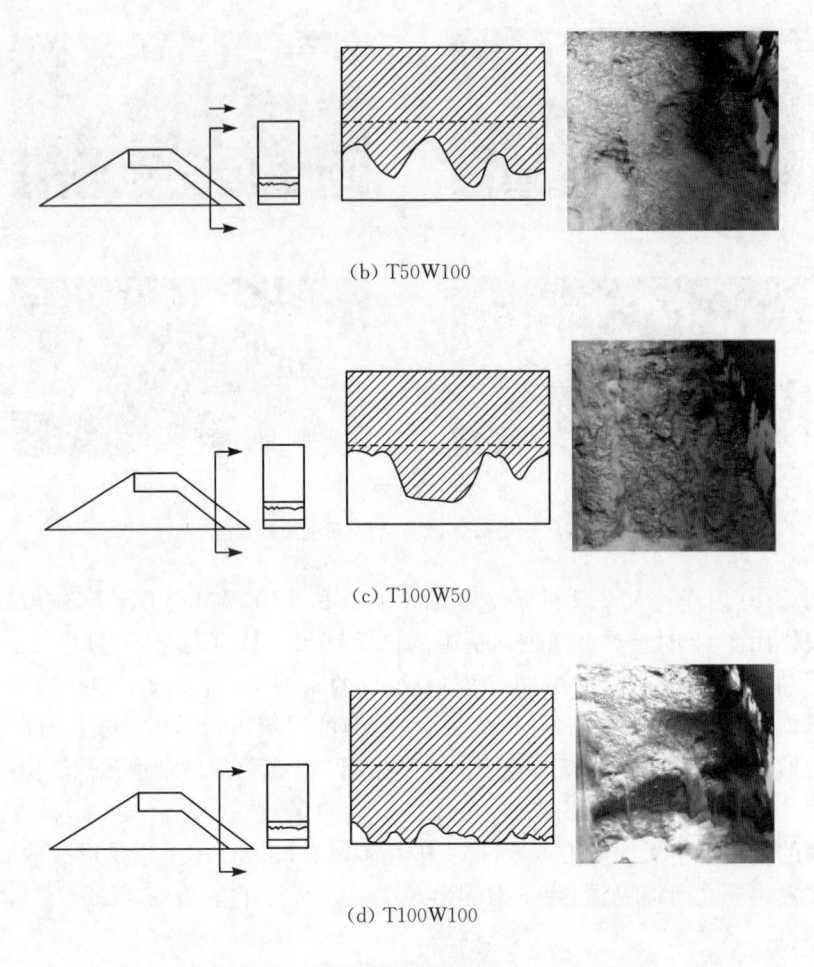

图 5.40　土堤破坏试验结果（坡面、无防浪墙）

变。从堤身土层的破坏形式来看，通常在波浪冲击点形成凹槽后，在形成的凹槽内越浪水体集中涌入，最终很快造成在其附近形成 2～3 个较深的冲刷槽，致使海堤发生破坏。

　　在 100 年一遇潮位和 50 年一遇波浪（T100W50）组合的条件下，海堤越浪量较 T50W100 的条件下略有增加，堤顶及坡面土体的冲刷速度与 T50W100 工况类似。波浪发生崩破和卷破的情况较少，但是拍击海堤前坡后形成越浪的概率有所增加，波浪拍击点前移，越浪下落点后移。此外，波能在爬升过程中损失较小，越浪水体往往在堤顶形成较厚的水舌，对堤顶产生了一定的破坏。在越浪水体下落的堤顶冲击域的地形变化明显。由于越浪量较大，在堤面土层形成十分明显的深槽，甚至逐渐发展成类似瀑布的过水地形，造成土堤后坡的大面积过水破坏。

第 5 章　风暴潮和台风浪共同作用下海堤破坏机制

在 100 年一遇潮位和 100 年一遇波浪（T100W100）组合的条件下，海堤越浪量较 T50W100 的条件下，越浪流水舌明显厚于 T100W50 与 T50W100 工况，单个波浪即可造成明显冲刷，且频繁出现波浪拍击后跃起的现象，进而冲击于堤身的各个部分，甚至直接越过整个堤身。由于浪高水急，在波浪作用的 400s 内整个后坡土层基本冲刷殆尽。海堤堤顶及后坡各部分破坏均很快，尤其是后坡中下部。当中下部被掏空后，上部土体呈现出块状剥离现象。

2）带防浪墙斜坡式土堤的破坏特点

图 5.41 为 100 年一遇潮位和 50 年一遇波浪（T100W50）组合的条件下，带防浪墙的斜坡式土堤越浪流以及土堤破坏情况的断面试验结果。

图 5.41　土堤破坏试验结果（断面、带防浪墙，T100W50）

图 5.42 为 100 年一遇潮位和 50 年一遇波浪（T100W50）组合的条件下，带防浪墙和无防浪墙的斜坡式土堤，在波浪作用 900s 后堤顶破坏的试验对比图。

从上述结果可以看出，与无防浪墙条件下海堤的越浪通常造成堤顶中下部率先发生破坏相比，在带防浪墙的条件下，由于防浪墙对海堤越浪的阻止和挑高作用，越浪量大大减小，越浪下落水体大多冲击在堤顶到堤身中部，造成的海堤破坏通常从堤顶与堤身中上部开始。同时，堤顶中部因同时受到斜向冲击与越浪流冲刷，破坏最为明显。而堤身下部，因为总的越浪量小且部分上部冲刷剥离的土体在此停留，侵蚀反而不明显。

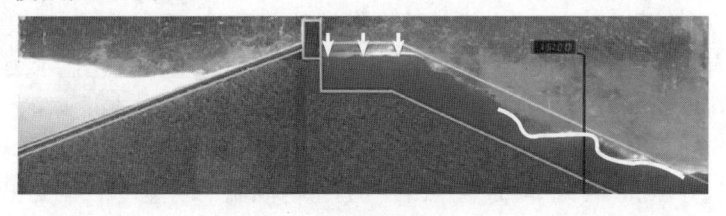

(a) 带防浪墙

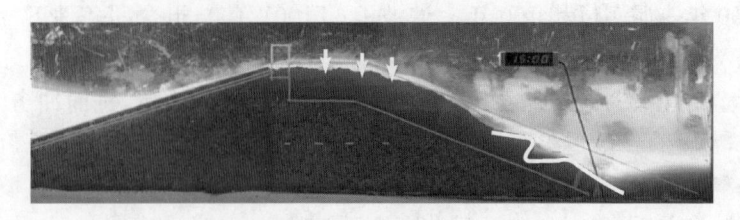

(b) 无防浪墙

图 5.42　带防浪墙和无防浪墙条件下土堤破坏试验结果对比(T100W50)

3. 斜坡式土堤的破坏机理

超标准风暴潮和台风浪作用下斜坡式土堤的破坏特性与作用在海堤上的水动力要素,即海堤越浪和堤顶越浪流密不可分。通过对超标准台风浪作用下海堤破坏试验结果的分析,根据作用力的不同可以将斜坡式土堤的破坏原因归结为:越浪流冲刷堤顶造成海堤破坏(包括堤顶"削角"破坏和后坡冲刷破坏)、海堤越浪冲击堤顶造成海堤破坏,以及堤体渗流冲刷造成海堤破坏三个方面。

1) 越浪流冲刷堤顶造成海堤破坏

物理模型试验和理论分析表明,堤顶越浪流是引起斜坡式土堤堤面冲刷和破坏的主要动力因素。根据越浪流强度和作用于堤顶位置的不同,越浪流引起的海堤破坏又可分为堤顶"削角"破坏和后坡冲刷破坏两个部分。

图 5.43 为超标准风暴潮和台风浪作用下斜坡式土堤堤顶发生"削角"破坏的试验结果的一个例子。从图中可以看出,斜坡式土堤在越浪流作用下,堤顶土层受到侵蚀、剥落,在土堤坡面形成了多个小的沟槽。

海堤"削角"现象可以从越过海堤的越浪流的变化特征得到解释。图 5.44 为堤顶越浪流引起的海堤"削角"破坏示意图。Chinnarasri 等[72]通过试验研究发现,当堤顶及后坡采用未受保护的黏土及石渣作为材料时,越浪流的冲刷侵蚀首先发生在堤顶与后坡的交接处,出现"削角"现象。

通过对不同潮位和波浪组合(T50W50、T100W50、T50W100 和 T100W100)下斜坡式海堤水动力特性试验数据的整理分析,可以得到堤顶越浪流平均流速沿堤顶的变化曲线,如图 5.45 所示。

从图 5.45 可以看出,对应于斜坡式海堤的前坡、坡顶和后坡,越浪流平均流速呈现出有规律的变化特性。在海堤的前坡段,越浪流平均流速显示为由大变小的趋势。在堤顶的坡顶段,越浪流平均流速沿程不断增加。在堤顶的后坡段,越浪流平均流速进一步加大。

从能量守恒和动力平衡的观点出发,上述越浪流平均速度沿程变化情况可以解释为:在海堤的前坡段,水体运动为爬坡过程。在这一过程中,波浪水体受海堤

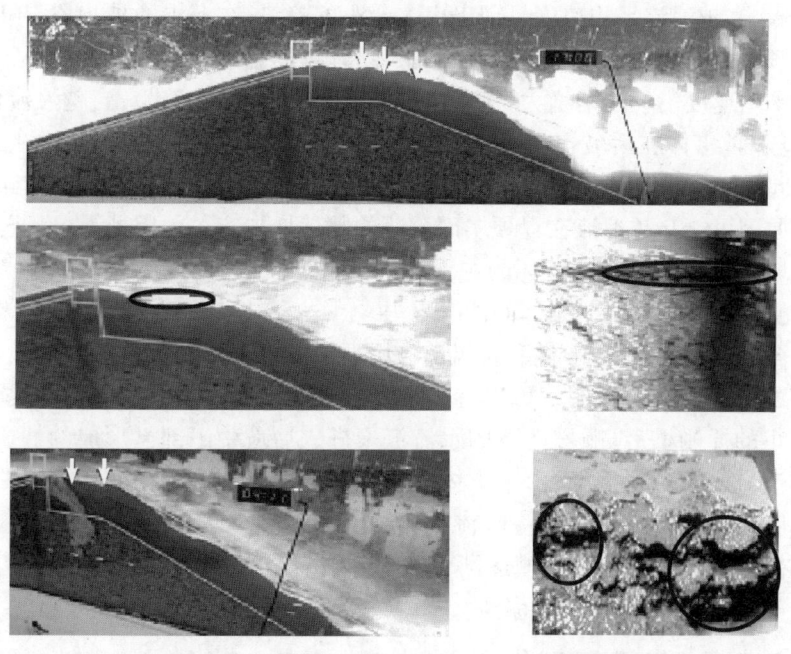

第 5 章　风暴潮和台风浪共同作用下海堤破坏机制　　　　　　　　　　　· 115 ·

图 5.43　斜坡式土堤堤顶发生"削角"破坏实例

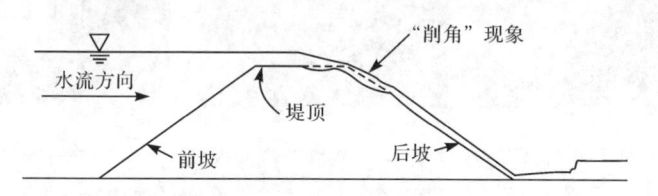

图 5.44　堤顶越浪流引起的海堤"削角"破坏示意图

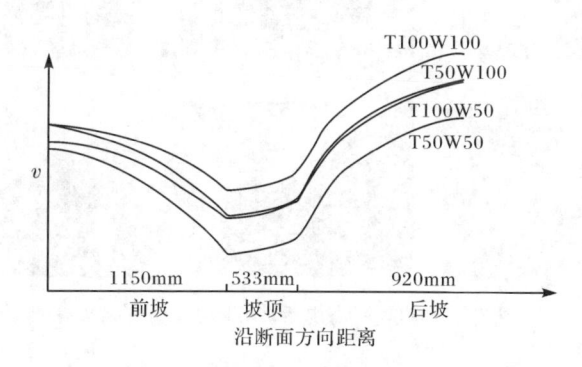

图 5.45　堤顶越浪流平均流速沿程变化曲线

前坡的拥堵作用，流体的动能逐渐转化为势能，同时受底部摩擦阻力、紊动消耗等因素的影响,越浪流平均速度呈现出由大变小的趋势;在海堤的坡顶段,越浪水体爬上坡顶后水体的势能逐渐转化为动能,同时越浪流水舌厚度沿程减小,表现出越浪流平均速度沿程逐渐增大(速度与越浪流水舌厚度成反比);当越浪流传至堤顶后坡段时,水体在后坡自由下落,在后坡尚较为光滑情况下摩擦阻力小于重力向下分量,在重力作用下加速下滑,故速度呈增大趋势。堤顶后坡的"削角"现象发生的原因可能与越浪流在堤顶尾部流速的骤然增加有关。因此,发生于海堤堤顶与后坡交接处的"削角"破坏的主要原因,可以归结为此处越浪流流速骤增,致使作用土体的剪切力大于土体间的凝聚力。

图 5.46 为超标准风暴潮和台风浪作用下斜坡式土堤发生后坡冲刷破坏的试验结果的一个例子。从图中可以看出,在坡面地形发生"削角"破坏,在堤身中下部形成小的冲刷槽后,顺坡而下的水流汇聚进入后坡中下部已形成的冲刷槽,在下泄越浪流水舌的作用下,由于土体逐渐受到侵蚀、剥落,坡面变得更加凹凸,在水流的剪切作用下坡面被进一步淘刷,在小的冲刷槽基础上形成更为明显的凹槽。整体上看从上至下冲刷槽逐渐变宽,极端情况下形成瀑布状地形,下部掏空使得上部土体滑落,致使海堤崩溃。

图 5.46 斜坡式海堤后坡冲刷破坏试验结果

2) 海堤越浪冲击堤顶造成海堤破坏

海堤越浪,即越浪水体跃起后下落拍击堤顶的过程,是斜坡式土堤冲刷乃至破坏的重要影响因素之一。

第5章 风暴潮和台风浪共同作用下海堤破坏机制

图 5.47 为 100 年一遇潮位和 50 年一遇波浪（T100W50）条件下，无防浪墙的斜坡式海堤在越浪流作用下海堤破坏的试验结果。

从试验结果可以看出，越浪对海堤土层的冲刷破坏具有重要作用。由于越浪引起的越浪水体在下落过程中具有较大的下落速度，因此将以较大的冲量冲击堤顶，造成表层土体的剥落，形成沟槽，在随后的越浪流水舌的冲击下土体进一步被淘刷，坡面沟槽进一步加深，从而导致海堤的破坏。

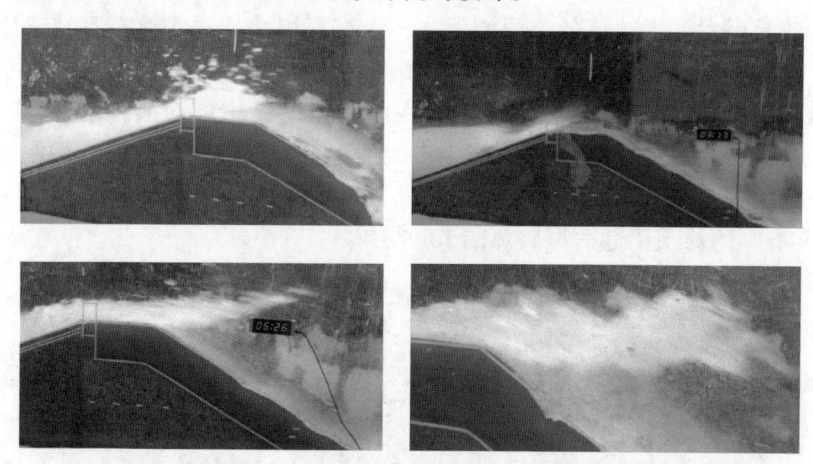

图 5.47 海堤破坏试验结果（断面、无防浪墙）

图 5.48 为带防浪墙斜坡式海堤因越浪冲击堤顶引起海堤破坏的试验结果。

图 5.48 海堤越浪冲击堤顶引起海堤破坏试验结果（带防浪墙）

从图 5.48 可见，在海堤设置防浪墙的情况下，由于防浪墙对越浪水体的阻挡作用，单个波浪的越浪量明显减小，越浪总量降低。但是，与无防浪墙相比，由于越浪水体被防浪墙挑高,下落水体冲击在堤顶的位置明显后移,通常在堤顶到堤身中部。堤顶部分在被挑起越浪流的冲击作用下呈明显冲刷,且不再出现"削角"现象。中部因同时受斜向冲击与越浪流冲刷,破坏最为迅速。堤身下部因为总的越浪量小,产生的冲刷作用较弱,同时部分上部冲刷剥离的土体又在此对破坏处进行填充,使得整体冲刷形式更为不明显。

3) 堤体渗流冲刷造成海堤破坏

渗流是诱发海堤破坏的重要原因之一。在海堤土体透水性高且缺乏闭气土及土方织布等防渗措施的条件、海堤外海侧和内海侧渗透水压差的作用下,容易形成渗透水流,致使海堤后坡坡面土体在渗流速度作用下逐渐剥落,形成沟槽。坡面上形成的沟槽会造成海堤内产生渗流通道,渗流作用逐渐加强,引起更大的堤面土体流失,造成海堤溃坝。

图 5.49 为渗流引起海堤破坏的试验结果。

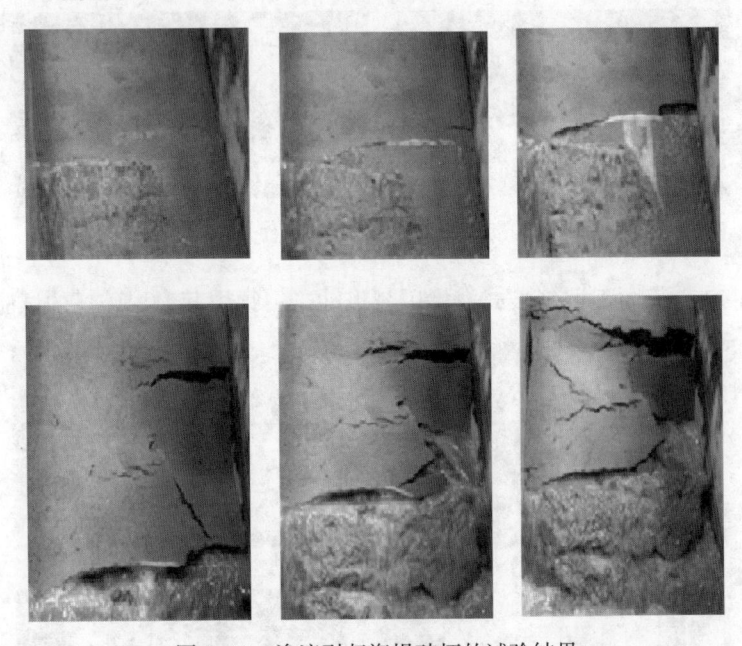

图 5.49　渗流引起海堤破坏的试验结果

5.3　海堤破坏机制的数值模拟研究

为了研究超标准风暴潮和台风浪条件下作用于海堤的水动力要素(如堤前波浪破碎、堤顶越浪以及堤顶越浪流)的变化规律,本节基于前述的物理模型试验,建立用于模拟超标准风暴潮和台风浪与海堤相互作用的数值波浪水槽,并采用物理模型的试验结果对所建立的数值波浪水槽的适用性和计算精度进行验证和检验。在此基础上,采用数值仿真的方式模拟了标准风暴潮和台风浪作用下堤前的波浪变形、越浪过程和越浪流的变化特性。

5.3.1 数值计算模型

1. 数值计算模型的建立

采用 VOF 自由表面追踪技术和 SMAC 数值模型技术,通过直接求解描述牛顿流体运动的 Navier-Stokes 方程和描述流体紊流运动的 k-ε 方程,建立超标准风暴潮和台风浪与海堤相互作用的数值波浪水槽。

为描述建筑物前消波护面及消波块体等透水性结构,此模型将描述流体运动的连续方程和运动方程等进行了部分修改,使其适用于模拟波浪在透空式建筑物上的传播过程。

1)控制方程

在欧拉直角坐标系下,取水平方向为 x 轴,右向为正,垂直方向为 z 轴,向上为正,并取 u、w 分别代表 x、z 方向的速度分量,则描述黏性不可压缩流体的 Navier-Stokes 方程如下。

连续方程为

$$\frac{\partial \gamma_x u}{\partial x} + \frac{\partial \gamma_z w}{\partial z} = 0 \tag{5.13}$$

式中,γ_x 与 γ_z 分别为表面渗透率在 x、z 方向上的分量。

运动方程为

$$\lambda_v \frac{\partial u}{\partial t} + \lambda_x u \frac{\partial u}{\partial x} + \lambda_z w \frac{\partial u}{\partial z}$$
$$= -\frac{\lambda_v}{\rho_f} \frac{\partial p}{\partial x} - R_x + \frac{\partial}{\partial x}\left[\gamma_x v_e \left(\frac{2\partial u}{\partial x}\right)\right] + \frac{\partial}{\partial z}\left[\gamma_z v_e \left(\frac{\partial u}{\partial z} + \frac{\partial w}{\partial x}\right)\right] \tag{5.14}$$

$$\lambda_v \frac{\partial w}{\partial t} + \lambda_x u \frac{\partial w}{\partial x} + \lambda_z w \frac{\partial w}{\partial z}$$
$$= -\frac{\lambda_v}{\rho_f} \frac{\partial p}{\partial z} - \gamma_z g - R_z + \frac{\partial}{\partial x}\left[\gamma_x v_e \left(\frac{\partial w}{\partial x} + \frac{\partial u}{\partial z}\right)\right] + \frac{\partial}{\partial z}\left[\gamma_z v_e \left(\frac{2\partial w}{\partial z}\right)\right] \tag{5.15}$$

式中,t 为时间,s;ρ_f 为流体密度,kg/m³;p 为压强,Pa;g 为重力加速度,m/s²;v_e 为运动黏性系数 v 与紊动黏性系数 v_t 之和。

$$v_t = C_\mu k^2 / \varepsilon \tag{5.16}$$

$$\lambda_v = \gamma_v + (1 - \gamma_v) C_M \tag{5.17}$$

$$\lambda_x = \gamma_x + (1 - \gamma_x) C_M \tag{5.18}$$

$$\lambda_z = \gamma_z + (1 - \gamma_z) C_M \tag{5.19}$$

$$R_x = \frac{C_D}{2\Delta x}(1 - \gamma_x) u \sqrt{u^2 + w^2} \tag{5.20}$$

$$R_z = \frac{C_D}{2\Delta z}(1-\gamma_z)w\sqrt{u^2+w^2} \tag{5.21}$$

式中，$C_\mu = 0.09$；k 为紊流能量；ε 为紊流耗散率；γ_x 与 γ_z 分别为水平及垂直方向的面积透过率；C_M 为惯性系数；C_D 为抵抗系数；R_x 为多孔介质对水的抵抗力的水平分量；R_z 为多孔介质对水的抵抗力的垂直分量；γ_v 为孔隙率。

考虑到波浪作用于建筑物会产生如波浪破碎等强烈的紊动现象，模型应用紊流方程描述紊流运动。

$$\gamma_v \frac{\partial k}{\partial t} + \frac{\partial \gamma_x uk}{\partial x} + \frac{\partial \gamma_z wk}{\partial z}$$
$$= \frac{\partial}{\partial x}\left[\gamma_x v_k\left(\frac{\partial k}{\partial x}\right)\right] + \frac{\partial}{\partial z}\left[\gamma_z v_k\left(\frac{\partial k}{\partial x}\right)\right] + \gamma_v G_S + \gamma_v \varepsilon \tag{5.22}$$

$$\gamma_v \frac{\partial \varepsilon}{\partial t} + \frac{\partial \gamma_x u\varepsilon}{\partial x} + \frac{\partial \gamma_z w\varepsilon}{\partial z}$$
$$= \frac{\partial}{\partial x}\left[\gamma_x v_\varepsilon\left(\frac{\partial \varepsilon}{\partial x}\right)\right] + \frac{\partial}{\partial z}\left[\gamma_z v_\varepsilon\left(\frac{\partial \varepsilon}{\partial x}\right)\right] + \gamma_v C_1 \frac{\varepsilon}{k} G_S + \gamma_v C_2\left(\frac{\varepsilon^2}{k}\right) \tag{5.23}$$

其中

$$k = \frac{1}{2}(u'^2 + w'^2) \tag{5.24}$$

$$\varepsilon = v\left[2\left(\frac{\partial u'}{\partial x}\right)^2 + 2\left(\frac{\partial w'}{\partial z}\right)^2 + \left(\frac{\partial u'}{\partial z} + \frac{\partial w'}{\partial x}\right)^2\right] \tag{5.25}$$

$$v_k = v_e/\sigma_k \tag{5.26}$$

$$v_\varepsilon = v_e/\sigma_\varepsilon \tag{5.27}$$

$$G_S = v_e\left[2\left(\frac{\partial u}{\partial x}\right)^2 + 2\left(\frac{\partial w}{\partial z}\right)^2 + \left(\frac{\partial u}{\partial z} + \frac{\partial w}{\partial x}\right)^2\right] \tag{5.28}$$

式中，u' 和 w' 为 x、z 方向的脉动速度，m/s；$\sigma_k = 1.00$，$\sigma_\varepsilon = 1.30$；$C_1$ 和 C_2 分别为 k-ε 紊流方程中的模型系数，$C_1 = 1.44$，$C_2 = 1.92$。流体的紊动效应是通过将 k-ε 方程得出的流体黏性系数 v_e 和压强 $p' = p + \frac{2}{3}\rho k$ 代入 Navier-Stokes 方程中实现的。

VOF 法是追踪如波浪破碎等大变形气液自由表面运动的有效方法，其基本原理是通过描述数值计算网格中流体所占比例的函数 F 来确定流体的自由表面。当网格内全部被流体占有时 $F=1$，当网格内全部被气体占有时 $F=0$。因此，当网格内 $0<F<1$ 时，该计算网格为气体和液体的交界面。

描述 F 函数的连续方程为

$$\gamma_v \frac{\partial F}{\partial t} + \frac{\partial \gamma_x uF}{\partial x} + \frac{\partial \gamma_z wF}{\partial z} = 0 \tag{5.29}$$

2) 边界条件

模型的自由表面的运动边界条件为

$$\frac{\partial \eta}{\partial t} + u_s \frac{\partial \eta}{\partial x} = w_s \tag{5.30}$$

$$p = 0, \quad z = \eta \tag{5.31}$$

式中，η 为自由表面相对于水槽底部的位移；u_s 和 w_s 分别为自由表面 η 的水平速度和垂直速度；p 为压强；z 为垂直方向上的位移。

水槽的底部采用了滑移边界，当水深一定时，滑移边界上 u、w、p 由下列公式描述：

$$\frac{\partial u}{\partial t} = 0, \quad w = 0, \quad \frac{\partial p}{\partial z} = -\rho g \tag{5.32}$$

模型造波边界采用礒部[73]提出的有限振幅波速度分布的摄动解。当厄塞尔数(Ursell number)$U_U > 25$ 时，近似地使用三阶椭圆余弦波；当厄塞尔数 $U_U \leqslant 25$ 时，近似地使用五阶 Stokes 波（$U_U = gHT^2/h^2$，H 为波高，T 为波周期，h 为水深）。

模型的出流边界采用 Sommerfield 辐射边界条件，其基本方程为

$$\frac{\partial \varphi}{\partial t} + C \frac{\partial \varphi}{\partial x} = 0 \tag{5.33}$$

式中，C 为在 x 方向上的波速或相速；φ 为波浪运动过程中的任意变量。

3）计算网格

为准确地捕捉自由表面运动，提高对波浪传播过程中波浪破碎等现象的模拟精度，模型采用矩形不均匀结构化网格，如图 5.50 所示。

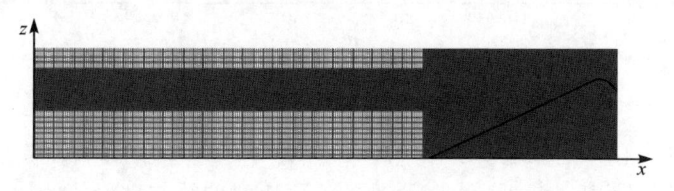

图 5.50　模型计算网格

在垂直方向上，网格划分时以静水面为基准，在 $\pm H$ 范围内取网格尺度 $\Delta z = 0.05\text{m}$，其余区域取 $\Delta z = 0.15\text{m}$。在水平方向上，为了提高海堤堤顶附近的计算精度，对斜坡堤所在计算区域进行了网格加密，取网格尺度 $\Delta x = 0.05\text{m}$，其余计算区域则采用较疏松的计算网格，取 $\Delta x = 0.15\text{m}$。同时，在不同大小的网格之间设置过渡网格，即从 0.15m 递减到 0.05m 或者从 0.05m 增加到 0.15m。

2. 数值波浪水槽的验证

为了验证和检验所建立的数值波浪水槽的适用性和计算精度，通过将数值波浪水槽对水平床面上波浪传播、斜坡堤上波浪爬高的计算结果与理论解或实测资

料进行对比分析。

1) 水平床面上波浪传播的数值模拟

首先对波浪在水平床面上传播过程的数值模拟结果与理论解进行比较,对所建立的数值波浪水槽的适用性进行验证。

图 5.51 为用于模型验证的数值波浪水槽的示意图,水槽长 90m,高 1.6m,水深 0.7m。

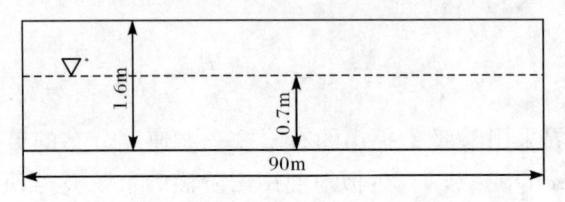

图 5.51　水平床面数值波浪水槽示意图

图 5.52 为在入射波高 $H=0.121$m,周期 $T=4.15$s 的条件下,Stokes 波在水槽中传播时,距离造波板 $x=50$m 处的波面历时曲线与理论值的比较。

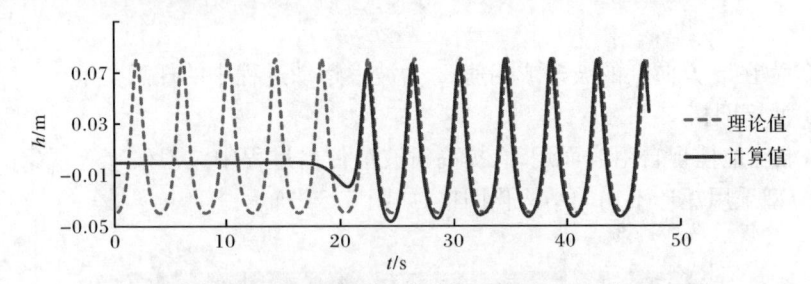

图 5.52　Stokes 波的计算值与理论值比较($x=50$m)

图 5.53 为在入射波高 $H=0.076$m,周期 $T=2.51$s 的条件下,椭圆余弦波在水槽中传播时,距离造波板 $x=50$m 处的波面历时曲线与理论值的比较。

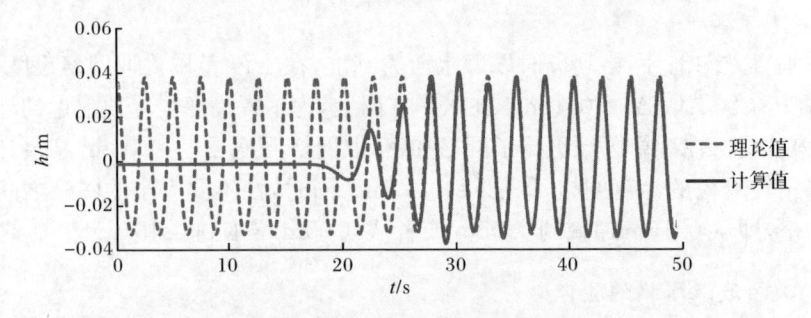

图 5.53　椭圆余弦波的计算值与理论值比较($x=50$m)

从图 5.52 和图 5.53 可以看出,随着时间的推进,从造波板生成的波浪逐渐向水槽中部及尾部推移,当波形趋于稳定并达到稳定之后,模型模拟的波面历时曲线与理论波形吻合良好。波浪的沿程衰减率大约为 2%,在允许的范围之内。同时,从波面历时曲线可以看出,波峰尖陡而波谷较为平坦,并且波峰值远大于波谷值,表现出很强的非线性特性。表明该数值波浪水槽可以有效地模拟波浪在水槽中的传播问题。

2) 波浪沿斜坡堤爬坡的数值模拟

图 5.54 为验证波浪沿斜坡堤传播的模型示意图。计算条件的设定采用了与 Li 等[74]的物理模型试验相同的物理条件、断面型式和测点布置。其中,斜坡堤坡度为 1∶6,堤脚处水深 $d=0.70$ m,波高 $H=0.16$ m,周期 $T=2$ s,监测点 WG1、WG2 和 WG3 与堤脚处的水平距离分别为 0 m、1.02 m 和 2.81 m。

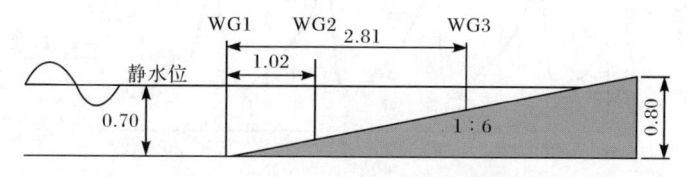

图 5.54　斜坡堤断面及测点位置(单位:m)

图 5.55(a)为斜坡堤堤脚处 WG1 的水位随时间变化的计算值与实测值的比较。从图中可以看出,堤脚处 WG1 测点的计算水位过程线与理论值吻合良好,说明波浪到达堤脚时,能够达到物理模型中所要求的试验条件,进而保证了对斜坡上测点 WG2 和 WG3 的水位过程进行计算值与实测值比较的可行性。

图 5.55(b)和(c)为沿斜坡堤的测点 WG2 和 WG3 处的水位变化过程的计算值与实测值的比较。从图中可以看出,除 WG2 测点的水面波峰值略有起伏外,总体上看测点 WG2 和 WG3 处的波面水位在量值和相位上均与实测值吻合良好,表明该数值波浪水槽能较好地模拟波浪在斜坡堤上的爬坡运动。

3) 斜坡堤越浪量的数值模拟

越浪量是影响斜坡堤设计的另一个重要因素。对越浪量的准确模拟,也是验证数值波浪水槽可行性的关键。这里采用 2001 年 Schüttrumpf[75]的物理模型试

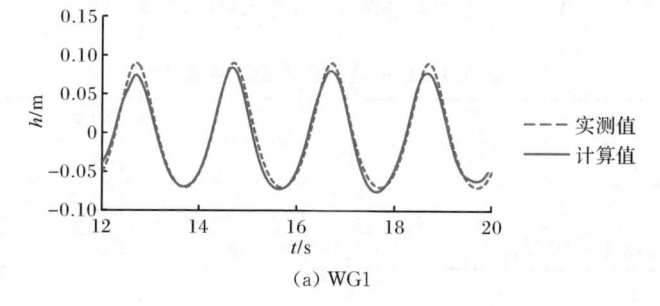

(a) WG1

(b) WG2

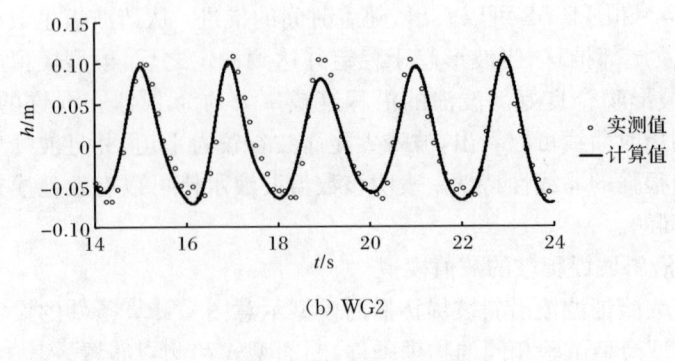

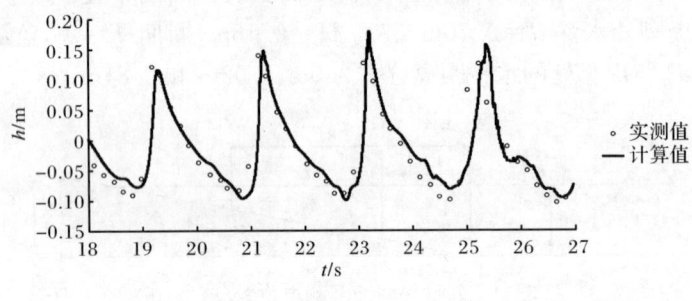

(c) WG3

图 5.55　波浪沿斜坡堤传播时水位线的计算值与实测值的比较

验数据对模型计算得到的越浪量进行验证。

图 5.56 为计算采用的波浪水槽及斜坡式海堤的断面图。数值波浪水槽采用与 Schüttrumpf 物理模型试验相同的模型尺寸。水槽长 90m，高 1.6m，水位高度 0.70m，斜坡堤高度 0.80m，堤顶宽度 0.3m，前坡坡度为 1∶6，后坡坡度为 1∶3。对表 5.4 所列出的规则波与斜坡式海堤相互作用的 12 组工况进行了数值模拟。

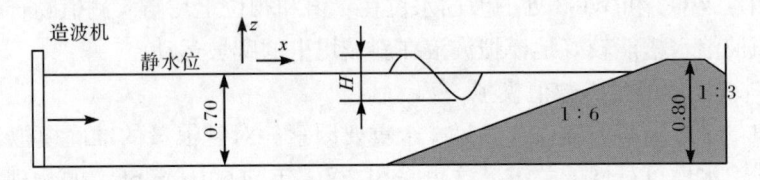

图 5.56　斜坡堤越浪计算模型示意图(单位:m)

表 5.4　数值模拟各工况计算条件

工况	D/m	R_c/m	H/m	T/s	$Q/[\text{m}^3/(\text{m}\cdot\text{s})]$ 实测值	计算值
工况 1	0.7	0.1	0.076	2.51	0.98	0.46
工况 2	0.7	0.1	0.076	3.25	1.73	1.86

续表

工况	D/m	R_c/m	H/m	T/s	Q/[m³/(m·s)] 实测值	Q/[m³/(m·s)] 计算值
工况 3	0.7	0.1	0.075	6.02	3.32	4.97
工况 4	0.7	0.1	0.109	1.50	0.00	0.00
工况 5	0.7	0.1	0.117	2.45	2.32	1.82
工况 6	0.7	0.1	0.119	3.15	5.79	7.95
工况 7	0.7	0.1	0.121	4.15	8.59	8.66
工况 8	0.7	0.1	0.155	1.96	3.33	4.34
工况 9	0.7	0.1	0.158	2.45	4.66	5.23
工况 10	0.7	0.1	0.164	3.16	11.06	12.00
工况 11	0.7	0.1	0.196	1.95	6.01	8.80
工况 12	0.7	0.1	0.209	2.44	8.79	9.62

在进行越浪量的计算时，选取堤顶与后坡交接处的越浪流水舌厚度与流速的乘积来估算越浪量值，以避免堤顶水体回流的影响，并可以得出较为准确的越浪量值。越浪量的计算公式为

$$Q = \int_{t_1}^{t_2} q(t) \mathrm{d}t = \int_{t_1}^{t_2} h(t) u(t) \mathrm{d}t \tag{5.34}$$

式中，$h(t)$ 为越浪流水舌厚度，m；$u(t)$ 为越浪流断面平均流速，m/s；Q 为单宽越浪量，m³/(m·s)。

考虑到对于规则波而言，当越浪达到稳定状态以后，3 个完整的越浪过程已经具有一定的代表性，越浪量的计算采用了 3 个越浪过程的平均值。图 5.57 给出了采用上述方法对工况 9 得出的越浪量的计算结果。其中，图 5.57(a)和(b)分别为模型模拟的水舌厚度和流速随时间的变化曲线，图 5.57(c)为计算得到的越浪量的变化过程。可以看出，由该数值模型得出的越浪过程曲线在定性上与传统的物理模型试验得出的结果十分吻合。

针对表 5.4 所示的计算工况，D 为水深，R_c 为堤顶超高，H 为波高，T 为波周期，Q 为单宽越浪量，采用数值波浪水槽对斜坡式海堤的越浪过程进行了模拟，并在此基础上对模型所得的越浪计算值与 Schüttrumpf 试验结果进行了对比分析。

图 5.58 为采用数值波浪水槽得出的越浪量的计算值与实测值的比较。可以看出越浪量的数值计算结果与实测结果吻合良好。两者的平均相对误差为 23.07%，引起该误差的可能原因是数值模拟中采用了矩形网格，造成斜坡式建筑物表面是锯齿状的，这与物理模型中采用的光滑表面有一定差异，从而在计算中引入了一定的误差。

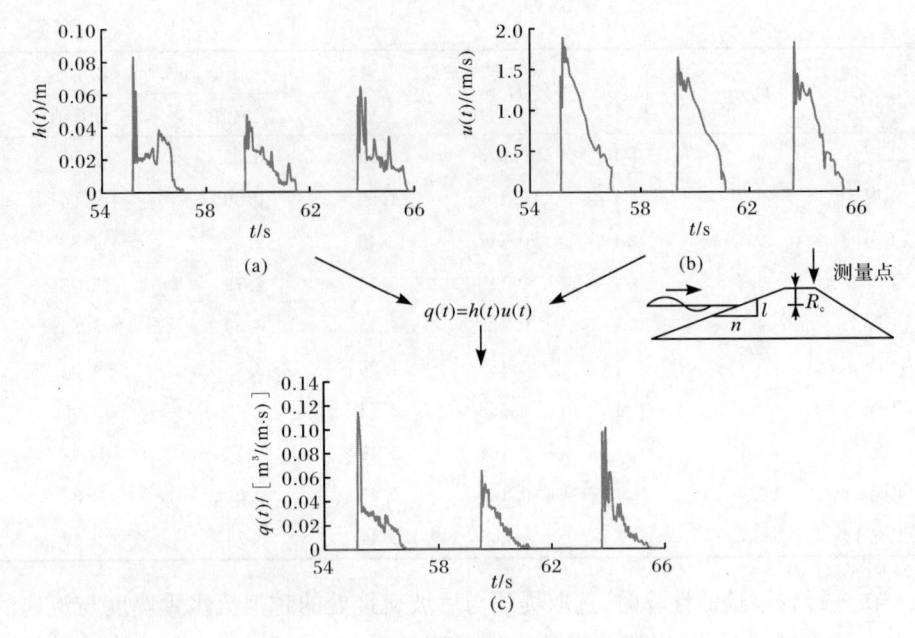

图 5.57　斜坡堤越浪计算模型示意图

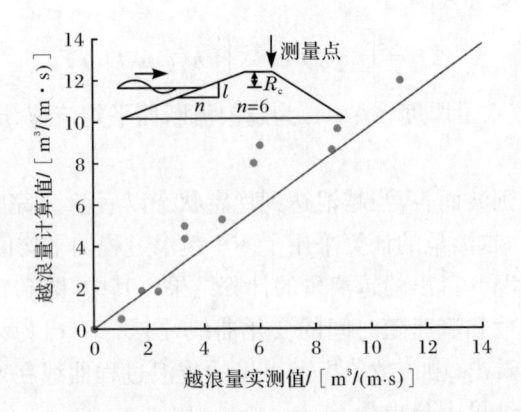

图5.58　斜坡式海堤越浪量计算值与实测值的比较

此外,当波高较小、非线性特性较弱时,越浪流流经堤顶时流态较为平稳,并没有产生剧烈的紊动,堤顶与后坡交接处的流速及水舌厚度都能保持一个稳定的状态,数值计算结果较准确。而当波高逐渐增加以后,波浪与海堤相互作用的非线性特性增强,越浪流经过堤顶时会产生复杂的变形和破碎,并卷入大量的空气。堤顶与后坡处越浪流流速与水舌厚度的历时曲线也会出现大量锯齿状的波动,引起越浪量计算精度的降低。

5.3.2 海堤越浪流形态的数值模拟

本节采用所建立的数值波浪水槽,对不同潮位和波浪组合的超标准风暴潮和台风浪作用下海堤的水动力要素的变化特性进行模拟,并通过物理模型试验结果对模型的模拟结果进行验证。

针对斜坡上的波浪卷破过程和 $P=0.5\mathrm{m}$、$1.0\mathrm{m}$ 及 $1.5\mathrm{m}$ 工况下波浪的越顶过程,对斜坡堤波浪破碎、堤顶越浪和越浪过程进行模拟。

1) 斜坡堤上的波浪破碎过程(防浪墙高度 $P=1.5\mathrm{m}$ 工况)

图 5.59(a)～(d)分别为不同时刻波浪在斜坡上破碎过程的试验结果和数值模拟结果的对比。其中,图 5.59(a)为前一个周期的波浪发生越浪后,回流水体沿斜坡堤的前坡下滑,与下一个周期的上爬水体相遇时刻的波浪运动过程。此时的上爬水体前端的水流运动流速指向朝上,表明此时水体的一部分动能正在转换成势能。图 5.59(b)给出了回落水体与上爬水体在斜坡堤前坡相遇时,由于回流水体阻挡了底部上爬水体的沿斜坡向上的运动,使得上部水体的水平速度大于底部水体的水平速度,导致波浪水头部分开始前倾。此时水体的动能与势能都在不断增加,图中可以看到水体前端的速度明显大于图 5.59(a)中的数值。在图 5.59(c)中,当水体前端达到最高点后,势能开始转化成动能。速度矢量方向也发生变化,逐渐指向堤顶,从而形成涡旋结构。与此同时,水体发生破碎并卷入大量空气。在图 5.59(d)中,水体撞击堤顶后产生一定的反射的同时,与堤顶相撞,导致更大的破碎变形。在这一过程中,产生了强烈紊动的水体运动,消耗了部分波浪前端水体的能量。从图 5.59 的数值计算结果与物理模型试验结果的对比可见,所建立的数值波浪水槽较好地再现了波浪在斜坡堤上的破碎过程。

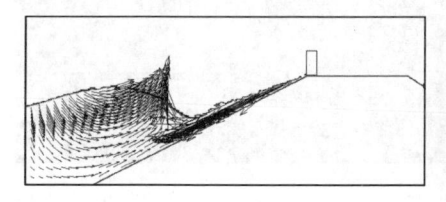

(a) $t=55.6\mathrm{s}$

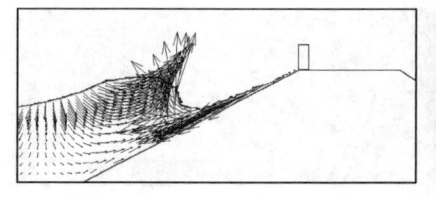

(b) $t=56.4\mathrm{s}$

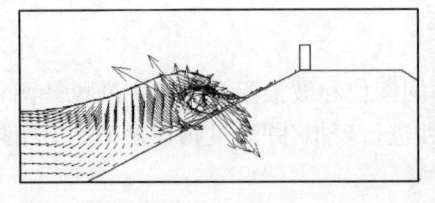

(c) $t=56.8$s

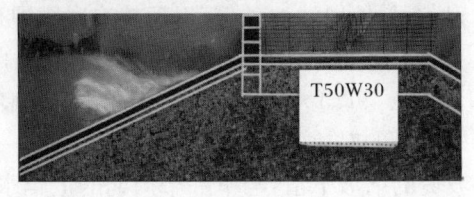

(d) $t=57.4$s

图 5.59 斜坡式海堤卷破波数值模拟结果与试验结果比较($P=1.5$m)

2) 斜坡堤上的越浪过程(防浪墙高度 $P=0.5$m 工况)

图 5.60(a)~(d)分别给出了防浪墙高度 $P=0.5$m 工况下,不同时刻斜坡堤上越浪过程的试验结果和数值模拟结果的比较。

从图 5.60 中可以看出,数值波浪水槽在一定程度上再现了波浪在带防浪墙的斜坡式海堤上波浪的越浪破碎过程。不过,在物理模型试验中,波浪撞击堤顶后跃起的水量要大于数值模拟得到的结果。而且物理模型与数值模拟结果中上升水体水平速度的分布也略有不同,在物理模型中,水体水平速度从上到下先增大后减小;而在数值模拟中,水体的水平速度从上到下呈现递减的趋势。同时,当

(a) $t=52.4$s

(b) $t=53.0$s

(c) $t=53.4$s

图 5.60　斜坡式海堤越浪过程数值模拟结果与试验结果比较（$P=0.5$m）

水体下落时，在物理模型试验中观测到的">"形越浪水体运动现象在数值模拟中并没有得到体现。由于数值模拟中得到了从上到下递减的水体水平速度分布，下落水体呈现连续的带状，下落水体速度矢量基本都指向右下方，仅水体最前部有飞溅的水花，而当水体完全落在堤顶上时，数值模拟的结果与试验结果基本相同。防浪墙顶部出现了连续的水体越流。从速度矢量图中可以看到，除了存在小部分飞溅水体运动方向杂乱之外，堤顶的越浪水体集中流向后坡。

3）斜坡堤上的越浪过程（防浪墙高度 $P=1.0$m 工况）

图 5.61(a)和(b)分别给出了防浪墙高度 $P=1.0$m 工况下，不同时刻斜坡堤上越浪过程的试验结果和数值模拟结果的比较。

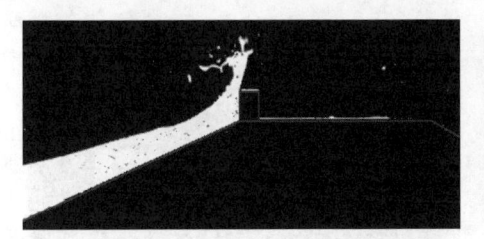

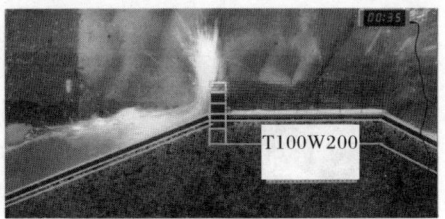

(a) $t=53.2$s

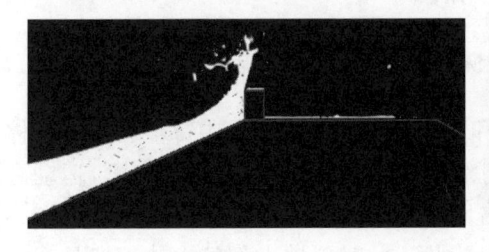

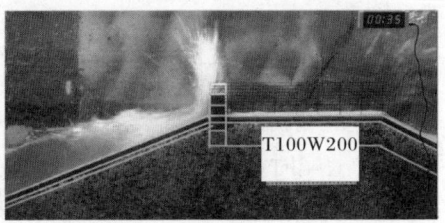

(b) $t=54.2$s

图 5.61　斜坡式海堤越浪过程数值模拟结果与试验结果比较（$P=1.0$m）

在物理模型试验中，水体撞击防浪墙后垂直向上，顶部水花飞溅。数值模拟基本重现了这一现象,而且从矢量图中可以看到水体撞击墙体后,运动方向瞬间转变,有一部分水花甚至获得了逆向的运动速度。当水体上升到最大高度时仍基本保持垂直向上的运动轨迹,基本不具有水平方向上的速度。而在数值模拟结果中,跃起的水体呈斜向上的带状分布,并且水体具有一定的水平速度。这可能与数值模型无法模拟碰撞后跃起水体的膨胀扩散过程有关。当水体下落时,物理模型试验中观测到下落水体已经散开,体积远大于上升时的状态。而在数值模拟得到的结果中,水体体积基本不变。在水体冲击堤顶的瞬间,除了水量的差别,数值模拟的结果基本重现了物理模型试验中水体的形态,特别是水体冲击的位置,两者基本相同。

4) 斜坡堤越浪过程(防浪墙高度 $P=1.5m$ 工况)

图 5.62(a)和(b)分别给出了防浪墙高度 $P=1.5m$ 工况下,不同时刻斜坡堤上波浪越浪过程的试验结果和数值模拟结果的比较。

(a) $t=53.8s$

(b) $t=54.2s$

图 5.62 斜坡式海堤越浪过程数值模拟结果与试验结果比较($P=1.5m$)

图 5.62(a)和(b)表明,在数值模拟和物理模型试验的结果中都能看到当水体沿着斜坡上爬时,前端水体夹带着气泡;水体接触到防浪墙后,水花飞溅,运动方向发生了改变的现象。从图中可见,撞击墙体后的水体运动方向由沿斜坡向上逐渐转向沿斜坡向下,形成一个逆时针的涡旋状。此时斜坡上部的水体仍然具有沿斜坡向上的动能。虽然数值模拟得到的结果中,水体达到的最大高度略低于物理模型试验观测到的结果,但是从整个波浪运动形态来看,数值模拟和物理模型试验的结果基本吻合。

上述结果表明,数值波浪水槽对模拟超标准风暴潮和台风浪作用下海堤水动力特性(波浪传播、破碎、爬坡及越浪等)的变化具有良好的计算精度。

5.4 小　　结

本章选取了典型的斜坡式海堤断面,采用现场调研、物理模型试验及数值模拟相结合的方法,对超标准风暴潮和台风浪条件下海堤的破坏机制进行了研究。通过现场调研,揭示了海堤在超标准风暴潮和台风浪作用下的破坏原因以及破坏特征;在此基础上,通过物理模型和数值试验,研究了超标准风暴潮和台风浪组合下,斜坡式海堤的水动力特性及其变化,分析了斜坡式海堤的越浪流过程、平均越浪量以及堤顶越浪流水舌厚度在不同潮位、波高和防浪墙高度作用下所受的影响,发现在超标准风暴潮和台风浪作用下斜坡式海堤破坏的三个主要原因:越浪流冲刷堤顶造成的海堤破坏(包括堤顶"削角"破坏和后坡冲刷破坏)、海堤越浪冲击堤顶造成的海堤破坏和堤体渗流冲刷造成的海堤破坏,三者相互关联,有可能单独或共同造成斜坡式海堤的破坏。

第 6 章 海堤安全风险动态评估

海堤是为了防御风暴潮和台风浪对防护区的危害而修筑的堤防工程,能够有效降低风暴潮灾害产生的损失,对沿海地区人民的生命财产安全起到重要的保护作用。然而,在超过防御标准的风暴潮和台风浪作用下,海堤的破坏往往难以幸免,为了有效应对台风所带来的影响,有必要根据风暴潮和台风浪的预报结果,结合海堤特征参数、结构型式以及所处的地理位置,对台风期间海堤安全风险进行动态评估,从而更加科学地制定预警方案,为防灾减灾提供技术支撑。

6.1 常见的海堤安全风险评估方法介绍

安全评估是对一个具有特定功能的工作系统中固有的或潜在的危险及其严重程度所进行的分析和评估。根据评估目的、要求和范围的不同,出现了不同的评估方法,其中应用比较广泛的有五种方法[76],即评分法、检查表评估法、危险指数评估法、概率法和综合法。通常可以将上述方法归纳为两类,即确定性方法和概率性方法。这两类方法论是从不同的角度回答"安全应达到什么水平才算安全"以及"系统现在的安全性如何"这两个基本问题。鉴于安全评估的对象非常复杂,目前还没有形成一种能够通用的评估方法。一般认为,对一个工程系统进行安全评估时,首先应通过系统安全分析,识别系统固有的或潜在的危险,然后根据安全标准进行危险分级,进而采取相应的预防措施或消除危险。

近年来,国内外已经开始在传统的堤防设计理论基础上,参考和借鉴相关领域内的研究成果和方法,考虑堤防安全风险评估问题。

在国外,以日本、荷兰为代表进行说明。日本的堤防工程特点是防洪标准不高,但质量较高,以确保洪水漫顶堤防也不会溃堤。相关学者对堤防工程进行了大量的科学试验,在海堤安全性调查方法和评估方面积累了比较多的经验。日本建设省河川局针对日本全国各地的河川堤防工程的安全性问题,组织专家深入研究,编审了系列化的技术指南《河川堤防总检点手册》,用于指导堤防工程安全性调查和评估工作。日本堤防的安全评估依据已概略划分出的堤防渗透安全性等级,堤防实际的渗透安全性最终由详细的土质调查和分析评估的结果来确定。普查和细查的结果不仅为堤防加固处理方案和方法的选择服务,也为堤防的管理工作提供了科学依据。

荷兰在堤防和护岸工程的设计、维护和安全评估方面取得了举世公认的成就。荷兰的堤防大多为海堤,其防洪体系由一个主干堤的综合系统构成。为了评估堤防构成的安全性,将整个堤防系统划分为一系列相对独立的子系统,每个子系统均有一个可接受的风险水平,即安全标准,这些标准由防洪法确定。堤防工程安全评估是按照高于破坏界限的程度进行排列判断的。破坏界限取决于三个因素:社会能够接受的安全性指标、测试和评估结构物强度的方法、确定和评估水力边界(荷载)的方法。从这三点出发,遵循挡水结构物的评分标准,并采用一种安全等级分类方法[77,78],将荷兰的堤防工程安全性等级分为四级:优、良、中和差。

现阶段,我国针对堤防工程安全风险评估的研究还很少,主要将定性指标与定量指标相结合,来建立堤防安全综合指标评估体系。所建立的指标评估体系一般由准则层和指标层组成,首先根据指标的特性分为外部因素和内部因素,外部因素主要为堤防所受到的荷载作用,内部因素以具体的土质参数为主。然而,在对各指标量化时,尤其是定性指标,其评估值往往依赖于评估者的经验,主观性较大,尤其是在现有的研究尚未完全掌握堤防破坏机理的条件下,现有的评估方法并不能对堤防的风险做出准确的评估。另外,现有的研究大多针对内河堤防,海堤工程虽是堤防工程的一个分支,但其主要以防御风暴潮为主,区别于一般的堤防工程。同时,海堤是一个复杂、不确定的系统,影响因素复杂多变,因此亟须开展针对海堤特点的安全风险评估方法的研究。

6.2 海堤安全风险动态评估方法的构建

6.2.1 研究思路和技术路线

在前人研究的基础上,针对海堤破坏的特点,改进现有的堤防安全风险评估体系,并运用于浙江台州十一塘海堤,对风暴潮和台风浪作用下的海堤安全风险做出动态评估,具体从以下四个方面展开:

(1)海堤安全风险评估体系的构建。通过深入分析海堤破坏的特点,将海堤的破坏分为漫堤和溃堤两种形式,并分别针对其破坏特点,筛选出海堤安全的主要影响因素,在此基础上,应用层次分析法建立海堤安全风险评估多层次多指标体系。

(2)定量指标量化。针对海堤安全风险各评估指标的特点,以 GB/T 51015—2014《海堤工程设计规范》为指导,并充分考虑其取值范围、度量单位等方面的差异,应用模糊数学中求隶属度的方法度量各评价指标。

(3)海堤安全风险评估指标权重的确定。通过分析各影响因素对海堤安全的重要性以及指标因子间的相对重要性,应用序关系法(G1 法)确定各层次各指标的权重。

(4) 海堤安全风险评估体系的应用。选择浙江台州十一塘海堤开展安全风险评估，建立不同潮位和波浪下海堤的风险指标集，然后根据风暴潮和台风浪的预报成果，对台风过程中可能造成的海堤破坏进行动态预测。

海堤安全风险动态评估技术路线如图 6.1 所示。

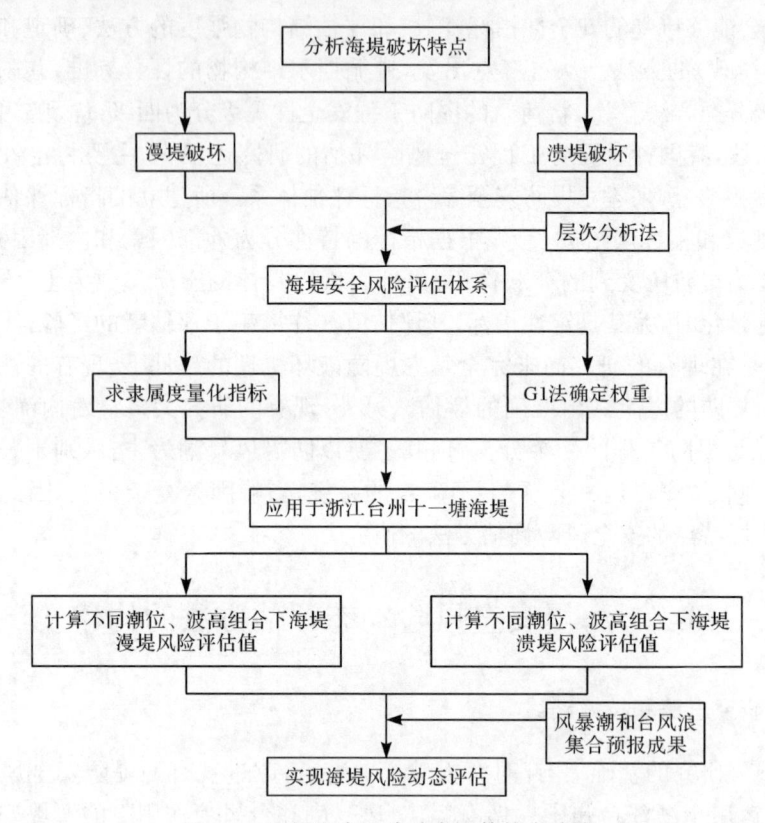

图 6.1 海堤安全风险动态评估技术路线

6.2.2 海堤破坏形式及其影响因素分析

海堤破坏形式多为海堤护坡无法抵御风暴潮作用而垮塌和海水漫顶两种，因此分别从海堤的漫堤、溃堤两种破坏形式入手，分析海堤破坏的影响因素，为建立海堤安全风险评估方法提供理论基础。

1. 漫堤破坏

我国早期的海堤设计中，采用了不允许越浪的海堤设计标准，在这种设计标准下，海堤的漫顶破坏主要是由海堤堤顶高程较低或者超标准潮位引起的，主要与海堤的设计标准有关。然而，近年来我国一些东南沿海的省份开始采用允许部分越浪的海堤设计标准。因此,对于允许部分越浪的海堤,仅仅考虑潮位、波浪爬高以及安全加高与堤顶高程的关系并不能准确反映海堤漫顶的风险概率,同时还要考虑越浪量的作用。在这种设计标准下,即使海堤发生了越浪,当越浪量较小时,仍认为海堤未发生漫堤破坏。此时,海堤的漫顶破坏不仅与堤顶高程、潮位、波浪要素有关,还与海堤堤顶、后坡护坡有关。

2. 溃堤破坏

近年来,风暴潮灾害频发,当海堤的设计标准较低或存在安全隐患时,往往容易出现溃堤破坏,其中包括防浪墙破坏(滑动、倾覆)、护坡失稳破坏、护脚失稳破坏、堤身或堤基渗透破坏以及海堤的整体失稳滑动破坏。当遇到较大风暴潮和台风浪作用时,海堤往往会同时出现多种破坏,即组合型破坏。下面将从以上几种破坏形式入手,对海堤的溃堤破坏进行分析。

1) 防浪墙破坏

防浪墙破坏多是因台风浪的作用,防浪墙受到较大的波浪力,同时底部受到波浪浮托力的作用,导致其沿底面发生滑动或绕后趾发生倾覆。当防浪墙遭到破坏后,越浪量将大大增加,同时,波浪力将直接作用于堤顶,甚至后坡,海堤堤顶以及后坡都将受到较大的冲刷,并有可能直接导致海堤结构的破坏。因此,防浪墙应该有一定的抗滑、抗倾的要求。

2) 护坡失稳破坏

为了保护堤身填土免受风浪、潮流的冲刷,同时防止雨水的侵蚀,在海堤设计时,临海坡均会安放护坡块体,以达到消浪、护坡的作用。然而,在较大的台风浪作用下,护面块体可能会发生失稳现象。当护面块体失稳破坏后,或被波浪、水流带离临海坡,此时,波浪力以及水流力直接作用于堤身,以致破坏堤身。另外,护面块体的失稳也会使得堤身土在渗流作用下流失,从而进一步引起堤身的渗透破坏。因此,护面块体应具有足够的厚度和质量。

3) 护脚失稳破坏

为了保持护坡的稳定,护坡下端应设置护脚。护脚的作用主要是支撑护坡体,防止其沿堤坡面发生滑移。同时也需保护堤脚免受波浪作用下可能出现的强烈冲刷。堤前由于波浪破碎作用剧烈,堤脚处水流流速较大,堤脚冲刷严重,若护脚块体失稳破坏,将会在堤脚处产生较大的冲刷坑,影响堤身的稳定性,同时,也有可能引起堤脚的渗透破坏。因此,护脚块体也应具有足够的质量。

4) 堤身或堤基渗透破坏

在海堤工程中,渗透破坏十分普遍。根据破坏的形式,渗透破坏主要可以分为管涌和流土。管涌破坏常表现为泡泉、沙沸、土层隆起、浮动、膨胀、断裂等。当外坡潮位较高时,渗透坡降增大,如在海堤内坡脚覆盖土层不厚的薄弱地方,渗透坡降超过土层允许坡降,土层则很可能被顶破,产生渗流挟带泥沙溢出,这就形成了管涌险情。此后,细沙粒在渗透压力作用下继续缓慢地在粗颗粒间隙移动,就可能形成贯穿式通道,久而久之会造成更为严重的险情。流土是海堤渗透破坏的另一种形式,一旦发生流土破坏,土体就会整体破坏,若抢险不及时或措施不得当,就有造成土体结构破坏,引发溃堤灾难发生的危险。除内外坡水位,渗流破坏的影响因素主要与堤基和堤身的材料特性及力学特性有关,包括堤基及堤身填筑材料的级配、黏粒含量、干密度、饱和度以及渗透系数等。

5) 整体失稳滑动破坏

由于边坡表面倾斜,在土体自重和其他外力作用下,整个土体都有从高处向低处滑动的趋势。边坡丧失其原有稳定性,一部分土体相对于另一部分土体发生滑动,从而引起海堤的整体失稳滑动破坏。引起滑坡的根本原因在于土体内部某个面上的剪应力达到了它的抗剪强度,稳定平衡遭到破坏。对于非均质的多层土或含软弱夹层的土坡,土坡往往沿着软弱夹层的层面发生滑动。海堤一旦发生整体性滑动破坏,将完全失效,后方保护区将面临风暴潮洪水淹没的危险,人民的生命财产安全将受到极大的威胁。因此,整体失稳破坏在海堤工程中需要给予足够重视,应严禁发生。

6.2.3 海堤安全风险评估指标体系的建立

根据6.2.2节对于海堤破坏形式及其影响因素的分析,并应用层次分析法[79],建立如图6.2所示的海堤安全风险评估指标体系。

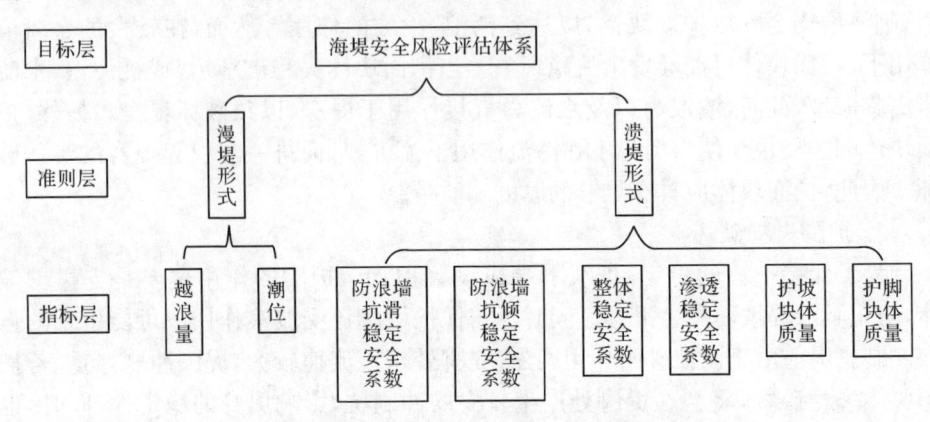

图6.2 海堤安全风险评估指标体系

在进行海堤安全风险评估之前,还应对海堤安全评估值进行分级,本章将各指标分为四个等级,分别为安全、较安全、不安全、很不安全,其分别对应的评估值范围及含义见表6.1。

表 6.1 指标评估标准

安全等级	评估值	含义
安全	0.9~1	可正常运行,不会出现险情
较安全	0.7~0.9	局部出现险情,需局部加固
不安全	0.5~0.7	出现较大险情,需加固
很不安全	<0.5	出现重大险情,无法运行

6.2.4 海堤安全风险评估指标的度量

虽然根据已经建立的指标体系,采用一定的评估方法就可以对海堤的安全性进行评估。但是,因为各指标特点不同,而且指标的量纲也千差万别,所以在评价之前,还必须按照一定的标准,采用一定的方法,将难以相互比较的评估指标原始资料转换为可以相互比较、可度量的数值。由于以上所建立的海堤安全风险评估指标体系中的指标均为定量指标,均可以用具体数值度量,因此在得到评估指标的实际值后,只需利用一定的度量方法,将实际值转化为 0~1 的评估指标值即可。

无量纲化是通过数学变换来消除指标量纲影响的方法,是多指标综合评价中必不可少的一个步骤。从本质上讲,指标的无量纲化过程也是求隶属度的过程。由于指标隶属度的无量纲化方法多种多样,因此有必要根据各个指标本身的性质确定其隶属函数的公式。简单起见,选择直线型无量纲化方法解决指标的可综合性问题。然而,根据指标的特性,又可以分为单边指标(正指标、逆指标)和双边指标。正指标是指标值越大越安全的指标,逆指标是指标值越小越安全的指标。除此之外,有些指标为双边指标,即指标值大了对海堤安全不利,指标值小了也不利于海堤安全,一般认为双边指标的指标值居于某区间是较安全的。根据已建立的海堤安全风险评估体系中各指标的特点,将各指标归类见表 6.2。

表 6.2 海堤安全风险评估指标归类表

指标	正指标	逆指标	双边指标
越浪量		√	
潮位		√	
防浪墙抗滑稳定安全系数	√		
防浪墙抗倾稳定安全系数	√		
整体稳定安全系数	√		
渗透稳定安全系数		√	

指标	正指标	逆指标	双边指标
护坡块体质量	√		
护脚块体质量	√		

正指标由式(6.1)计算,逆指标由式(6.2)计算,双边指标由式(6.3)计算:

$$y=\frac{x_{max}-x}{x_{max}-x_{min}}=\begin{cases}1, & x\geqslant x_{max}\\ \frac{x-x_{min}}{x_{max}-x_{min}}, & x_{min}<x<x_{max}\\ 0, & x\leqslant x_{min}\end{cases} \quad (6.1)$$

$$y=\frac{x_{max}-x}{x_{max}-x_{min}}=\begin{cases}1, & x\leqslant x_{min}\\ \frac{x_{max}-x}{x_{max}-x_{min}}, & x_{min}<x<x_{max}\\ 0, & x\geqslant x_{max}\end{cases} \quad (6.2)$$

$$y=e^{-k\left(x-\frac{x_{min}+x_{max}}{2}\right)^2} \quad (6.3)$$

式中,y 为指标的评估值;x 为有量纲指标的实际值;x_{max} 为有量纲指标的最大值;x_{min} 为有量纲指标的最小值。

由上述公式可知,要计算指标的评估值,除了需要确定指标的实际值,还必须确定指标有量纲的优劣上下限,即各指标的最大值 x_{max} 和最小值 x_{min}。

下面分别对各评估指标的具体度量方法进行研究。

1. 越浪量

根据 GB/T 51015—2014《海堤工程设计规范》中规定,按允许部分越浪标准设计的海堤,其堤顶面、内坡及坡脚均应进行防护并按防冲结构要求进行护面设计。允许越浪量应根据海堤工程的级别、重要程度和护面防护结构型式的抗冲性来综合确定。GB/T 51015—2014《海堤工程设计规范》给出了几种护面结构型式海堤的允许越浪量,见表6.3。在确定 F1 上下限时,可取实际设计海堤的允许越浪量为最小值,以 $0.09 m^3/(m·s)$ 为最大值。

表6.3 不同海堤结构型式和构造下可能造成海堤损坏的允许越浪量

护面结构型式	堤顶	内坡	允许越浪量 /[m^3/(s·m)]
有后坡(海堤)	混凝土/浆砌块石护面	生长良好的草地	≤0.02
	混凝土/浆砌块石护面	垫层完好的干砌块石护面	≤0.05
无后坡(海堤)	有铺砌	—	≤0.09
滨海城市堤路结合海堤	钢筋混凝土路面	垫层完好的浆砌块石护面	≤0.09

2. 潮位

以海堤的设计高潮位为最小值,以历年最高潮位为最大值。

3. 防浪墙抗滑稳定安全系数

根据 GB/T 51015—2014《海堤工程设计规范》规定,作用在防浪墙上的荷载可分为基本荷载和特殊荷载两类。基本荷载主要包括自重、设计潮位时的波浪压力、其他出现机会较多的荷载;特殊荷载包括地震荷载、其他出现机会较少的荷载。

根据 GB/T 51015—2014《海堤工程设计规范》规定,按照正常运用条件对防浪墙的抗滑稳定安全系数进行核算,以海堤设计安全系数为最大值,以安全系数设计值的 90% 为最小值。不同条件下的防浪墙抗滑稳定安全系数见表 6.4。

表 6.4　防浪墙抗滑稳定安全系数

基层类型	岩基					土基				
海堤工程级别	1	2	3	4	5	1	2	3	4	5
正常运用条件	1.15	1.10	1.05	1.05	1.05	1.35	1.30	1.25	1.20	1.20
非常运用条件Ⅰ	1.05	1.05	1.00	1.00	1.00	1.20	1.15	1.10	1.05	1.05
非常运用条件Ⅱ	1.03	1.03	1.00	1.00	1.00	1.10	1.05	1.05	1.00	1.00

4. 防浪墙抗倾稳定安全系数

与防浪墙抗滑类似,根据 GB/T 51015—2014《海堤工程设计规范》规定,按照正常运用条件对防浪墙的抗倾稳定安全系数进行核算,以海堤设计的安全系数为最大值,以安全系数设计值的 90% 为最小值。

5. 整体稳定安全系数

根据 GB/T 51015—2014《海堤工程设计规范》规定,海堤整体稳定计算可采用瑞典圆弧滑动法,其整体稳定安全系数不应小于表 6.5 规定的数值。

表 6.5　海堤整体稳定安全系数

海堤工程级别	1	2	3	4	5
正常运用条件	1.30	1.25	1.20	1.15	1.10
非常运用条件Ⅰ	1.20	1.15	1.10	1.05	1.05
非常运用条件Ⅱ	1.10	1.05	1.05	1.00	1.00

类似地,按照正常运用条件对防浪墙的抗滑稳定安全系数进行核算,以海堤设计的安全系数为最大值,以安全系数设计值的90%为最小值。

6. 渗透稳定安全系数

根据GB/T 51015—2014《海堤工程设计规范》规定,渗流计算方法可按照GB 50286—2013《堤防工程设计规范》附录E,并根据GB/T 51015—2014《海堤工程设计规范》10.1.9和10.1.10中允许坡降规定量化渗透稳定的指标。对于无黏性土,其允许坡降见表6.6。

表6.6 无黏性土允许坡降

渗透变形型式	流土型			过渡型	管涌型	
	$C_u<3$	$3\leqslant C_u\leqslant 5$	$C_u>3$		级配连续	级配不连续
允许坡降	0.25～0.35	0.35～0.50	0.50～0.80	0.25～0.40	0.15～0.25	0.10～0.15

注:C_u为土的不均匀系数。

黏性土流土型临街水力坡降可按式(6.4)计算,其允许坡降应以土的临界坡降除以安全系数确定,安全系数宜取1.5～2.0。因此,无论是黏性土还是无黏性土,均可以取临界坡降为最大值,以允许坡降为最小值。

$$J_{cr}=(G_s-1)(1-n) \tag{6.4}$$

式中,J_{cr}为土的临界水力坡降;G_s为土的颗粒密度与水的密度之比;n为土的孔隙率,%。

7. 护坡块体质量

根据GB/T 51015—2014《海堤工程设计规范》规定,对于波浪作用下的单个预制混凝土异形块体、块石的稳定质量Q可按公式计算,并以此为最大值,以$0.9Q$为最小值。

8. 护脚块体质量

根据GB/T 51015—2014《海堤工程设计规范》规定,护脚块体的稳定质量需根据堤前最大波浪底流速确定,见表6.7。

表6.7 堤前护脚块体的稳定质量

底流速V_{max}/(m/s)	块体质量/kg
1.0	10
2.0	40
3.0	80

续表

底流速 V_{max}/(m/s)	块体质量/kg
4.0	140
5.0	200

根据 GB/T 51015—2014《海堤工程设计规范》中公式计算堤前最大波浪底流速,与表 6.7 对比,以同一级别对应的护脚块体质量为最大值,以低一流速级别对应的护脚块体质量为最小值。

6.2.5 海堤安全风险评估赋权方法

1. 方法概述

在多指标综合评估中,权重的确定是一个基本步骤。权重的取值是否合理,直接影响堤防工程综合评估的效果。因此,科学地确定各指标的权重在多指标综合评估中起着举足轻重的作用。堤防工程安全性指标体系权重的确定涉及两个方面的内容:权数的选择和赋权方法的确定。

1) 权数的选择

权数是权衡被评估对象在总体诸因素中相对重要性程度的量值。指标间的相对重要性程度可以从不同角度来反映,包括信息量的多少、独立性的大小、可靠性的高低以及评估者的判断等。与此相对应,从不同方面反映指标相对重要性的权包括信息量权、独立性权、可靠性权和估价权等。各权数的特点见表 6.8。

表 6.8 权数的特点

权数	优点	缺点
信息量权	比较不同评估指标间的优劣,可用于处理多方案决策问题或者多个单位之间的评比	无法给出单个评估对象内部各指标相对重要性程度的信息
独立性权	适合于处理随机现象	应用范围窄
可靠性权	针对指标值的确定性程度	完全不考虑各指标对总体性能指标优劣的影响程度
估价权	实用性很广,可以较为准确地反映指标体系中各指标的相对重要性程度	评估者的主观判断影响大

根据堤防工程安全评估问题的性质特点,其权数应为估价权。计算指标的权重,就是指各下层指标对其所属上层指标性能影响程度的量化。

2) 赋权方法的确定

赋权方法包括客观赋权法和主观赋权法,其特点见表 6.9。虽然估价权是以评估者的主观判断为依据的,但是如果能够综合考虑客观赋权方法,可以扬长避短,建立适合海堤工程安全评估指标的静、动态权系数优化融合赋权模型。在监测、检测资料缺乏的情况下,可利用层次分析法建立静态权重模型,虽然其主要依靠评估者的主观判断,但也有一定的客观性,是比较有效的权重确定方法。传统的层次分析法通过一定的标度方法量化各指标间的相对重要性,从而构造判断矩阵,并检验矩阵的一致性,若矩阵的一致性不能得到满足,则需重新调整判断矩阵,直至满足一致性检验,最后得到各指标的权重值。但该方法所构造的判断矩阵往往很难满足一致性检验,计算量较大。因而,近年来,有学者提出 G1 法计算权重值。G1 法要求评估者先对各指标按照重要性大小排序,进而采用标度方法量化相对重要性,最后通过归一化条件得到各指标的权重。该方法可以避免检验矩阵的一致性,减小计算量。

表 6.9 赋权方法的特点

赋权方法	特点
客观赋权法	以监测数据为基础,通过数学处理确定权重,虽然其客观性很强,但是仅仅简单地考虑了各数据之间的联系,而忽视了各因素在堤防结构上的地位和作用,并且其要求的信息量较大,很难收集
主观赋权法	主要依靠人们的经验和知识确定各因素的相对重要性,虽然在一定程度上反映了实际情况,但是忽视了实测的样本信息,带有很大的主观性和随机性,往往会偏离客观实际

关于量化相对重要性的标度方法,传统的做法是采用 1~9 标度法,后有学者提出了 9/9~9/1 标度法、10/10~18/2 标度法、指数标度法等[80]方法,不同程度地改善了原 1~9 标度方法的不足,各标度法对应的标度值见表 6.10。

表 6.10 层次分析法的四种标度

区分	1~9 标度法	9/9~9/1 标度法	10/10~18/2 标度法	指数标度法
相同	1	9/9(1.000)	10/10(1.000)	9^0(1.000)
稍微大	3	9/7(1.286)	12/8(1.500)	$9^{(1/9)}$(1.277)
明显大	5	9/5(1.800)	14/6(2.333)	$9^{(3/9)}$(2.080)
强烈大	7	9/3(3.000)	16/4(4.000)	$9^{(6/9)}$(4.327)
极端大	9	9/1(9.000)	18/2(9.000)	$9^{(9/9)}$(9.000)
通式	K $K=1\sim9$	$9/(10-K)$ $K=1\sim9$	$(9+K)/(11-K)$ $K=1\sim9$	$9^{(K/9)}$ $K=1\sim9$

无论是 1~9 标度法,还是 9/9~9/1 标度法、10/10~18/2 标度法及指数标度

法,其共同特点都是在进行两两比较时,先划分若干比较级别,再根据比较对象的具体情况进行级别判定。这样做的好处是使权重的确定规范化,不足之处在于分类过于苛刻,限制过于死板。因此,学者提出了乘积标度法,即在对指标重要性两两比较时,不先划分过多的等级,而只设置两个等级,即指标 A 与指标 B 的重要性"相同"或"稍微大",然后以此作为基础递进乘积分析。这样的权重确定方法具有较大的灵活性。除 1~9 标度法关于"稍微大"的标度值较大,其余 3 种标度方法关于"稍微大"的标度值比较接近,且均为 1.1~1.5。为此,乘积标度法对"稍微大"的标度值取后 3 种标度法的平均值,即 1.354。对指标进行两两比较,确定指标 A 与指标 B 之间的重要性差异属于"相同"还是"稍微大"。当指标 A 与指标 B 之间的重要性用"稍微大"还不足以反映时,可以用多个"稍微大"来反映,则指标 A 与指标 B 的相对重要性为 1.354。

2. 权重确定

1) 漫堤破坏

在漫堤破坏的评估体系中,主要考虑潮位和越浪量的作用,两者共同控制漫堤破坏的风险,可以认为两者的重要性相同。因此,潮位和越浪量的权重为(0.5,0.5)。

2) 溃堤破坏

在溃堤破坏的评估体系中,指标因子包括防浪墙抗滑、防浪墙抗倾、整体稳定、渗透稳定、护坡稳定以及护脚稳定。一般认为,渗透稳定在海堤破坏中较为常见,且往往会引起较为严重的破坏,另外,整体滑动失稳也是海堤破坏的主要形式之一。防浪墙以及护坡、护脚的破坏是海堤局部结构的破坏,有可能会进一步引起海堤整体的功能性破坏,但其本身并不会对海堤主体结构产生严重破坏。相对于护坡、护脚,防浪墙对于海堤结构的影响更为显著。当海堤的防浪墙遭到破坏时,会进一步加剧波浪对海堤的破坏作用,因此对该子系统中指标因子重要性排序如下:

渗透稳定=整体稳定≫防浪墙抗滑=防浪墙抗倾>护坡稳定=护脚稳定

其中"="表示两者的重要性相同,">"表示前者比后者的重要性"稍微大",即相对重要性为 1.354,"≫"表示前者比后者的重要性有两个"稍微大",即相对重要性为 1.354^2。

因此,各指标的权重值计算见表 6.11。

表 6.11 溃堤子系统中各指标权重值

指标	渗透稳定	整体稳定	防浪墙抗滑	防浪墙抗倾	护坡稳定	护脚稳定
权重	0.257	0.257	0.140	0.140	0.103	0.103

6.3　浙江台州十一塘海堤安全风险评估实例

本节以浙江台州十一塘海堤为例，应用以上所建立的指标评估体系，对该堤段在台风作用下的安全风险作出评估。

6.3.1　海堤概况

台州市椒江区十一塘围垦工程位于台州湾西侧，北至椒江口南岸，南到椒江、路桥两区的交界处。围区自北向南分布，东西宽3.1～4.2km，南北长约8.2km，为淤泥质滩涂，滩涂资源丰富。围区自西向东逐渐降低，平均坡度约1/1500，顺堤位置涂面高程为-1.6～-2.3m(1985国家高程基准，下同)。十一塘海堤研究堤段平面示意图如图6.3所示。

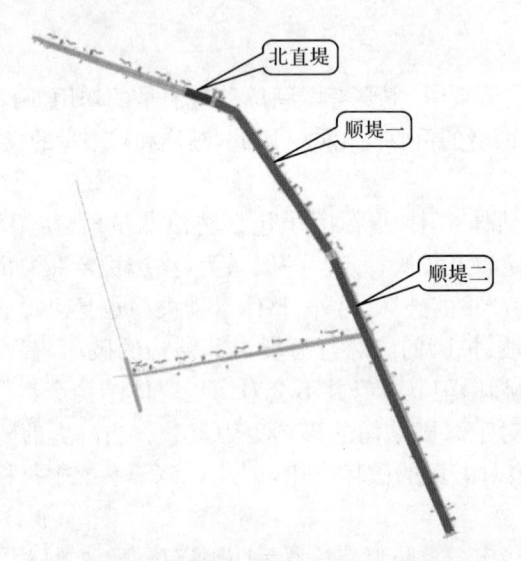

图6.3　十一塘海堤研究堤段平面示意图

根据《台州市椒江区十一塘围垦工程可行性研究报告》及《台州市椒江区十一塘围垦工程初步设计报告》，十一塘海堤位于台州东部新区围垦工程区域的东侧，面临东海。十一塘海堤由北直堤和顺堤组成，其中堤线布置北直堤长2947.09m、顺堤长7614.56m。北直堤连接十塘，起点位于山东十塘与三甲十塘顺堤交接处，方向东偏南19°4′8″，堤线走向与椒江航道基本平行。顺堤西北东南走向，南端与南隔堤相连，堤线走向为正东方向偏北7°6′47″，北段沿-1.60～-1.8m等高线布置，东闸以南向东南偏南方向延伸至-2.30m等高线，北端通过圆弧与北直堤相连，南端与三山北涂围垦工程顺堤相接。

根据沿线地质和波浪条件,设计时北直堤分为七段,顺堤分为两段,本章选取北直堤的第七段以及顺堤的两段堤段,断面结构分别记为顺堤标准断面一(顺堤一)、顺堤标准断面二(顺堤二)。

十一塘海堤的北直堤、顺堤的设计等级为Ⅲ级。海堤挡潮标准为50年一遇高潮位,遭遇50年一遇风浪,按允许部分越浪设计。海堤设计潮位:顺堤 $h_{2\%}$ = 5.19m,北直堤 $h_{2\%}$ = 5.24m。

北直堤和顺堤堤身结构采为土石混合(即石堤挡潮防浪、土堤闭气防渗)结构。海堤断面结构型式采用上陡下斜设消浪平台的复合断面型式。海堤消浪护坡结构顺堤采用四脚空心块护坡,北直堤采用四脚空心块和灌砌块石结构。

1. 北直堤结构

北直堤(S0+000~S2+947.09)堤身结构为土石混合结构,均为下部斜坡、上部陡墙的复式断面。断面一防浪墙顶高程为7.8m,堤顶高程为7.0m;断面二防浪墙顶高程为8.0m,堤顶高程为7.2m;断面三防浪墙顶高程为8.1m,堤顶高程为7.3m。北直堤堤顶宽为6.7m,净宽为6.0m。

(1)迎潮面。迎潮面采用干砌石棱体外包厚70cm的灌砌块石护面,灌砌块石外坡坡度1∶0.4,棱体顶宽1.80m(含灌砌块石),背水坡坡度1∶0.1。迎潮面设消浪平台,平台高程4.0m,断面一到断面二平台以下边坡坡度1∶2,护面采用45~60cm的灌砌块石。断面三平台下边坡坡度1∶3,设2.5t四脚空心块消浪,下垫35cm的灌砌块石。

(2)镇压平台。高程3.0~1.5m,宽12.0~18.0m,平台表面靠近坡脚和外侧转角设灌砌块石护面,其余范围采用单重140kg的大块石抛理。

(3)堤脚防冲。镇压层外侧坡度1∶4,护面采用单重140kg的大块石抛理护面。坡脚设抛石护底,断面三宽10m,其余宽3m,块石单重140kg。本工程建成后,北直堤断面三范围外侧涂面有一定冲刷,冲刷深度0.1~0.2m。因此,适当加宽外侧抛石护底既有利于堤身稳定,也有利于堤前防冲。

(4)背水坡。内坡闭气土方设2级平台,高程分别为2.0~3.0m和4.0~4.5m。背水坡自堤顶至堤脚坡度分别为1∶3、1∶6和1∶12~1∶16。背水坡4.0~4.5m平台宽9m,设宽7m泥结石路面,下设50cm石渣垫层和TGDG80土工格栅。4.0~4.5m平台以上至堤顶采用浆砌块石护面,自上而下分别为厚30cm M10浆砌块石、厚20cm碎石垫层和300g/m² 短纤针刺无纺土工布。坡脚设60cm×80cm灌砌块石地梁和集水沟。背水坡4.0~4.5m平台以下采用草皮护坡。内侧坡脚设顶宽6m的子堤,以便于涂泥填筑。

(5)反滤与排水。外侧抛石体与内侧闭气土方之间采用400g/m² 短纤针刺无纺土工布作反滤层,无纺土工布底部设30cm碎石垫层找平。迎潮面灌砌块石或

混凝土护面布置 ϕ100mm 排水孔,间距 2m。

(6) 堤顶。堤顶设高 80cm C25 混凝土防浪墙,顶部设 ϕ8cm 高钢护栏 30cm。堤顶路面为沥青混凝土路面。路面结构层由上到下分别为:厚 10cm 沥青混凝土路面、厚 20cm 水泥石屑稳定层、厚 40cm 石渣垫层。堤顶路面以下均为抛石。

(7) 分缝。灌砌块石护面、混凝土护面、混凝土排水沟、防浪墙每隔 10m 设一沉降缝,缝宽 2cm,浸沥青松木板填缝。

(8) 地基处理。北直堤排水板间距 1.4m,堤身中部深 18～22m,两侧镇压层深 14～18m,堤身中部比两侧镇压层范围排水板深 4～6m,处理宽度 43.4～58.8m。基面铺设 50kN/m 丝机织布,排水碎石垫层厚 80cm,排水垫层顶面铺设 TGDG120 土工格栅一层,作为加筋材料。

2. 顺堤结构

顺堤堤身结构为土石混合结构,断面型式为下部斜坡、上部陡墙的复式断面。顺堤涂面高程−1.6～−2.3m,顺堤分为 2 段:断面一为 S2+947～S5+900、断面二为 S5+900～S10+561.65(除龙口段和转运平台段)。断面一防浪墙顶高程 8.6m,堤顶高程 7.8m。断面二防浪墙顶高程 8.8m,堤顶高程 8.0m。顺堤堤顶宽 6.70m,净宽 6.0m。

(1) 迎潮面。迎潮面消浪平台宽 5.0m、断面一高程 4.5m、断面二高程 4.8m,平台表面设 70cm 灌砌块石护面。消浪平台设于设计高潮位附近,有利于消浪和降低波浪爬高;同时作为施工通道,有利于砌石陡墙的施工。平台间斜坡坡度 1:3,斜坡上设 2.5T 四脚空心块消浪,下垫 35cm 灌砌块石。消浪平台以上迎潮面采用干砌石棱体外包 70cm 灌砌块石护面,外侧 35cm 采用花岗岩灌砌,灌砌块石外坡坡度 1:0.4,棱体顶宽 1.8m(含灌砌块石),背水坡坡度 1:0.1。

(2) 镇压平台。顺堤断面一高程 1.5m,宽 20m;断面二高程 1.2m,宽 25m。平台表面靠近斜坡的 6m 范围采用厚 45cm C20 灌砌块石护面,外侧转角承受波浪力较大部位设宽 4m、厚 70cm 灌砌块石护面,镇压层其余范围均采用预制混凝土框格内抛理单重 200kg 大块石护面。

(3) 堤脚防冲。镇压层外侧坡度 1:5,护面采用单重 200kg 大块石抛理护面。坡脚设抛石护底,宽 10m,块石单重 140kg。本工程建成后,顺堤断面一范围外侧涂面有一定冲刷,冲刷深度 0.1～0.2m。因此,适当加宽外侧抛石护底既有利于堤身稳定,也有利于堤脚防冲。

(4) 背水坡。内坡闭气土方设 2 级镇压平台,高程分别为 2.0m 和 4.3m。背水坡自堤顶至堤脚坡度分别为 1:3、1:6 和 1:16。为降低内侧闭气土工程量,将内坡闭气土顶高程降低至 6.0m,高于设计高潮位 0.81m,闭气土顶宽 1.3m,满足规范中闭气土高于设计潮位 0.5m,顶宽>1m 的要求。背水坡 4.3m 平台宽

9m,设宽7m泥结石路面,下设50cm石渣垫层和TGDG80土工格栅。4.3m平台以上至6.5m采用30cm的M10浆砌块石护面,下垫层为厚20cm碎石垫层、300g/m²短丝无纺土工布。坡脚设80cm×60cm灌砌块石地梁。6.5m至堤顶范围内,受越浪影响较大,块石单重适当提高,采用厚35cm M10浆砌块石护面。背水坡2.0~4.0m平台范围均采用草皮护坡。内侧坡脚设顶宽6m的子堤,以便于涂泥填筑。

(5) 反滤与排水。抛石体与闭气土方之间采用400g/m²短丝无纺土工布作反滤层,无纺土工布底部设30cm碎石垫层。为减少波浪的吸力,以及降低内侧土压力,在消浪平台以上30cm、消浪平台以及镇压平台灌砌块石护面均布置ϕ10cm排水孔,间距2m。排水孔内填碎石,防止淤堵。

(6) 堤顶。堤顶设高80cm C25混凝土防浪墙,顶部设ϕ8cm高钢护栏30cm。堤顶路面为沥青混凝土路面。路面结构层由上到下分别为:厚10cm沥青混凝土路面、厚20cm水泥石屑稳定层、厚40cm石渣垫层。堤顶路面以下均为抛石。

(7) 分缝。灌砌块石护面、防浪墙、混凝土排水沟每隔10m设一沉降缝,缝宽2cm,浸沥青松木板填缝。

(8) 地基处理。顺堤排水板间距1.4m,深18~24m,处理宽度63~72.8m,堤身中部比两侧镇压层范围排水板深5~6m。基面铺设50kN/m机织布,排水碎石垫层厚80cm,排水垫层顶面铺设120kN/m长丝机织土工布一层,作为加筋材料。

(9) 其他。内侧抛石在0.8m高程设置平台,主要考虑在抛石施工前期,抛石坝填筑至2.0~2.5m(即平均高潮位附近)前,自身能确保稳定,可避免闭气土在抛石断面较低时就必须施工造成的过大冲损。这虽然增加了一定投资,但便于前期抛石施工,使前期抛石施工不必等待土方跟进,也有利于降低涂泥冲损。

6.3.2 海堤地质条件

1. 北直堤

沿北直堤共布设6个断面,最大揭露深度50.0m。经勘察,土层可分为4个地质层、10个亚层,分别为1-1层淤泥质粉质黏土、2-1层淤泥、2-2层淤泥质粉质黏土、3-1层淤泥质黏土、3-2层淤泥、3-3层淤泥质黏土、3-4层淤泥质粉质黏土、4-1层淤泥质粉质黏土、4-2层黏土和4-3层粉质黏土。各土层自上而下见表6.12。

表6.12 北直堤地基土层划分 (单位:m)

层号	土层名称	层顶高程	层厚	分布范围
1-1	淤泥质粉质黏土	-1.60~0.95	1.9~6.2	往堤线以东逐渐尖灭
2-1	淤泥	-7.17~-1.30	1.5~5.3	均有分布

续表

层号	土层名称	层顶高程	层厚	分布范围
2-2	淤泥质粉质黏土	−9.55~−4.90	1.2~6.3	均有分布
3-1	淤泥质黏土	−13.70~−8.56	0.6~7.0	均有分布
3-2	淤泥	−18.15~−10.98	2.0~10.5	均有分布
3-3	淤泥质黏土	−21.75~−16.80	1.7~6.5	均有分布
3-4	淤泥质粉质黏土	−25.27~−21.00	4.0~8.5	均有分布
4-1	淤泥质粉质黏土	−30.75~−27.30	5.5~8.9	均有分布
4-2	黏土	−36.38~−34.35	12.0~14.0	堤线东侧揭露
4-3	粉质黏土	−48.35~−48.35	最大揭露3m	北闸有揭露

2. 顺堤

沿顺堤堤线共布设9条横断面，最大孔深50m。经勘察，顺堤堤基50m以上的土层可分为3个地质层、9个亚层，分别为2-1层淤泥、2-2层淤泥质粉质黏土、3-1层淤泥质黏土、3-2层淤泥、3-3层淤泥质黏土、3-4层淤泥质粉质黏土、4-1层淤泥质粉质黏土、4-2层黏土和4-3层粉质黏土。各土层自上而下见表6.13。

表6.13 顺堤地基土层划分　　　　　　　　　　（单位：m）

层号	土层名称	层顶高程	层厚	分布范围
2-1	淤泥	−2.34~−1.20	2.5~7.5	全场分布
2-2	淤泥质粉质黏土	−9.35~−4.50	2.0~9.5	全场分布
3-1	淤泥质黏土	−14.04~−7.65	2.5~8.8	全场分布
3-2	淤泥	−18.60~−13.65	2.5~7.2	全场分布
3-3	淤泥质黏土	−23.82~−17.86	0.8~4.9	全场分布
3-4	淤泥质粉质黏土	−26.74~−20.40	1.5~8.5	全场分布
4-1	淤泥质粉质黏土	−31.24~−26.26	3.2~20.0	全场分布
4-2	黏土	−48.90~−29.46	最大揭露5.8m	仅在中间和南段揭露
4-3	粉质黏土	−35.26~−35.26	最大揭露13m	仅在Z1孔揭露

6.3.3　海堤漫堤风险评估

根据6.2节建立的海堤安全风险评估指标体系，分别考虑潮位、越浪量的作用，建立各指标隶属函数，结合权重模型，计算各堤段不同潮位、波浪组合下漫堤风险安全评估值。各计算表中底纹表示评估值小于0.5的情况，意味着出现重大险情。

1. 北直堤

北直堤漫堤风险安全评估值计算见表6.14。

表6.14 漫堤风险安全评估值计算表（北直堤）

平均波高/m	潮位						
	5.10m	5.20m	5.30m	5.40m	5.50m	5.60m	5.70m
2.00	1.00	1.00	0.92	0.79	0.66	0.53	0.50
2.10	1.00	1.00	0.92	0.79	0.66	0.53	0.50
2.20	1.00	1.00	0.92	0.79	0.66	0.53	0.50
2.30	1.00	1.00	0.92	0.79	0.66	0.53	0.50
2.40	1.00	1.00	0.92	0.79	0.66	0.53	0.50
2.50	1.00	1.00	0.92	0.79	0.66	0.53	0.50
2.60	1.00	1.00	0.92	0.79	0.66	0.53	0.50
2.70	1.00	1.00	0.92	0.79	0.66	0.53	0.50
2.80	1.00	1.00	0.92	0.79	0.64	0.47	0.40
2.90	1.00	1.00	0.88	0.71	0.53	0.35	0.27
3.00	0.95	0.90	0.78	0.59	0.41	0.22	0.14
3.10	0.85	0.80	0.66	0.47	0.28	0.08	0.00
3.20	—	0.69	0.54	0.35	0.16	0.03	0.00
3.30	—	—	—	0.29	0.16	0.03	0.00
3.40	—	—	—	—	—	0.03	0.00

2. 顺堤一

顺堤一漫堤风险安全评估值计算见表6.15。

表6.15 漫堤风险安全评估值计算表（顺堤一）

平均波高/m	潮位						
	5.10m	5.20m	5.30m	5.40m	5.50m	5.60m	5.70m
2.00	1.00	0.99	0.87	0.76	0.64	0.52	0.50
2.10	1.00	0.99	0.87	0.76	0.64	0.52	0.50
2.20	1.00	0.99	0.87	0.76	0.64	0.52	0.50
2.30	1.00	0.99	0.87	0.76	0.64	0.52	0.50
2.40	1.00	0.99	0.87	0.76	0.64	0.52	0.50
2.50	1.00	0.99	0.87	0.76	0.64	0.52	0.50

续表

平均波高/m	潮位						
	5.10m	5.20m	5.30m	5.40m	5.50m	5.60m	5.70m
2.60	1.00	0.99	0.87	0.76	0.64	0.52	0.50
2.70	1.00	0.99	0.87	0.76	0.62	0.47	0.41
2.80	1.00	0.97	0.82	0.66	0.50	0.34	0.27
2.90	0.92	0.86	0.70	0.53	0.36	0.19	0.11
3.00	0.80	0.74	0.57	0.39	0.22	0.04	0.00
3.10	0.68	0.61	0.43	0.26	0.14	0.02	0.00
3.20	0.56	0.49	0.37	0.26	0.14	0.02	0.00
3.30	0.50	0.49	0.37	0.26	0.14	0.02	0.00
3.40	—	—	0.37	0.26	0.14	0.02	0.00
3.50	—	—	—	—	0.14	0.02	0.00
3.60	—	—	—	—	—	—	0.00

3. 顺堤二

顺堤二漫堤风险安全评估值计算见表6.16。

表6.16 漫堤风险安全评估值计算表(顺堤二)

平均波高/m	潮位						
	5.10m	5.20m	5.30m	5.40m	5.50m	5.60m	5.70m
2.00	1.00	0.99	0.87	0.76	0.64	0.52	0.50
2.10	1.00	0.99	0.87	0.76	0.64	0.52	0.50
2.20	1.00	0.99	0.87	0.76	0.64	0.52	0.50
2.30	1.00	0.99	0.87	0.76	0.64	0.52	0.50
2.40	1.00	0.99	0.87	0.76	0.64	0.52	0.50
2.50	1.00	0.99	0.87	0.76	0.64	0.52	0.50
2.60	1.00	0.99	0.87	0.76	0.64	0.52	0.50
2.70	1.00	0.99	0.87	0.76	0.64	0.52	0.50
2.80	1.00	0.99	0.87	0.76	0.63	0.47	0.42
2.90	1.00	0.97	0.81	0.66	0.50	0.34	0.28
3.00	0.91	0.86	0.69	0.53	0.37	0.20	0.12
3.10	0.80	0.73	0.57	0.39	0.22	0.05	0.00
3.20	0.68	0.61	0.43	0.26	0.14	0.02	0.00

续表

平均波高/m	潮位						
	5.10m	5.20m	5.30m	5.40m	5.50m	5.60m	5.70m
3.30	0.55	0.49	0.37	0.26	0.14	0.02	0.00
3.40	0.50	0.49	0.37	0.26	0.14	0.02	0.00
3.50	0.50	0.49	0.37	0.26	0.14	0.02	0.00
3.60	—	—	0.37	0.26	0.14	0.02	0.00
3.70	—	—	—	—	0.14	0.02	0.00
3.80	—	—	—	—	—	—	0.00

6.3.4 海堤溃堤风险评估

与海堤漫堤风险计算方法类似，本节计算各堤段不同潮位、波浪组合下的溃堤风险安全评估值。

1. 北直堤

北直堤溃堤风险安全评估值计算见表 6.17。

表 6.17 溃堤风险安全评估值计算表（北直堤）

平均波高/m	潮位						
	5.10m	5.20m	5.30m	5.40m	5.50m	5.60m	5.70m
2.00	1.00	1.00	1.00	1.00	1.00	1.00	0.72
2.10	1.00	1.00	1.00	1.00	1.00	0.98	0.72
2.20	1.00	1.00	1.00	1.00	1.00	0.91	0.72
2.30	1.00	1.00	1.00	1.00	1.00	0.87	0.72
2.40	1.00	1.00	1.00	1.00	1.00	0.83	0.72
2.50	1.00	1.00	1.00	1.00	1.00	0.77	0.72
2.60	1.00	1.00	1.00	1.00	0.97	0.72	0.72
2.70	1.00	1.00	1.00	1.00	0.86	0.72	0.72
2.80	1.00	1.00	1.00	1.00	0.74	0.72	0.72
2.90	1.00	1.00	1.00	1.00	0.72	0.72	0.72
3.00	1.00	1.00	1.00	1.00	0.72	0.72	0.72
3.10	1.00	1.00	1.00	1.00	0.72	0.72	0.72
3.20	0.00	1.00	1.00	1.00	0.72	0.72	0.72
3.30	0.00	0.00	0.00	0.97	0.72	0.72	0.72
3.40	0.00	0.00	0.00	0.00	0.00	0.72	0.72

2. 顺堤一

顺堤一溃堤风险安全评估值计算见表6.18。

表 6.18 溃堤风险安全评估值计算表(顺堤一)

平均波高/m	潮位						
	5.10m	5.20m	5.30m	5.40m	5.50m	5.60m	5.70m
2.00	0.98	0.98	0.98	0.98	0.98	0.71	0.69
2.10	0.98	0.98	0.98	0.98	0.98	0.70	0.69
2.20	0.98	0.98	0.98	0.98	0.97	0.70	0.69
2.30	0.98	0.98	0.98	0.98	0.93	0.70	0.69
2.40	0.98	0.98	0.98	0.98	0.89	0.70	0.69
2.50	0.98	0.98	0.98	0.98	0.70	0.70	0.69
2.60	0.98	0.98	0.98	0.98	0.70	0.70	0.69
2.70	0.98	0.98	0.98	0.87	0.70	0.70	0.69
2.80	0.98	0.98	0.98	0.77	0.70	0.70	0.69
2.90	0.98	0.98	0.98	0.72	0.70	0.70	0.69
3.00	0.98	0.98	0.98	0.70	0.70	0.70	0.69
3.10	0.98	0.98	0.98	0.70	0.70	0.70	0.69
3.20	0.98	0.98	0.98	0.70	0.70	0.70	0.69
3.30	0.98	0.98	0.98	0.70	0.70	0.70	0.69
3.40	—	—	0.98	0.70	0.70	0.70	0.69
3.50	—	—	—	—	0.70	0.70	0.69
3.60	—	—	—	—	—	—	0.69

3. 顺堤二

顺堤二溃堤风险安全评估值计算见表6.19。

表 6.19 溃堤风险安全评估值计算表(顺堤二)

平均波高/m	潮位						
	5.10m	5.20m	5.30m	5.40m	5.50m	5.60m	5.70m
2.00	0.90	0.90	0.90	0.90	0.78	0.76	0.61
2.10	0.90	0.90	0.90	0.90	0.76	0.76	0.61
2.20	0.90	0.90	0.90	0.90	0.76	0.76	0.61
2.30	0.90	0.90	0.90	0.90	0.76	0.73	0.61

续表

平均波高/m	潮位						
	5.10m	5.20m	5.30m	5.40m	5.50m	5.60m	5.70m
2.40	0.90	0.90	0.90	0.90	0.76	0.69	0.61
2.50	0.90	0.90	0.90	0.76	0.75	0.62	0.61
2.60	0.90	0.90	0.90	0.76	0.66	0.62	0.61
2.70	0.90	0.90	0.90	0.76	0.62	0.62	0.61
2.80	0.90	0.90	0.86	0.76	0.62	0.62	0.61
2.90	0.90	0.90	0.80	0.76	0.62	0.62	0.61
3.00	0.90	0.90	0.76	0.76	0.62	0.62	0.61
3.10	0.90	0.90	0.76	0.76	0.62	0.62	0.61
3.20	0.90	0.90	0.76	0.72	0.62	0.62	0.61
3.30	0.90	0.90	0.76	0.68	0.62	0.62	0.61
3.40	0.90	0.90	0.79	0.76	0.62	0.62	0.61
3.50	0.90	0.90	0.76	0.76	0.62	0.62	0.61
3.60	—	—	0.76	0.69	0.62	0.62	0.61
3.70					0.62	0.62	0.61
3.80							0.61

由6.3.3节及6.3.4节的计算结果,从破坏形式上看,漫堤风险总体大于溃堤风险,表明海堤发生漫堤破坏的概率更大,研究堤段的结构稳定性较好,不易出现重大的结构性破坏。从不同堤段来看,北直堤比顺堤堤段的安全值高,说明北直堤发生破坏的概率要小,相对顺堤堤段更为安全。

6.3.5 海堤安全风险的动态评估示例

本节以一场假想风暴潮过程为例来说明海堤风险的动态评估过程。图6.4给出了在该场假想台风期间四个不同时刻的漫堤风险评估结果。场图中不同的灰度代表有效波高的分布情况,海堤上的不同灰度代表漫堤安全系数的大小。

在进行海堤安全风险的动态评估时,可根据潮位和有效波高的预报值,快速地在对应的表格中进行场景匹配,得到对应的海堤安全系数。以漫堤风险为例,可根据潮位和有效波高的预报结果,在表6.15～表6.17中匹配对应的场景。通过图6.4说明假想台风不同时刻的漫堤风险评估:在图6.4(a)时刻,已产生较大增水,但有效波高值不大,因此海堤颜色变浅,几条堤段漫堤安全系数全部为1,即很安全;在图6.4(b)时刻,随着增水的升高和波高的增大,在顺堤二北段海堤颜色加深,即漫堤安全系数降低到0.5以下,需要发布该堤段的漫堤预警;在图6.4(c)

时刻,随着增水达到最高值,考虑的所有堤段颜色均为深色,即整条海堤漫堤安全系数降低到 0.5 以下,需要发布整条海堤沿线的漫堤预警;在图 6.4(d)时刻,虽然潮位相对较低,但有效波高值达到较大数值,考虑的所有堤段颜色仍为深色,即整条海堤漫堤安全系数仍在 0.5 以下,整条海堤沿线的漫堤预警仍未解除。

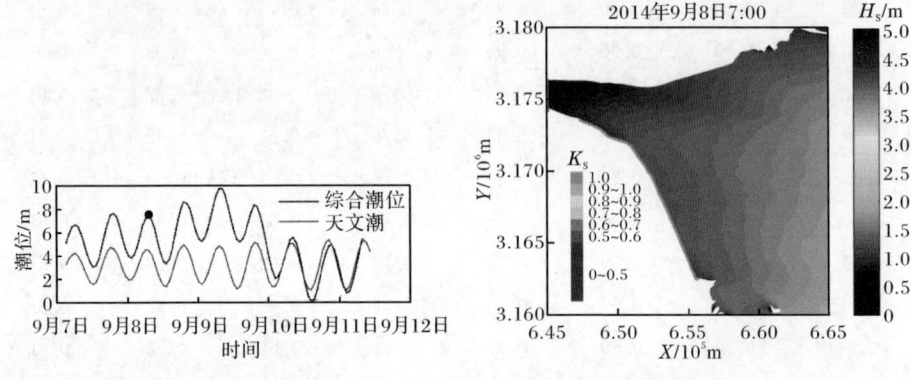

(a) 2014 年 9 月 8 日 7:00 潮位、有效波高和漫堤安全系数

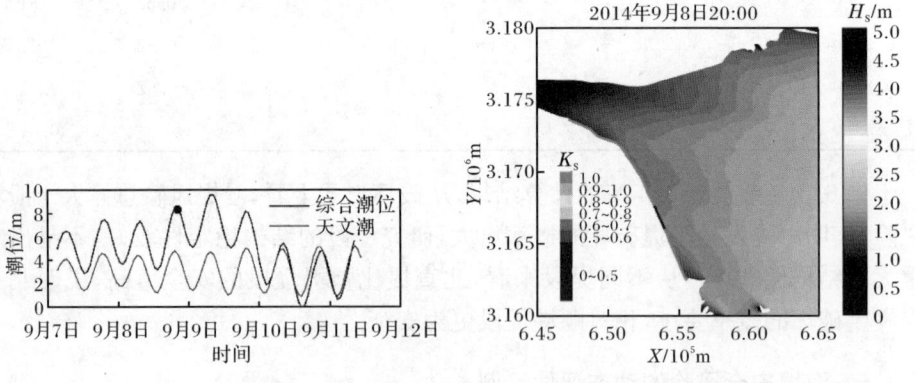

(b) 2014 年 9 月 8 日 2:00 潮位、有效波高和漫堤安全系数

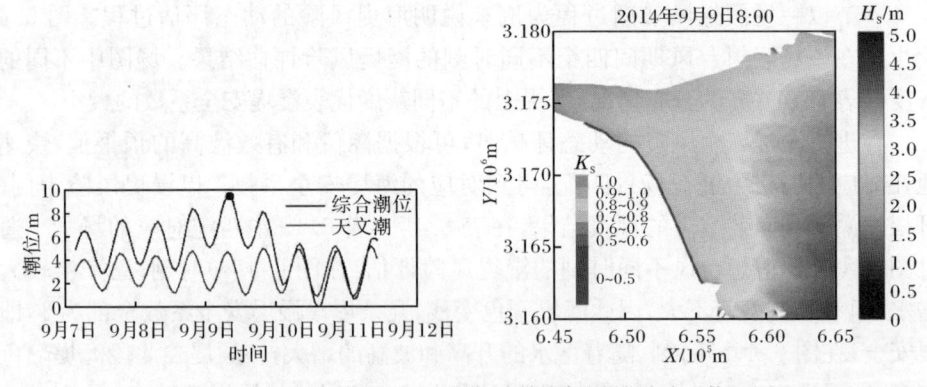

(c) 2014 年 9 月 9 日 8:00 潮位、有效波高和漫堤安全系数

第6章 海堤安全风险动态评估

(d) 2014年9月9日13:00潮位、有效波高和漫堤安全系数

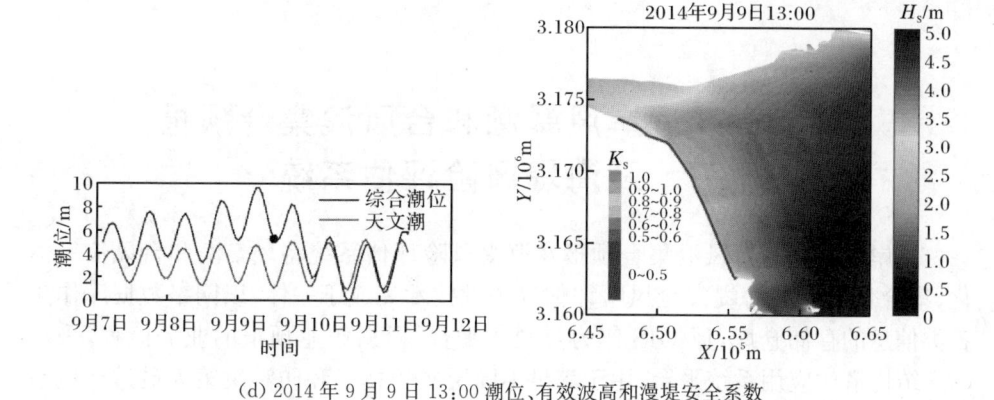

图6.4 十一塘海堤研究堤段漫堤风险动态评估

6.4 小　　结

本章主要内容如下：

(1) 针对海堤破坏的特点，从漫堤、溃堤两方面入手，分析影响海堤安全的主要因素，并在此基础上，运用层次分析法建立了海堤安全风险评估指标体系。

(2) 针对我国海堤工程的设计特点，采用模糊数学中求隶属函数的方法，具体提出每一个指标的量化方法；比较不同指标的重要性程度，应用G1法建立权重模型。

(3) 与现有研究成果相比，该评估体系不再以具体的某一土质参数为指标，而是综合考虑了各土质参数对海堤结构的影响，更为合理。同时，该评估指标体系主观性显著减小，对评估者的经验要求不高，有效降低了评估者主观意识对评估结果的影响，可操作性更强，同时，也更为符合我国海堤工程的设计特点。

(4) 将海堤安全风险评估指标体系应用于浙江台州十一塘海堤，对该海堤的漫堤风险、溃堤风险分别作出了评估。结果表明，该堤段的漫堤风险远大于溃堤风险，且北直堤比顺堤的安全性稍高。

(5) 将上述评估方法与风暴潮和台风浪的预报结果相结合，可以实现台风期间海堤安全风险的实时动态评估。

第7章 近岸风暴潮和台风浪集合预报及海堤风险评估系统

近岸风暴潮和台风浪集合预报及海堤风险评估系统将风暴潮和台风浪一体化、集合化预报和海堤安全风险评估等关键技术集成于一体,以网络数据库作为各类信息的存储仓库,以 GIS 作为可视化平台,根据作业预报的业务流程,采用 C/S 结构搭建应用系统平台,用于满足不同层次的技术和防洪决策人员进行风暴灾害预报、计算分析、信息查询的需要。

7.1 系统总体架构

7.1.1 系统结构

近岸风暴潮和台风浪集合预报及海堤风险评估系统开发采用 C/S 模式。该系统总体包括两部分:专业应用平台和系统数据库。专业应用平台中包含了很多功能模块,可根据现实需求选择功能组件。系统数据库包含了实时水雨情数据库(综合库)和系统专用数据库,如图 7.1 所示。

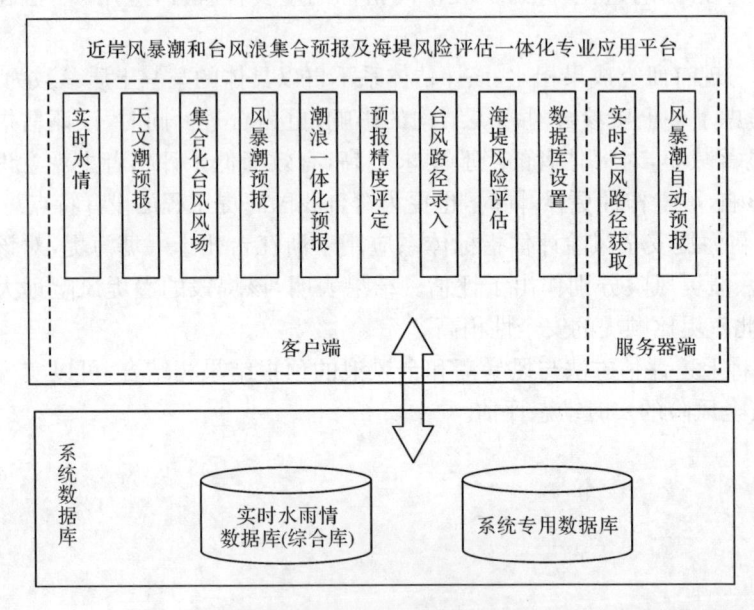

图 7.1 系统总体结构

该系统是一个有机的整体,各部分都具有明确的功能,以满足实际作业预报和决策支持的需要。在软件系统开发中,相互间具有相对的独立性,以系统数据库为纽带完成数据的相互传输。

7.1.2 功能描述

1. 客户端功能组件

如图 7.1 所示,近岸风暴潮和台风浪集合预报及海堤风险评估系统主要功能包括:实时水情、天文潮预报、集合化台风风场、风暴潮预报、潮浪一体化预报、预报精度评定、台风路径录入、海堤风险评估、数据库设置。

1) 实时水情

该功能模块主要完成沿海各潮位站点的实时水位过程的查询,以图表模式进行显示,并采用实测水位数据月报表的形式,方便查询每月逐日逐时的水位数据,便于用户掌握实时、动态的水情信息,为防汛决策提供支持。

2) 天文潮预报

该功能模块主要完成各站的天文潮预报,并将结果保存至系统专用数据库。可采用预报过程线和潮汐表形式对结果进行查询。

3) 集合化台风风场

该功能模块主要实现在台风期间,基于网络实时获取各气象台站的台风实际路径和预报路径、预报最大风速等信息进行集合化预报,包括预报路径、预报最大风速等,提供给风暴潮预报和潮浪一体化预报功能模块,进行风暴潮和台风浪的预报。

4) 风暴潮预报

该功能模块可以对各年份的台风进行查询,选择某一台风时,能显示该台风的实际路径和台风信息(包括中心气压、最大风速、风圈范围等),基于每个实际路径节点能动态显示各预报部门的预报路径。

该功能模块主要完成对各潮位站的增水预报与后报、耦合预报与后报。用户可选择某一年份,选择某场台风,系统将显示该场台风的实测路径,基于实测路径选择一预报时间点,系统将显示当时各预报部门的预报路径,用户可选择一个或多个预报路径,还可人工给定预报路径进行计算。计算完成后,可对各站的后报结果进行查询。

5) 潮浪一体化预报

在一场台风作用过程中,风暴潮和台风浪受到台风的驱动同时发生。二者除了同时受到台风的驱动作用,还会发生相互作用,彼此影响。这种相互作用贯穿于风暴潮和台风浪过程的始终。因此,近岸风暴潮和台风浪一体化预报能够提高风暴潮和台风浪的预报精度。

该功能模块主要实现在台风期间,基于网络实时获取各气象台站的台风实际路径和预报路径、预报最大风速等信息进行近岸风暴潮和台风浪的一体化预报,以提高独立风暴潮预报的精度。

6) 预报精度评定

该功能模块主要完成对所做预报的精度评定。用户在所属年份中,选择某一年份,系统默认为最新的年份;再选择预报部门,系统默认列出了所有的预报部门,用户可任意选择几个预报部门。选择完成后,系统将给出在上述条件下的计算方案(已完成计算的),选择某一计算方案后,系统将从数据库中获取该计算方案下各个站点的数据,包括预报潮位、实测潮位等,并以图表方式显示该站的预报潮位和实测潮位,另外将统计不同预报差值的百分比。

7) 台风路径录入

该功能模块通过手动方式录入新台风及其台风路径。此功能确保在无网络条件下,继续完成风暴增水预报和耦合预报。

8) 海堤风险评估

该功能模块根据沿海各段海堤的自身特性进行抗风险能力评估,在系统运行中,根据计算的潮位与波高,动态评估海堤的溃堤和漫堤风险,为沿海防汛决策提供支持。

9) 数据库设置

该功能模块提供通用数据库连接接口,以使系统适应不同数据库环境的应用。

2. 服务器端功能组件

服务器端的系统由多个功能组件构成,系统在线时,能基于网络共享资源实时获取卫星云图、最新的台风及其实际路径、各预报台预报路径和相关台风信息等,并完成各类数据的入库;当监测到台风中心移动时,系统将采用风暴潮模型进行预报计算,根据当前台风位置与预报台风路径计算沿海各潮位站的潮位及沿海区域增减水,并实时动态生成增减水等值线,提供给其他子系统。服务器端各功能组件列表详见表 7.1。

表 7.1 服务器端各功能组件列表

组件名	功能描述	输入接口	输出接口
实时台风获取组件	获取最新台风	基于网络共享资源	数据库中台风信息表

续表

组件名	功能描述	输入接口	输出接口
实时台风路径获取组件	获取实际路径、各预报台预报路径和相关台风信息等	基于网络共享资源	数据库中实际台风路径表、预报台风路径表
实时卫星云图获取组件	获取最新卫星云图(包括水汽云图、红外线云图和可见光云图)	基于网络共享资源	数据库中台风云图信息表
风暴潮预报组件	采用风暴增水模型等进行潮位预报	数据库中台风信息表、实际台风路径表预报台风路径表	数据库中预报结果表和相关预报结果文本文件
增减水区域生成组件	基于风暴潮计算结果,实时生成区域场文件	相关预报结果文件	调用Sufer输出

7.2 系统数据库

数据库设计目的是为系统数据建模,即以概念数据模型设计为基础,将数据库的概念模式转换为关系数据模式,其结果是关系模式定义集合和数据语义约束定义集合。需要考虑关系数据库的性能和关系数据模型的特点。

7.2.1 逻辑结构设计

1. 逻辑模式设计

逻辑模式设计是初始关系模式设计,主要工作是概念模式到关系模式的转换处理,包括实体转换处理、联系转换处理、子集特殊化转换处理、范畴转换处理等。初步结果是逻辑模式的集合。

2. 逻辑模式规范化

用关系模式规范化方法对逻辑模式进行合并、分解等规范化处理。要求确定关系模式主键,研究属性依赖关系,充分利用关联,降低冗余;消除存储异常;符合第三范式(third normal form,3NF)的范式设计要求。

3. 属性依赖定义

定义关系模式上的属性依赖关系,主要包括主属性与非主属性之间、主属性之间、非主属性之间的依赖关系。如果前一步的逻辑模式规范化工作充分,即所有关系模式都达到 3NF 设计要求,属性依赖定义就剩下主属性与非主属性之间的描述,只有个别没有达到 3NF 要求的关系模式需要对主属性之间和非主属性之间的依赖关系进行定义。

4. 模式评价与修正

模式评价主要包括功能和性能两个方面。经过反复、多次的模式评价和修正之后,最终数据库模式得以确定。逻辑设计阶段结果是全局逻辑视图,是一组符合一定规范的关系模式集合。

5. 视图模式设计

概念设计中可能存在一些引用信息类,如在某些基本信息或联系信息上计算出来的统计信息类,或各水利专业之间相互引用的信息类。它们或者具有计算统计的来源,或者是向其他专业类提出的引用需求。这些信息都是有计算或引用依据的,代表着一种应用观点的数据视图,归并到视图模式设计中。

7.2.2 物理结构设计

数据库的物理结构设计就是为一个给定的逻辑数据模型选取一个最适合应用环境的物理结构的过程。物理结构设计主要包括数据的存储结构和存取方法的设计。物理结构依赖于给定的数据库管理系统(database management system,DBMS)和硬件系统,因此设计时必须充分了解所用 DBMS 的内部特征,特别是存储结构和存取方法,还要考虑应用环境、数据处理频率、响应时间要求、外存设备等特性。数据库设计依据 Oracle 产品的性能指标,根据各数据库数据特性和应用需求,执行表结构设计、关系键设计、语义约束设计、索引设计、分割分区、触发器设计、安全设计等物理设计任务。

7.2.3 数据字典设计

数据字典主要描述数据库的表、视图、索引、主键、外键、规则、权限等对象的结构定义,存储的是关于水利基础数据库的元数据。数据字典在应用程序系统与数据库之间扮演中介角色,也是应用系统开发的基础。数据库的数据字典主要有以下作用:

(1) 数据字典存储数据库的结构信息,是用户了解数据库结构的窗口。

(2) 为数据库用户提供联机帮助,为检索数据提供导航线索。

(3) 为应用程序开发提供数据库结构信息,辅助应用程序原型开发。

(4) 为数据库的维护、扩充、完善过程提供动态技术文档支持。

(5) 为数据库的表、视图、数据项名称提供中英文对照。

(6) 通过数据字典自动生成、更新、维护数据库及其表结构的结构化查询语言(structured query language,SQL)语句。

(7) 辅助应用系统安全性设置。

(8) 为数据库运行作日志辅助管理。

(9) 数据库完整、一致性约束规则描述。

7.2.4 库表结构设计

(1) 天文潮预报表(表7.2)。

表标识：BDMS_FBC_TIDE_TW_F。

表说明：存储潮位站预报潮位及其有关水情的预报信息。

表7.2 天文潮预报表结构

序号	字段名	标识符	类型及长度	有无空值	计量单位	主键	索引序号
1	项目编号	PID	INT	无	—	Y	1
2	预报编号	FID	INT	无	—	Y	2
3	测站编码	STCD	VARCHAR2(8)	无	—	Y	3
4	发生时间	FTM	DATE	无	—	Y	4
5	预报潮位	FTDZ	NUMBER(32,0)	—	m	—	—

(2) 天文潮高低潮位预报表(表7.3)。

表标识：BDMS_FBC_TIDE_HL_F。

表说明：存储潮位站预报潮位高低潮位信息。

表7.3 天文潮高低潮位预报表结构

序号	字段名	标识符	类型及长度	有无空值	计量单位	主键	索引序号
1	项目编号	PID	INT	无	—	Y	1
2	预报编号	FID	INT	无	—	Y	2
3	测站编码	STCD	VARCHAR2(8)	无	—	Y	3
4	发生时间	FTM	DATE	无	—	Y	4
5	第一次高潮位	H1	NUMBER(32,0)	—	cm	—	—
6	第一次高潮位发生时间	HTM1	DATE	—	—	—	—
7	第一次低潮位	L1	NUMBER(32,0)	—	cm	—	—
8	第一次低潮位发生时间	LTM1	DATE	—	—	—	—
9	第二次高潮位	H2	NUMBER(32,0)	—	cm	—	—
10	第二次高潮位发生时间	HTM2	DATE	—	—	—	—
11	第二次低潮位	L2	NUMBER(32,0)	—	cm	—	—
12	第二次低潮位发生时间	LTM2	DATE	—	—	—	—

(3) 台风信息表(表7.4)。

表标识：BDMS_FBC_TF。

表说明:存储台风的基本信息。

表 7.4　台风信息表结构

序号	字段名	标识符	类型及长度	有无空值	计量单位	主键	索引序号
1	项目编号	PID	INT	无	—	Y	1
2	台风编号	TFID	NUMBER(6,0)	无	—	Y	2
3	台风中文名称	TFNAME_C	VARCHAR2(50)	—	—	—	—
4	台风英文名称	TMNAME_E	VARCHAR2(50)	—	—	—	—
5	台风开始年份	STARTYEAR	NUMBER(4,0)	—	—	—	—
6	台风开始时间	STARTTIME	DATE	—	—	—	—
7	台风结束时间	ENDTIME	DATE	—	—	—	—
8	台风路径的最新时间	LASTUPDATETIME	DATE	—	—	—	—

(4) 台风实际路径表(表 7.5)。

表标识:BDMS_FBC_TFPATH_R。

表说明:存储台风的实际路径信息。

表 7.5　台风实际路径表结构

序号	字段名	标识符	类型及长度	有无空值	计量单位	主键	索引序号
1	项目编号	PID	INT	无	—	Y	1
2	台风编号	TFID	NUMBER(8,2)	无	—	Y	2
3	时间	TM	DATE	无	—	Y	3
4	经度	JD	NUMBER(8,2)	—	—	—	—
5	纬度	WD	NUMBER(8,2)	—	—	—	—
6	风力	POWER	NUMBER(8,2)	—	—	—	—
7	最大风速	MAXSPEED	NUMBER(8,2)	—	—	—	—
8	移动方向	MOVEWAY	VARCHAR2(8,2)	—	—	—	—
9	移动速度	MOVESPEED	NUMBER(8,2)	—	—	—	—
10	中心气压	PRESSURE	NUMBER(8,2)	—	Pa	—	—
11	七级风圈半径	RADIUS7	NUMBER(8,2)	—	km	—	—
12	十级风圈半径	RADIUS10	NUMBER(8,2)	—	km	—	—

(5)台风预报路径表(表 7.6)。

表标识:BDMS_FBC_TFPATH_F。

表说明:存储台风的预报路径信息。

表 7.6　台风预报路径表结构

序号	字段名	标识符	类型及长度	有无空值	计量单位	主键	索引序号
1	项目编号	PID	INT	无	—	Y	1
2	台风编号	TFID	NUMBER(6,0)	无	—	Y	2
3	预报站点	COUNTRY	VARCHAR2(50)	无	—	Y	4
4	时间	TM	DATE	无	—	Y	3
5	预报数据1	DATA1	VARCHAR2(50)	—	—	—	—
6	预报数据2	DATA2	VARCHAR2(50)	—	—	—	—
7	预报数据3	DATA3	VARCHAR2(50)	—	—	—	—

注：DATA 数据格式为"纬度,经度"，下同。

(6) 台风人工预报路径表(表 7.7)。

表标识：BDMS_FBC_TFPATH_M。

表说明：存储台风的人工预报路径信息。

表 7.7　台风人工预报路径表结构

序号	字段名	标识符	类型及长度	有无空值	计量单位	主键	索引序号
1	项目编号	PID	INT	无	—	Y	1
2	台风编号	TFID	NUMBER(6,0)	无	—	Y	2
3	预报站点	COUNTRY	VARCHAR2(50)	无	—	Y	4
4	时间	TM	DATE	无	—	Y	3
5	预报数据1	DATA1	VARCHAR2(50)	—	—	—	—
6	预报数据2	DATA2	VARCHAR2(50)	—	—	—	—
7	预报数据3	DATA3	VARCHAR2(50)	—	—	—	—

(7) 预报站点表(表 7.8)。

表标识：BDMS_FBC_FORECAST_INFO。

表说明：预报所关联的站点信息。

表 7.8　预报站点表结构

序号	字段名	标识符	类型及长度	有无空值	计量单位	主键	索引序号
1	项目编号	PID	INT	无	—	Y	1
2	预报站点名称	FPNM	DATE	无	—	Y	2
3	预报站点编码	FPCD	VARCHAR2(8)	无	—	Y	3
4	站点类型	OBSNET	VARCHAR2(50)	—	—	—	—
5	站点名称	OBSSTNM	VARCHAR2(50)	—	—	—	—

续表

序号	字段名	标识符	类型及长度	有无空值	计量单位	主键	索引序号
6	站点编码	OBSSTCD	VARCHAR2(8)	—	—	—	—
7	所属流域	BASIN	VARCHAR2(50)	—	—	—	—
8	预报海平面	BASELEVEL	VARCHAR2(50)	—	—	—	—
9	经度	JD	FLOAT	—	—	—	—
10	纬度	WD	FLOAT	—	—	—	—

(8) 台风预报结果表(表 7.9)。

表标识:BDMS_FBC_FORECAST_A。

表说明:保存台风预报结果。

表 7.9 台风预报结果表结构

序号	字段名	标识符	类型及长度	有无空值	计量单位	主键	索引序号
1	项目编号	PID	INT	无	—	Y	1
2	用户序号	USER_ID	DATE	无	—	Y	2
3	用户方案号	USCHEME_ID	DATE	无	—	Y	3
4	预报方案号	FSCHEME_ID	VARCHAR2(5)	无	—	Y	4
5	站码	STCD	VARCHAR2(50)	无	—	Y	5
6	预报时间	YMDHM	DATE	无	—	Y	6
7	预报数据类型	D_TYPE	VARCHAR2(250)	无	—	Y	7
8	模拟数据	DATA_0	FLOAT	—	—	—	—
9	1小时预报增水	DATA_1	FLOAT	—	—	—	—
10	2小时预报增水	DATA_2	FLOAT	—	—	—	—
⋮	⋮	⋮	⋮	⋮	⋮	⋮	⋮
80	72小时预报增水	DATA_72	FLOAT	—	—	—	—

(9) 台风人工预报结果表(表 7.10)。

表标识:BDMS_FBC_FORECAST_A。

表说明:保存台风人工预报结果。

表 7.10 台风人工预报结果表结构

序号	字段名	标识符	类型及长度	有无空值	计量单位	主键	索引序号
1	项目编号	PID	INT	无	—	Y	1
2	用户序号	USER_ID	DATE	无	—	Y	2
3	用户方案号	USCHEME_ID	DATE	无	—	Y	3

续表

序号	字段名	标识符	类型及长度	有无空值	计量单位	主键	索引序号
4	预报方案号	FSCHEME_ID	VARCHAR2(5)	无	—	Y	4
5	站码	STCD	VARCHAR2(50)	无	—	Y	5
6	预报时间	YMDHM	DATE	无	—	Y	6
7	预报数据类型	D_TYPE	VARCHAR2(250)	无	—	Y	7
8	模拟数据	DATA_0	FLOAT	—	—	—	—
9	1小时预报增水	DATA_1	FLOAT	—	—	—	—
10	2小时预报增水	DATA_2	FLOAT	—	—	—	—
⋮	⋮	⋮	⋮	⋮	⋮	⋮	⋮
80	72小时预报增水	DATA_72	FLOAT	—	—	—	—

7.3 系统开发运行环境

7.3.1 开发工具

该系统主要采用 Visual C♯.NET 开发，GIS 功能模块采用 ArcGIS Engine，核心数值模型如前述章节所述，采用 Fortran 语言编写。

1. Visual C♯.NET

C♯是微软为.NET Framework 量身定做的程序语言，C♯拥有 C/C++的强大功能以及 Visual Basic 简易使用的特性，是第一个组件导向的程序语言，和 C++与 Java 一样也为对象导向程序语言。C♯与 Java 的不同点在于，它借鉴了 Delphi 的一个特点，与组件对象模型（component object model，COM）是直接集成的，而且它是微软公司.NET Windows 网络框架的主角。.NET 技术的核心是.NET Framework。

1）.NET Framework(.NET 框架)

.NET Framework 是一个面向网络的平台，它有两个主要组件：公共语言运行时(common language runtime，CLR)和.NET Framework 类库。

(1) 公共语言运行时。

公共语言运行时是.NET Framework 的基础，可被看作一个在执行时代码管理的代理，提供内存管理、线程管理和远程处理等核心服务，而且还强制实施严格的类型安全，以确保其他形式代码的准确性。事实上，代码管理是实施运行时的基本原则。以运行时为目标的代码称为托管代码，不以运行时为目标的代码称为非托管代码。

凡是使用符合公共语言规范的程序语言开发的程序，均可以在任何安装有CLR的操作系统中执行。CLR可以大幅度简化应用程序的开发。

使用.NET Framework提供的编译器可以直接将源程序编译为.EXE或者.DLL文件，但此时编译出来的程序代码并不是中央处理器（central processing unit，CPU）能直接执行的机器代码，而是一种中间语言（intermediate language，IL）代码。在代码被调用执行时，CLR的Class Loader会将需要的IL代码装入内存，再通过即时（just-in-time）编译方式将其临时编译成所用平台的CPU可直接执行的机器代码。

（2）.NET Framework类库。

.NET Framework类库是一个由.NET Framework软件开发工具包（software development kit，SDK）中包含的类、接口和值类型组成的库。该库提供对系统功能的访问，是建立.NET Framework应用程序、组件和控件的基础。

2）Visual C#.NET语言的特点

Visual C#是一种事件驱动、完全的面向对象和可视化的编程语言，是专门为使用.NET平台而创建的、运行在.NET CLR上的应用程序语言之一。它甚于C、C++、Java，吸取了每种语言的优点并增加了自己的特点：①语法更简单，如不再使用指针等；②快速应用开发（rapid application development，RAD）功能，表现在垃圾收集、委托等特性上；③语言的自由性，最大限度地实现与任何.NET的语言互相交换信息；④强大的Web服务器端组件，开发人员可编写自己的服务器端组件等；⑤支持跨平台，Visual C#程序的客户端可以运行在不同类型的客户端上；⑥与可扩展标记语言（extensible markup language，XML）的融合，程序员可使用Visual C#内含的类来使用XML技术；⑦对C++的继承，如类型安全检测和重载。

2. ArcGIS Engine

ArcGIS Engine由一个软件开发工具包和一个可以重新分发的、为所有ArcGIS应用程序提供平台的运行时（runtime）组成。

ArcGIS Engine开发工具包是一个基于组件的软件开发产品，用于建立和制定自定义GIS和制图应用程序。该开发工具包不是一个终端用户产品，而是一个应用程序开发人员的工具包。可以用ArcGIS Engine开发工具包建立基本的地图浏览器或综合、动态的GIS编辑工具。

ArcGIS Engine开发工具包可以访问GIS组件或ArcObjects的大型集合，这些GIS组件或ArcObject（AO）分别属于基本服务、数据存取、地图表达和开发组件。

1) ArcGIS Engine 功能

基本服务。由 GIS 核心 AO 构成，几乎所有 GIS 应用程序都需要。

数据存取。ArcGIS Engine 可以对许多栅格和矢量格式进行存取，包括强大的地理数据库。

地图表达。包括用于创建和显示带有符号体系和标注功能的地图的 AO 及包括创建自定义应用程序的专题制图功能的 AO。

开发组件。用于快速应用程序开发的高级用户接口控件和用于高效开发的综合帮助系统。

运行时选项。ArcGIS Engine 运行时可以与标准功能或其他高级功能一起制定。

2) ArcGIS Engine 关键特性

标准 GIS 框架。ArcGIS Engine 为开发 GIS 应用软件提供了标准框架。世界上最受欢迎的软件产品（ArcView、ArcEditor 和 ArcInfo）就是由这套相同的软件对象构建的。ArcGIS Engine 既耐用，又具有可扩展性，而且其丰富的功能允许开发人员集中解决关键问题，而不是从头开始构建 GIS 功能。

开发控制器。ArcGIS Engine 提供了一套公用的开发控制器，它允许开发人员轻松配置高性能的具有共同外形和感觉的应用软件。一个普通用户的经验说明这可以缩短用户学习时所走的弯路，因而可以迅速在开发应用软件时得到回报。

跨平台功能。ArcGIS Engine 及其所有相关对象与控制器可用于多种平台，包括 Windows、Linux 和 UNIX。自定义 GIS 应用软件将适用于标准计算环境，而不需要在目前的计算基础结构中改变或添加运行环境。

跨开发语言。ArcGIS Engine 支持多种开发语言，包括 COM、.NET、Java 以及 C++等。这就允许使用大量的工具对对象进行编程，而且编程人员不需要学习一门新的语言或专用的语言。

ArcGIS Engine 的扩展功能。ArcGIS Engine 开发工具包包括以下扩展功能：更新和创建多用户地理数据库、ArcGIS 3D 分析、ArcGIS 空间分析以及 ArcGIS StreetMap 产品等。

开发资源。连同对象模型图和范例编码，ArcGIS Engine 开发工具包提供了一个帮助系统来帮助开发人员进行学习。此外，它还包含了多个开发工具和应用工具来提高开发效率。

7.3.2 运行环境

该系统是一集成化平台，可采用集总式或分布式功能模块设计。针对系统运行环境，一般可采用"服务器＋客户端"模式，对其的需求如下：

(1) 服务器端。

Windows Server 2008 及其以上版本。

.Net Framework 4.0 或以上。

Oracle 10i、MS SQL 或 Sybase 数据库客户端。

ArcGIS Engine 10.0。

(2) 客户端。

Windows XP 及其以上版本。

.Net Framework 4.0 或以上。

Oracle 10i、MS SQL 或 Sybase 数据库客户端，数据库客户端的类型，按安装时的环境可自行配置。

ArcGIS Engine 10.0。

7.4 系统主要功能

近岸风暴潮和台风浪集合预报及海堤风险评估系统主要功能包括实时水情、天文潮预报、风暴潮集合化预报、潮浪一体化预报、预报精度评定、台风路径录入、海堤风险评估、数据库设置、实时台风路径获取、风暴潮自动预报等。

7.4.1 系统登录

(1) 双击桌面上的"近岸风暴潮和台风浪集合预报及海堤风险评估系统"快捷方式，系统将出现如图7.2所示界面，系统将进行初始化、加载功能模块、连接数据库等操作。

(2) 系统初始化完成后，将显示系统主界面，主界面上包括9个功能菜单：实时水情、天文潮预报、集合化台风风场、风暴潮预报（系统界面上为"台风暴潮预报"，下同）、潮浪一体化预报、预报精度评定、台风路径录入、海堤风险评估和数据库设置，如图7.3所示。

7.4.2 实时水情

实时水情功能模块主要查询沿海各潮位站点的实时水位过程，可以以图表模式进行显示，并采用实测水位数据月报表的形式，方便查询每月逐日、逐时的水位数据。

(1) 在系统主菜单上，单击"实时水情"按钮，系统将显示如图7.4所示界面。在日期栏中选择开始时间和结束时间，单击"查询"按钮，系统将从实时水情数据库中读取沿海各潮位站的数据。在界面左侧的站点列表中，选择相应的站点，系统将显示该站点的实时水情过程图，在图中主要包括了各站点的实测潮位过程、

第7章　近岸风暴潮和台风浪集合预报及海堤风险评估系统　　·169·

图 7.2　近岸风暴潮和台风浪集合预报及海堤风险评估系统登录界面

图 7.3　系统主界面

实测潮位高低潮、预报天文潮位、预报天文潮位高低潮等；在界面上单击鼠标右键，可选择采用"图表模式"查看，如图 7.5 所示；用户如需保存图片，也可单击"保存"按钮,将当前图形进行保存,如图7.6所示。

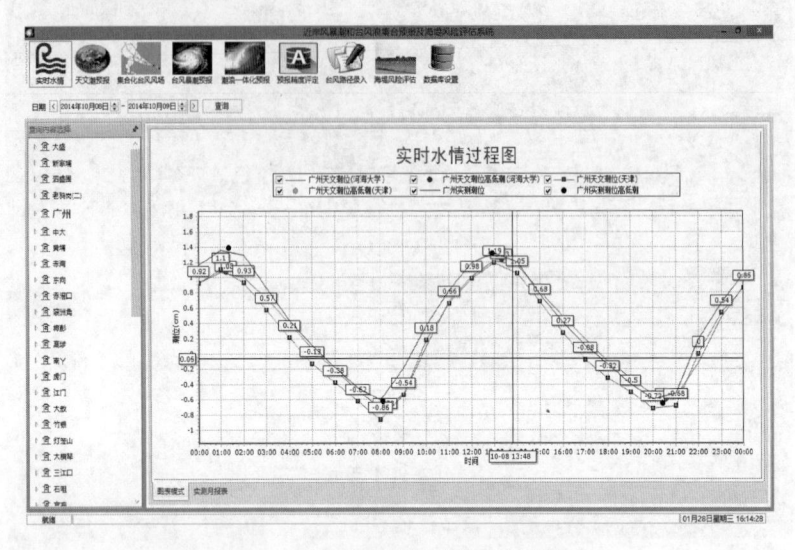

图7.4　实时水情过程图(过程图)

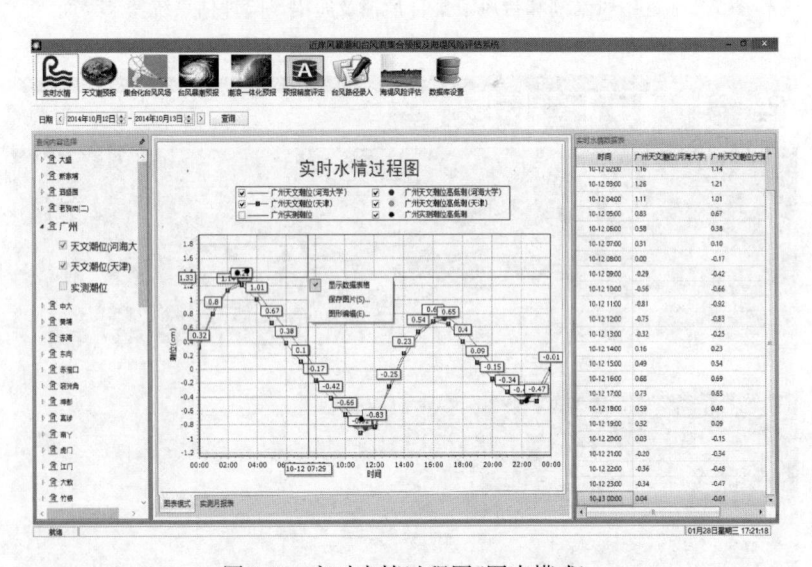

图7.5　实时水情过程图(图表模式)

(2) 单击主图形下方的"实测月报表"选项卡,系统将显示如图7.7所示的结果。可以查看该月逐日、逐时的潮位值,如需进行导出,可以单击左上角的"导出"按钮,系统将显示如图7.8所示的结果。

图 7.6　实时水情过程图(保存图片)

图 7.7　实时水情(实测潮位月报表)

7.4.3　天文潮预报

天文潮预报即天文潮预报子系统,其结果由天文潮预报子系统完成预报,并将其存入数据库。

(1) 在系统主菜单上,单击"天文潮预报"按钮,系统将显示如图 7.9 所示界面,界面上部分为站点、日期等查询要素的选择区,左侧区域为图形显示区,右侧区域为数据表格显示区。

(2) 在站点列表中选择需要查询的潮位站点,在日期栏中选定需要查询的时

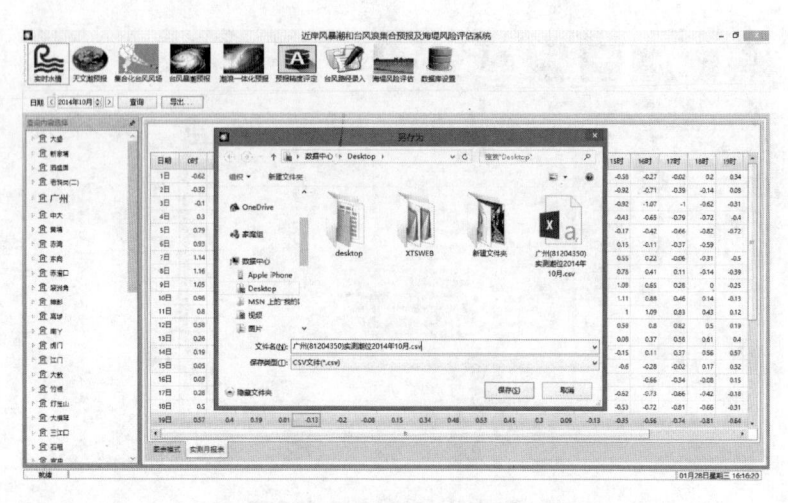

图 7.8 实时水情(导出数据)

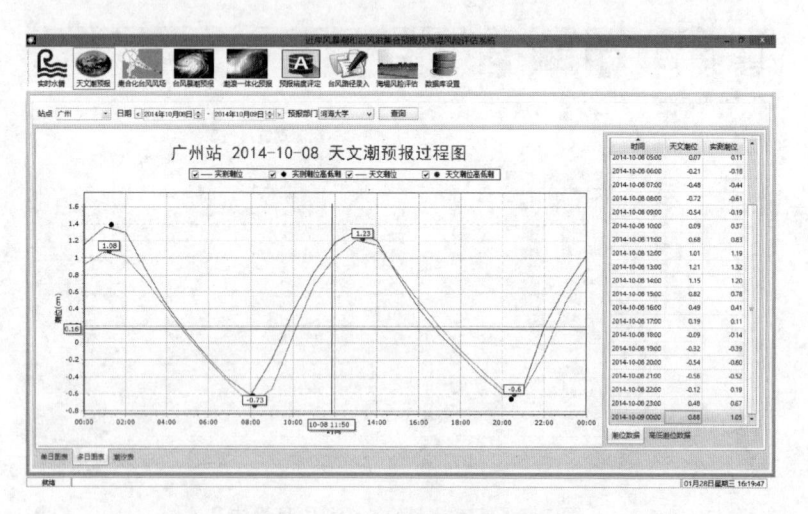

图 7.9 天文潮预报过程查询

间段,单击"查询"按钮,此时系统将显示选定站点在选定时间段的过程,如图 7.9 所示。单击日期栏前后的"＜"和"＞"按钮,系统将显示当前选定日期前一天或后一天的天文潮预报过程。

(3) 将选项卡切换至"潮汐表",并选择要查询的站点和月份,单击"查询"按钮,此时系统将显示选定站点在选定月份的潮汐表和该月份最高潮位过程图,如图 7.10 所示。

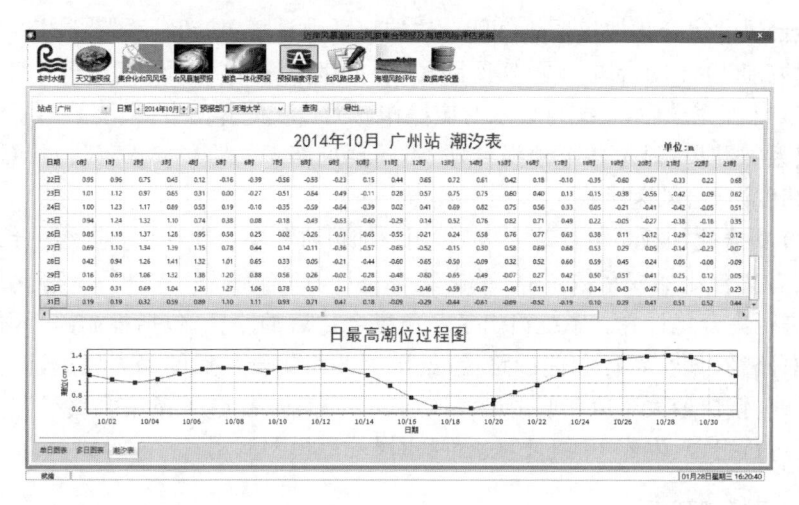

图 7.10　潮汐表查询

7.4.4　集合化台风风场

集合化台风风场功能包括台风路径显示、相似台风分析和集合化台风风场。

(1) 在系统主菜单上,单击"集合化台风风场"按钮,系统将显示对应操作界面,界面左侧区域为"台风路径显示"、"相似台风分析"、"集合化台风风场"的功能操作区,右侧区域为 GIS 图,用于展示台风路径等信息。

(2) 单击"台风路径显示"选项卡,系统将显示对应操作界面。界面左侧部分为台风路径信息显示区,在选择台风中,选择某一年份,系统将在台风栏中显示该年份中所有的台风名称和编号。界面右侧部分为基于 GIS 的台风路径显示区域,用于显示选择的每场台风的空间信息,包括实际路径和各预报台站的预报路径信息等。

(3) 用户可任意选择一场台风,查看该台风的实际路径和每一实际路径点下当时各个预报部门的预报路径。在实时状态下,系统将显示最新的台风实际路径和预报路径;对于历史台风,在实际路径表中,单击实际路径,若该点有预报路径,则系统将在预报路径栏中显示各个预报部门的预报路径。

(4) 基于当前的台风或选择的台风,用户可对其进行相似台风分析,搜寻历史台风中是否有与其相似的台风。

(5) 用户在"台风路径显示"中,选择某场台风的某一实际路径,如该实际路径下有各气象台站的台风预报路径数据,那么即可进行台风集合预报。在此界面的左侧部分为操作区,包括加权系数计算、集合化计算、集合化结果显示。系统在实时运行中,对于新的台风,在初始时刻是没有集合化加权系数的。用户如需查看本场新台风的集合化加权系数,可单击"加权系数计算"按钮。系统此时将从数据库中读取前40场的台风数据(实际路径、预报路径等)作为训练期进行计算。

(6) 计算完成后,系统将显示对应操作界面。在此界面中,系统给出了集合化的加权系数结果,显示各个预报台站、不同预见期下的路径权重、风速权重、经度误差、纬度误差、风速误差。

(7) 集合化加权系数计算完成后,用户即可进行集合化计算,若该场台风在计算时没有集合化加权系数,用户单击集合化计算时,系统将先计算集合化加权系数,再进行集合化计算。系统给出了5条集合化后的路径,包括控制路径、偏左路径、偏右路径、偏快路径和偏慢路径;给出了3组集合化后的最大风速,包括常规最大风速、偏快最大风速和偏慢最大风速。系统将根据这5条集合路径和集合最大风速进行组合,生成15组计算条件,供风暴潮模型调用。

7.4.5　风暴潮预报

风暴潮预报包括台风路径显示、风暴潮预报和预报结果管理。

(1) 在系统主菜单上,单击"台风暴潮预报"按钮,系统将显示对应操作界面,界面左侧区域为"台风路径显示"、"台风暴潮预报"、"预报成果管理"功能的操作区,右侧区域为GIS图,用于展示台风路径、台风增水过程等信息。

(2) 单击"台风路径显示"选项卡,系统将显示对应操作界面。界面左侧部分为台风路径信息显示区,在选择台风中,选择某一年份,系统将在台风栏中显示该年份中所有的台风名称和编号。界面右侧部分为基于GIS的台风路径显示区域,用于显示选择的每场台风的空间信息,包括实际路径和各预报台的预报路径信息等。

(3) 用户可任意选择一场台风,查看该台风的实际路径和每一实际路径点下当时各个预报部门的预报路径。在实时状态下,系统将显示最新的台风实际路径和预报路径;对于历史台风,在实际路径表中,单击实际路径,如果该点有预报路径,那么系统将在预报路径栏中显示各个预报部门的预报路径。

(4) 在实时状态下,台风实际路径按倒序排列,在此时单击"台风暴潮预报"选项卡,系统将显示对应操作界面。界面左侧部分为预报信息显示区,显示台风名称、预报时间、台风中心的经纬度、最大风速、中心气压、移动速度和方向等信息以及在该预报时间下各个预报部门的预报路径。用户可以选择一个或多个预报路径进行预报,也可人工给定路径。预报路径选择完成后,选择预报模型、设定台风参数,选择预报模式后,就可进行计算。

(5) 计算完成后,单击"预报结果管理"选项卡,系统将显示如图7.11所示界面。界面左侧部分为预报点信息,显示了台风名称、预报时间、台风中心的经纬度、最大风级、中心气压、移动速度和移动方向等信息及计算方案列表,系统默认选定最后一个方案,如需查询其他计算方案下的结果,可选择不同的计算方案;在界面右侧,单击"图表模式"选项卡,系统将给出预报站点的预报过程图和数据表。在预报过程图中,给出了天文潮的预报过程、预报增水、预报潮位和实测潮位等信息;在预报结果表中,给出了与该图相关的数据信息。

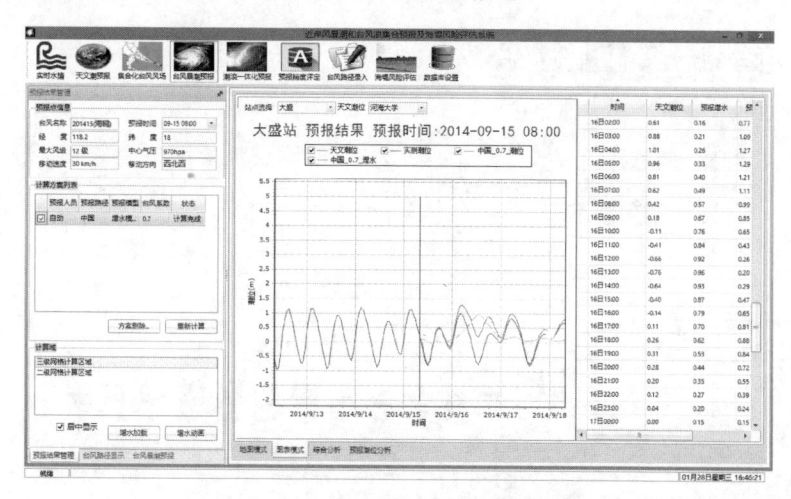

图 7.11　预报结果管理(图表模式)

(6) 单击"综合分析"选项卡,显示各预报站点的预报统计信息,如图 7.12 所示。在该表中列出了各个站点预报结果分析表,主要信息包括各个站点的警戒潮位、最大增水及相应时间、相应天文潮位、预报潮位、预报最高潮位及相应时间、相应增水等。由此可判断最大增水时和预报最高潮位发生时相应的情况。单击任一站点时,系统还将给出特征潮位点上的预报增水及其出现时间和预报潮位等信息。

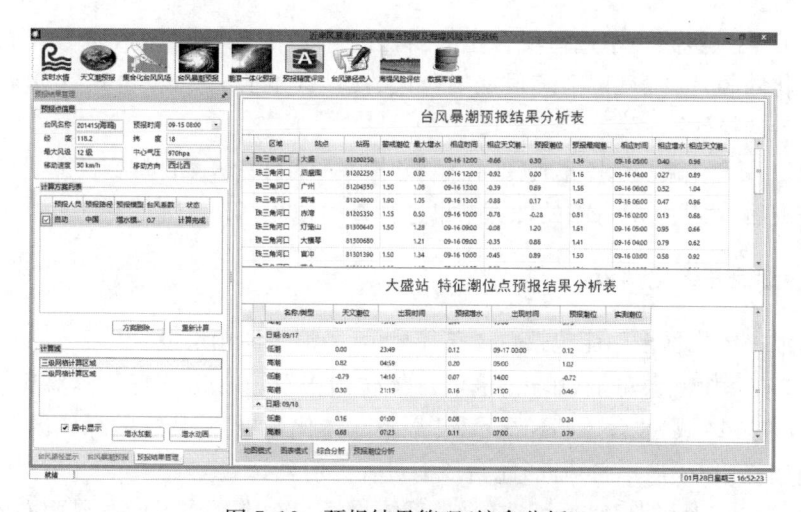

图 7.12　预报结果管理(综合分析)

(7) 单击"预报潮位分析"选项卡,可以显示各预报站点在本次计算方案中各时段的预报增水,用户可以方便地查询并进行各站点间增水的对比,如图 7.13 所示。

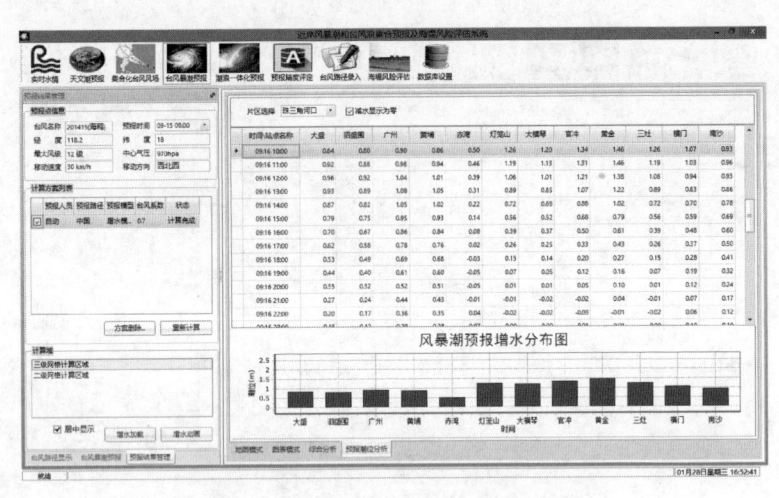

图 7.13　预报结果管理(预报潮位分析)

(8) 单击"地图模式"选项卡,系统可动态演示区域增水过程。在界面左侧的"计算域"选择区,选择不同的计算域,单击"增水动画",系统将动态演示区域增水过程。

(9) 上述过程基于常规的台风实际路径和各预报台的预报路径进行风暴潮预报。用户也可基于集合化台风风场的结果进行预报,在预报路径中选择集合化的路径进行预报。

(10) 在预报路径中选择集合化的路径进行预报,系统将显示如图 7.14 所示的集合化路径选择窗口,系统根据集合化的结果,显示 15 个集合化计算条件,用户可自行选择计算。

(11) 集合化路径选择完成后,系统将开始逐一对各计算条件进行计算(图 7.15)。计算完成后,用户可对每站的计算结果进行查询,如图 7.16 所示。

7.4.6　潮浪一体化预报

潮浪一体化预报功能包括台风路径显示、潮浪一体化预报。

(1) 在系统主菜单上,单击"潮浪一体化预报"按钮,系统将显示对应操作界面,界面左侧区域为"台风路径显示"、"潮浪一体化预报"等功能的操作区,右侧区域为 GIS 图,用于展示台风路径、台风浪过程等信息。

(2) 单击"台风路径显示"选项卡,系统将显示对应操作界面。界面左侧部分

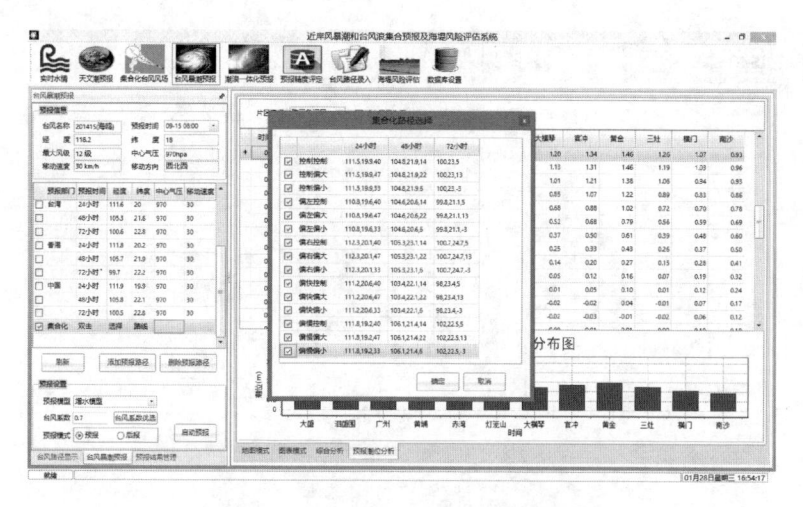

第 7 章　近岸风暴潮和台风浪集合预报及海堤风险评估系统　　·177·

图 7.14　风暴潮预报（集合化路径选择）

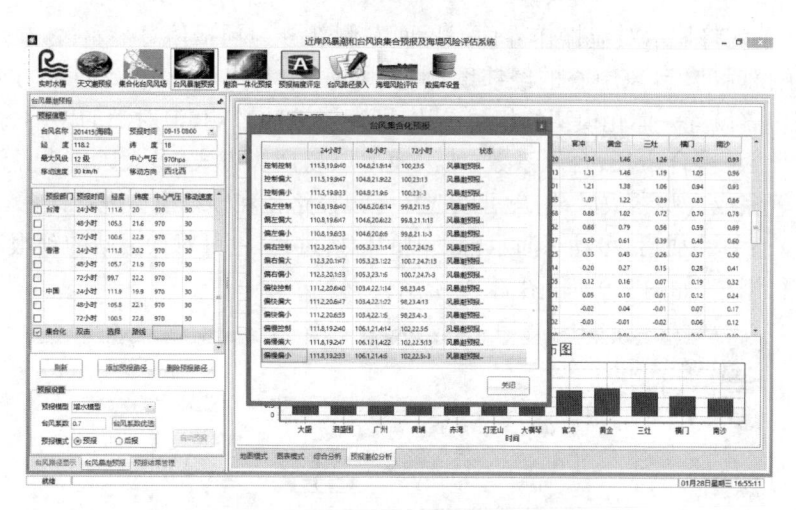

图 7.15　风暴潮预报（集合化路径下的预报结果 1）

为台风路径信息显示区，在选择台风中，选择某一年份，系统将在台风栏中显示该年份中所有的台风名称和编号。界面右侧部分为基于 GIS 的台风路径显示区域，用于显示选择的每场台风的空间信息。

（3）用户可任意选择一场台风，查看该台风的实测路径和每一实测路径点下当时各个预报部门的预报路径。在实时状态下，系统将显示最新的台风实测路径和预报路径；对于历史台风，在实测路径表中，单击实测路径，如果该点有预报路径，那么系统将在预报路径栏中显示各个预报部门的预报路径。

（4）在实时状态下，台风实测路径按倒序排列，在此时单击"潮浪一体化预报"

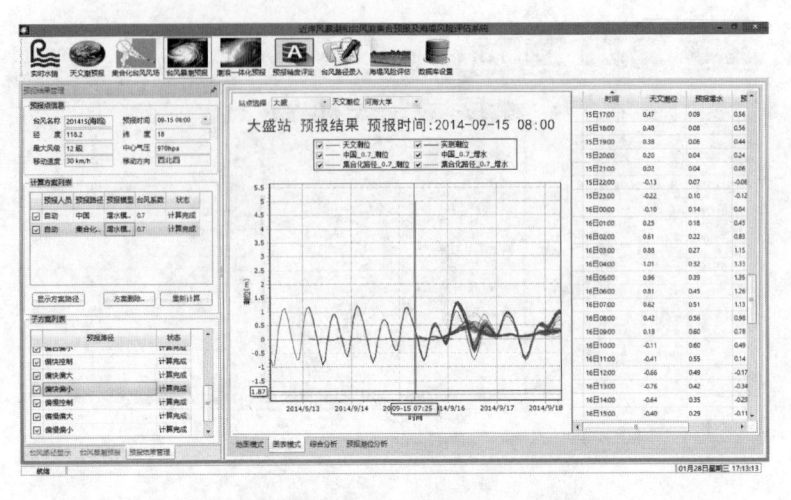

图 7.16　风暴潮预报（集合化路径下的预报结果 2）

选项卡，系统将显示对应操作界面。界面左侧部分为预报信息显示区，显示台风名称、预报时间、台风中心的经纬度、最大风速、中心气压、移动速度和方向等信息。用户需设置一体化模型的相关参数，即潮对浪的影响、浪对潮的影响、耦合前计算时段数、耦合步长、台风系数、波浪模型风场计算方式、最大风速半径调试系数。设置完成这些参数后，用户可以选择一预报路径和预报模型进行计算。

（5）计算完成后，可动态演示台风浪的传播过程，也可对预报站的预报潮位与波高进行浏览，如图 7.17 和图 7.18 所示。

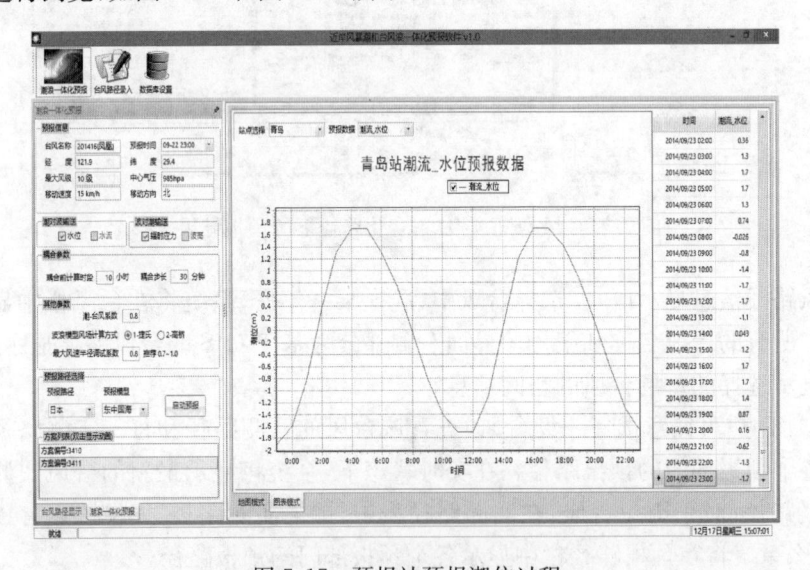

图 7.17　预报站预报潮位过程

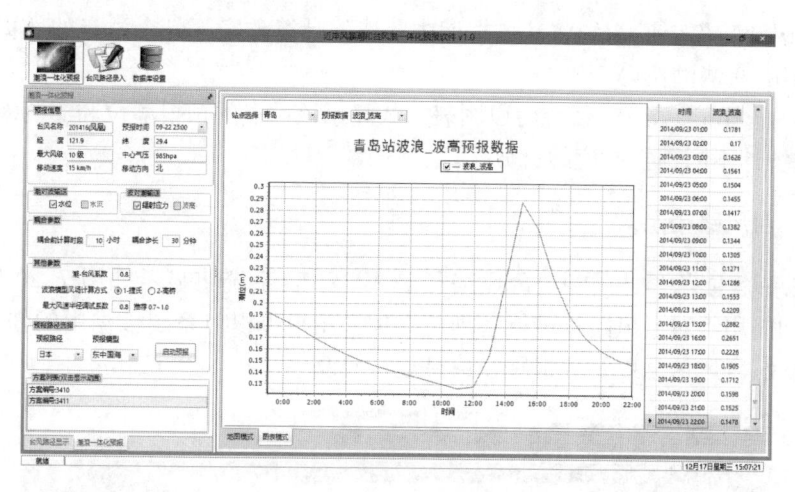

图 7.18 预报站预报波高过程

7.4.7 预报精度评定

(1) 在系统主菜单上，单击"预报精度评定"按钮，系统将显示如图 7.19 所示界面，界面上面部分为预报精度分析的相关选择，包括台风选择、预报部门选择、计算方案选择、预报站点选择等。

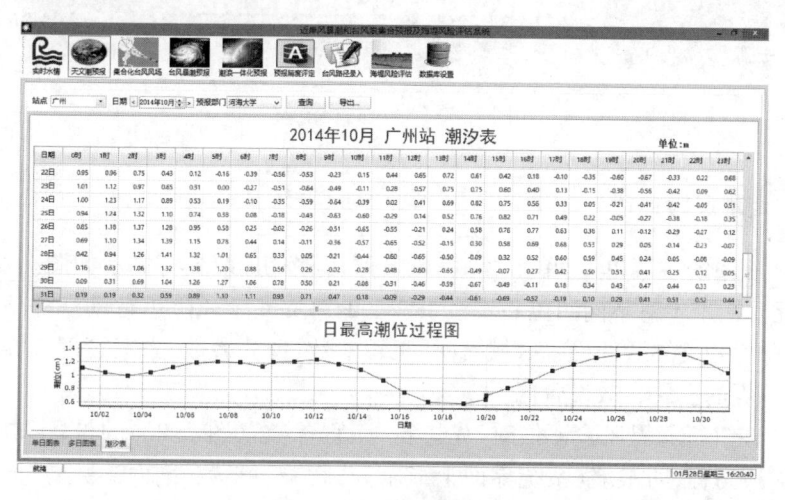

图 7.19 预报精度评定

(2) 用户在所属年份中，选择某一年份，系统默认为最新的年份；再选择预报部门，系统默认列出了所有的预报部门，用户可任意选择几个预报部门。选择完成后，系统将给出在上述条件下的计算方案（已完成计算的），选择某一计算方案后,单击"确定"按钮,系统将从数据库中获取该计算方案下各个站点的数据,包括预报潮位、实测潮位等。

(3) 选择某一站点,系统将以图表方式显示该站点的预报潮位和实测潮位,另外还将统计不同预报差值的百分比。

7.4.8 台风路径录入

在系统主菜单上,单击"台风路径录入"按钮,系统将显示如图 7.20 所示界面,此功能用于对台风路径进行管理与维护。用户可以对系统数据中的任意实测台风路径、台风信息以及预报路径信息进行修改。

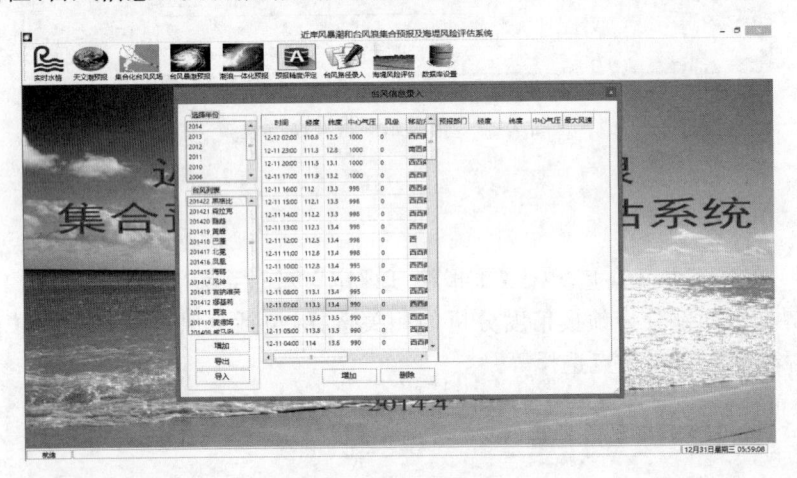

图 7.20 台风路径录入

7.4.9 海堤风险评估

(1) 在系统主菜单上,单击"海堤风险评估"按钮,系统将显示如图 7.21 所示界面,此功能用于对不同潮位和波浪条件下的海堤安全风险进行动态评估。界面左侧部分为相关参数的设置区域,包括工程参数、计算参数、方案管理。界面右侧部分为海堤的土层参数设置区。

(2) 在进行海堤风险评估时,先进行"工程参数"(图 7.22)的设置,包括工程级别、堤顶高程、防浪墙(系统界面上显示为"胸墙")参数、剖面参数、护坡和护脚参数、土层参数等。

(3) "工程参数"设置后,还需进行"计算参数"的设置,包括外坡水位、内坡水位、平均波高、波周期等,设置完成后,单击"开始计算"按钮即可。

第 7 章　近岸风暴潮和台风浪集合预报及海堤风险评估系统　　　· 181 ·

图 7.21　海堤安全风险评估(工程参数)

图 7.22　海堤安全风险评估(计算参数)

7.4.10　数据库设置

单击"数据库设置"按钮,系统将显示如图 7.23 所示界面,此功能用于提供通用数据库连接接口,以使系统适应不同数据库环境的应用。

7.4.11　服务器端组件

服务器端功能组件的协同应用主要包括实时台风路径获取、风暴潮自动预报和实时台风云图获取。

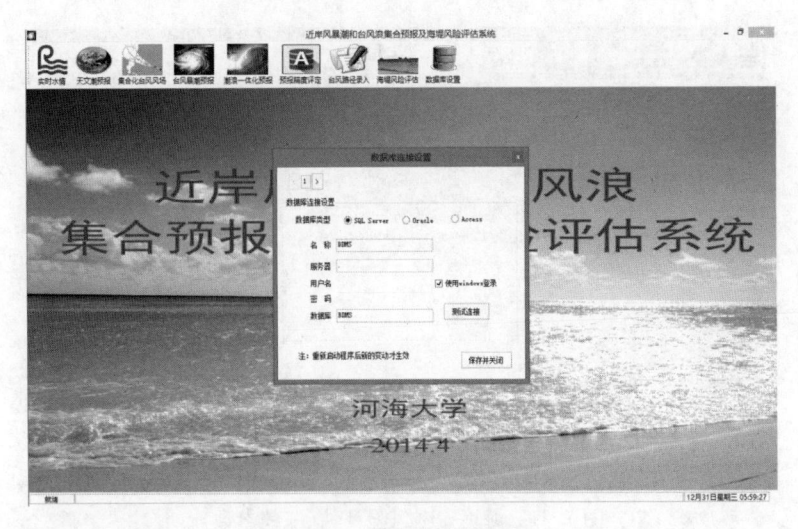

图 7.23　数据库设置

1. 实时台风路径获取

实时台风路径获取由在服务器端的"实时台风获取组件"完成。其定时进行时间对比，判断是否已到获取时段，如果到了获取时段，那么就启动台风路径获取过程，获取成功后，将其保存在数据库中；如果没有获取成功，那么间隔 5s 后再次启动台风路径获取过程，直至获取成功，但若超出最大滞后时间，则取消获取。

该功能中结合后续潮位预报的需求，提供了两种运行模式，即基于网络的模式和基于数据库的模式，如图 7.24 所示。

(1) 基于网络的模式。数据从网络上获取，并将获取到的数据保存至数据库中。

(2) 基于数据库的模式。台风的实际路径与预报路径的数据都来自于数据库，并根据已有的预报路径进行增水预报。

2. 风暴潮自动预报

由"实时台风获取组件"与"实时台风路径获取组件"基于网络捕获新台风信息，并定时完成台风路径及其相关信息的入库，如有新的台风信息，系统将判断台风是否已进入警戒区域，如果进入警戒区域，即启动风暴潮预报组件，并依据预先设定的预报根据部门进行自动预报，并完成预报结果的入库。

该功能结合潮位预报的需求，提供了两种运行模式：基于网络的模式和基于数据库的模式，如图 7.24 所示。

(1) 基于网络的模式。数据从网络上获取，并将获取到的数据保存至数据库

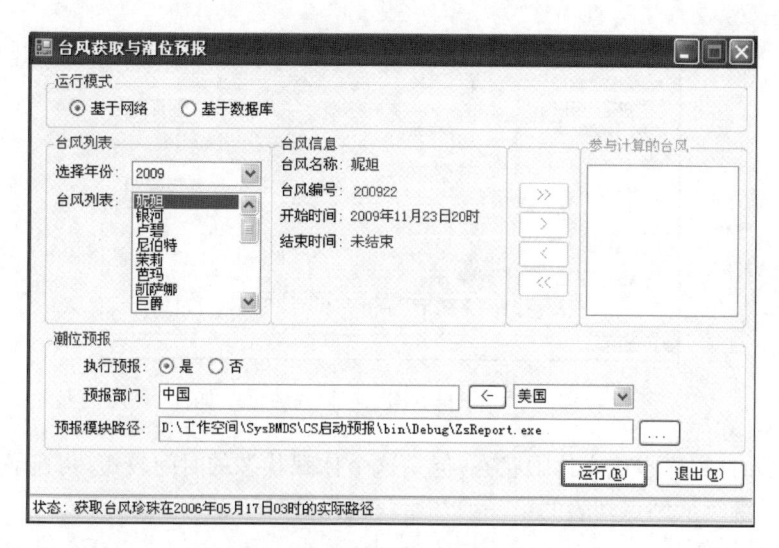

第7章　近岸风暴潮和台风浪集合预报及海堤风险评估系统

图 7.24　台风路径获取模块运行界面

中,若台风移动,则启动风暴潮预报组件。

(2) 基于数据库的模式。台风的实际路径与预报路径的数据都来自于数据库中,并根据已有的预报路径进行风暴潮预报。

详细流程参见服务器端组件的协同工作流程。

3. 实时台风云图获取

实时台风云图获取由在服务器端的"实时卫星云图获取组件"完成。其将定时进行时间对比,判断是否已到获取时段,如果到了获取时段,那么就启动云图获取过程,获取成功后,将其保存在数据库中;如果没有获取成功,那么间隔 5s 后再次启动实时台风云图获取过程,直至获取成功,但如果超出最大滞后时间则取消获取。

实时卫星云图获取组件提供了两种运行模式,即实时模式与历史模式,如图 7.25 所示。

1) 实时模式

在实时模式下,可对实时的云图进行下载,其又分为补下模式和最新模式。

(1) 下载从"上一次下载时间"(从配置文件)到当前时间的卫星云图(即补下模式),当下载完成时切换至实时状态。在补下模式下,若未下载成功,则视该时间点无云图,继续下载下一时间点的云图。

(2) 最新模式下当时间到达相应的时间点后即开始从站点列表中的第一个网站上查找并下载相应云图,若下载成功则不再从其他站点下载,直接进入休眠状态,等待下一个时间点。若未下载成功则从下一个站点下载。当每一个站点都没

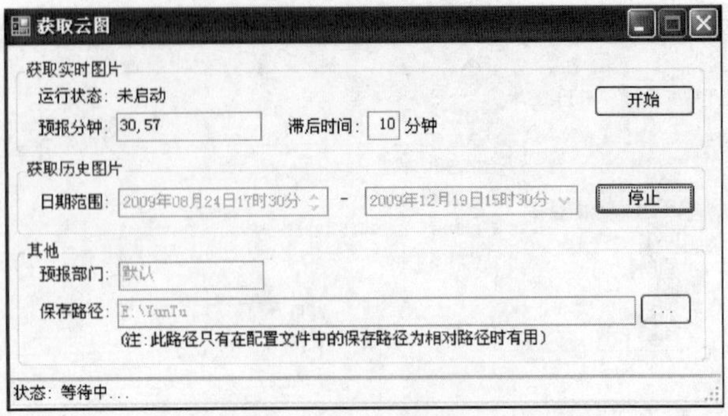

图 7.25　卫星云图获取模块运行界面

获取成功时,程序也进入休眠状态,但是这个休眠状态的时间较短(可配置),时间到达之后继续从站点列表的第一项开始获取先前时间点的云图。

2) 历史模式

在历史模式下,可对指定时间段的云图进行手动重新下载,其又可分为覆盖模式和补下模式。

(1) 覆盖模式。下载云图时,若该时间点的云图已经下载,则先将下载的云图覆盖原先的云图。

(2) 补下模式。若该时间点的云图已经存在,则不再下载,直接跳到下一个时间点。

7.5　小　　结

本章开发了集天文潮预报、风暴潮集合化预报、浪潮一体化预报、海堤风险评估等于一体的"近岸风暴潮和台风浪集合预报及海堤风险评估系统",对系统的专用数据库进行了设计,结合系统实际应用需求,设计开发了相关功能。需要指出的是,目前针对已建海堤风险评估体系中,需要有最新的海堤设计或实测资料做支撑,在海堤风险评估过程中要求当地防汛部门及时掌握和更新海堤的基础数据,如海堤发生较大的变化时,需对系统中的海堤风险表进行及时更新。

参 考 文 献

[1] Heaps N S. Storm surges,1967—1982[J]. Geophysical Journal of the Royal Astronomical Society,1983,74(1):331-376.
[2] Jelesnianski C P. Numerical computations of storm surges without bottom stress[J]. Monthly Weather Review,1966,94(6):379-394.
[3] Jelesnianski C P,Chen J,Shaffer W A. SLOSH:Sea,lake and overland surges from hurricanes[R]. Silver Spring:National Oceanic and Atmospheric Administration,1992.
[4] Blain C A,Westerink J J,Luettich R A. The influence of domain size on the response characteristics of a hurricane storm surge model[J]. Journal of Geophysical Research Oceans,1994, 99(C9):18467-18479.
[5] Bunya S,Westerink J J,Yoshimura S. Discontinuous boundary implementation for the shallow water equations[J]. International Journal for Numerical Methods in Fluids,2005, 47(12):1451-1468.
[6] Graber H,Cardone V,Jensen R,et al. Coastal forecasts and storm surge predictions for tropical cyclones:A timely partnership program[J]. Oceanography,2006,19(1):130-141.
[7] Dietsche D,Hagen S C,Bacopoulos P. Storm surge simulations for hurricane Hugo (1989): On the significance of inundation areas[J]. Journal of Waterway Port Coastal & Ocean Engineering,2007,133(3):183-191.
[8] Zampato L,Umgiesser G,Zecchetto S. Sea level forecasting in Venice through high resolution meteorological fields[J]. Estuarine Coastal & Shelf Science,2007,75(s1-2):223-235.
[9] Madsen H,Jakobsen F. Cyclone induced storm surge and flood forecasting in the northern Bay of Bengal[J]. Coastal Engineering,2004,51(4):277-296.
[10] Lynch A H,Lestak L R,Uotila P,et al. A factorial analysis of storm surge flooding in barrow,Alaska[J]. Monthly Weather Review,2008,136(3):898-912.
[11] 刘清容,于建生,韩笑. 风暴潮研究综述及防灾减灾对策[J]. 科技风,2009,(12):226-227.
[12] 孙文心,冯士筰,秦曾灏. 超浅海风暴潮的数值模拟(一)——零阶模型对渤海风潮的初步应用[J]. 海洋学报,1979,1(2):193-211.
[13] 冯士筰. 风暴潮导论[M]. 北京:科学出版社,1982.
[14] 王喜年,尹庆江,张保明. 中国海台风风暴潮预报模式的研究与应用[J]. 水科学进展, 1991,3(1):1-10.
[15] 张君伦,盛根明. 长江口台风暴潮的计算模式研究[J]. 河海大学学报,1987,15(1):8-18.
[16] 周济福,梁兰,李家春. 风暴潮流运动的数值模拟[J]. 力学学报,2001,33(6):729-740.
[17] 吴培木,许永水,李燕初,等. 台湾海峡台风暴潮非线性数值计算[J]. 海洋学报,1981, 3(1):28-43.
[18] 吴培木. 中国东南海岸台风暴潮数值预报模式[J]. 海洋学报,1983,5(3):273-293.
[19] 吴培木,黄美芳. 粤西台风风暴潮数值预报方法研究[J]. 海洋学报,1989,11(6):693-700.

[20] 邰佳爱,张长宽,张君伦.广东省台风暴潮数值预报模式研究[C]//第十四届中国海洋(岸)工程学术讨论会,重庆,2009.

[21] 潘嵩.长江口及杭州湾台风风暴潮增水数值分析[D].青岛:中国海洋大学,2012.

[22] Dietrich J C,Zijlema M,Westerink J J,et al. Modeling hurricane waves and storm surge using integrally-coupled, scalable computations[J]. Coastal Engineering, 2011, 58 (1): 45-65.

[23] Deltares. Delft 3D—Flow User Manual[M]. Delft:Deltares,2010.

[24] Jones J E, Davies A M. An intercomparison between finite difference and finite element (TELEMAC) approaches to modelling west coast of Britain tides[J]. Ocean Dynamics, 2005,55(3-4):178-198.

[25] Warren I R, Bach H. MIKE 21: A modelling system for estuaries, coastal waters and seas [J]. Environmental Software,1992,7(4):229-240.

[26] Zundel A K. Surface-Water Modeling System Reference Manual—Version 9.2[M]. Provo: Brigham Young University Environmental Modeling Research Laboratory,2006.

[27] Lorenz E N. Deterministic nonperiodic flow[J]. Journal of the Atmospheric Sciences, 1963, 20(2):130-141.

[28] Epstein E S. Stochastic dynamic prediction[J]. Tellus,1969,21(6):739-759.

[29] Leith C E. Theoretical skill of Monte Carlo forecasts[J]. Monthly Weather Review,1974, 102:409-418.

[30] Mullen S L, Baumhefner D P. Monte Carlo simulations of explosive cyclogenesis[J]. Monthly Weather Review,1994,122(7):85-98.

[31] Murphy J M. The impact of ensemble forecasts on predictability[J]. Quarterly Journal of the Royal Meteorological Society,1988,114:463-493.

[32] Steven T M, Kalnay E. Operational ensemble prediction at the National Meteorological Center: Practical aspects[J]. Weather & Forecasting,1993,8(3):379-400.

[33] Krishnamurti T N, Kishtawal C M, LaRow T E, et al. Improved weather and seasonal climate forecasts from multimodel superensemble[J]. Science,1999,285(5433):1548-1550.

[34] Goerss J S. Tropical cyclone track forecasts using an ensemble of dynamical models[J]. Monthly Weather Review,2000,128(4):1187-1193.

[35] Kumar T S V V, Krishnamurti T N, Fiorino M, et al. Multimodel superensemble forecasting of tropical cyclones in the Pacific[J]. Monthly Weather Review,2003,131:574-583.

[36] 陈静,陈德辉,颜宏.集合数值预报发展与研究进展[J].应用气象学报,2002,13(4):497-507.

[37] Stensrud D J, Bao J W, Warner T T. Using initial condition and model physics perturbations in short-range ensemble simulations of mesoscale convective systems[J]. Monthly Weather Review,2000,128(128):2077-2107.

[38] Wandishin M S, Mullen S L, Stensrud D J, et al. Evaluation of a short-range multimodel ensemble system[J]. Monthly Weather Review,2001,129(4):729-745.

参考文献

[39] Buizza R, Barkmeijer J, Palmer T N, et al. Current status and future developments of the ECMWF ensemble prediction system[J]. Meteorological Applications, 2000, 7(2): 163-175.

[40] 智协飞,林春泽,白永清,等. 北半球中纬度地区地面气温的超级集合预报[J]. 气象科学, 2009, 29(5): 569-574.

[41] Zhi X, Zhang L, Bai Y. Application of the multimodel ensemble forecast in the QPF[C]// International Conference on Information Science and Technology, Nanjing, 2011.

[42] 林春泽,智协飞,韩艳,等. 基于 TIGGE 资料的地面气温多模式超级集合预报[J]. 应用气象学报, 2009, 20(6): 706-712.

[43] 王亚男,智协飞. 多模式降水集合预报的统计降尺度研究[J]. 暴雨灾害, 2012, 31(1): 1-7.

[44] Zhi X F, Qi H X, Bai Y Q, et al. A comparison of three kinds of multimodel ensemble forecast techniques based on the TIGGE data[J]. Acta Meteorologica Sinica, 2012, 26(1): 41-51.

[45] 杨学胜,陈德辉,冷亭波,等. 时间滞后与奇异向量初值生成方法的比较试验[J]. 应用气象学报, 2002, 13(1): 62-66.

[46] 关吉平,黄泓,张立凤. 集合预报中初始扰动生成方法的探讨[J]. 解放军理工大学学报(自然科学版), 2003, 4(2): 87-90.

[47] 王晨稀,端义宏. 短期集合预报技术在梅雨降水预报中的试验研究[J]. 应用气象学报, 2003, 14(1): 69-78.

[48] 陈静,薛纪善,颜宏. 华南中尺度暴雨数值预报的不确定性与集合预报试验[J]. 气象学报, 2003, 61(4): 432-446.

[49] Cheung K K W, Chan J C L. Ensemble forecasting of tropical cyclone motion using a barotropic model. Part II: Perturbations of the vortex[J]. Monthly Weather Review, 1999, 127(6): 2617-2640.

[50] Elsberry R L, Dobos P H, Bacon A B. Lagged-average predictions of tropical cyclone tracks[J]. Monthly Weather Review, 1991, 119(4): 1031-1039.

[51] Zhang Z, Krishnamurti T N. A perturbation method for hurricane ensemble predictions[J]. Monthly Weather Review, 1999, 127(4): 447-469.

[52] 吴天泉,费亮,薛宗元. 热带气旋路径的一种集成预报方法[J]. 气象, 1993, 19(11): 21-24.

[53] 王德隽,史久恩,吕玉芳. 热带气旋路径预报的动态集成方法[J]. 热带气象学报, 1996, (3): 280-284.

[54] 李建云,丁裕国,史久恩. 台风路径预报集成方法的一个试验[J]. 热带气象学报, 1998, (3): 258-262.

[55] 朱永褆,程戴晖. 热带气旋路径动力释用预报的集合预报方案[J]. 气象科学, 2000, 20(3): 229-238.

[56] 刘宇迪,王斌,侯志明. 最优决策法在台风路径集成预报中的运用[J]. 热带气象学报, 2003, 19(2): 219-224.

[57] 周霞琼,端义宏,朱永褆. 热带气旋路径集合预报方法研究 I——正压模式结果的初步分析[J]. 热带气象学报, 2003, 19(1): 1-8.

[58] 涂小萍,姚日升,张春花,等. 西北太平洋(含南海)热带气旋路径集成预报分析[J]. 热带气象学报,2012,28(2):204-210.
[59] Flowerdew J, Horsburgh K, Mylne K. Ensemble forecasting of storm surges[J]. Marine Geodesy,2009,32(2):91-99.
[60] Chen Y, Pan S, Hewston R, et al. Ensemble modelling of tides, surge and waves[C]//The International Society of Offshore and Polar Engineers (ISOPE), Beijing, 2010.
[61] 王培涛,于福江,刘秋兴,等. 福建沿海精细化台风风暴潮集合数值预报技术研究及应用[J]. 海洋预报,2010,27(5):7-15.
[62] 付翔,董剑希,马经广,等. 0814号强台风"黑格比"风暴潮分析与数值模拟[J]. 海洋预报,2009,26(4):68-75.
[63] 陈永平,顾茜,张长宽. 集合化台风风场的构建方法研究及应用[C]//第十六届中国海洋(岸)工程学术讨论会,大连,2013.
[64] Knaff J A, Sampson C R, Musgrave K D, et al. Statistical tropical cyclone wind radii prediction using climatology and persistence[J]. Weather Forecasting,2007,22(4):781-791.
[65] 王喜年. 风暴潮预报知识讲座第五讲风暴潮预报技术(2)[J]. 海洋预报,2002,(2):66-72.
[66] Hersbach H, Janssen P A E M. Improvement of the short-fetch behavior in the wave ocean model (WAM)[J]. Journal of Atmospheric and Oceanic Technology,1999,16(7):884-892.
[67] Owen M W. Design of seawalls allowing for overtopping[R]. Wallingford:HR Wallingford,1980.
[68] van der Meer J M. Wave run-up and wave overtopping at dikes[R]. Delft:Technical Advisory Committee on Flood Defence,2002.
[69] 周益人. 波浪作用下堤坝防护问题试验研究[D]. 南京:河海大学,2008.
[70] 陈国平,周益人,严士常. 不规则波作用下海堤越浪量试验研究[J]. 水运工程,2010,(3):1-6.
[71] 贺朝敖,任佐皋. 带胸墙斜坡堤越浪量的试验研究[J]. 海洋工程,1995,5(2):62-70.
[72] Chinnarasri C, Tingsanchali T, Weesakul S, et al. Flow patterns and damage of dike overtopping[J]. International Journal of Sediment Research,2003,18(4):301-309.
[73] 磯部雅彦ほか. 保存波の摂動解の波高による表示[C]//第33回土木学会年次講演会,仙台,1978.
[74] Li T Q, Troch P, de Rouck J. Wave overtopping over a sea dike[J]. Journal of Comutational Physics,2004,198(2):686-726.
[75] Schüttrumpf H. Wave overtopping flow on seadikes—Experimental and theoritical investigation[D]. Braunschweig:Teenical University of Braunschweig,2001.
[76] 谢婕,龚政,陈永平,等. 海堤安全评价指标体系的构建及应用[J]. 水利水电科技进展,2016,36(2):59-63.
[77] 汪自力,顾冲时,陈红. 堤防工程安全评估中几个问题的探讨[J]. 地球物理学进展,2003,18(3):391-394.
[78] 介玉新,胡韬,李青云,等. 层次分析法在长江堤防安全评价系统中的应用[J]. 清华大学学

报(自然科学版),2004,44(12):1634-1637.
[79] Saaty T L. Concepts, theory and techniques: Rank generation, preservation and reversal in AHP[J]. Decision Sciences,1987,18(1):157-177.
[80] 何金平,李珍照,施玉群.大坝结构实测性态综合评价中的权重问题[J].武汉大学学报(工学版),2001,34(3):13-17.